信息与计算科学丛书·典藏版 36

不适定问题的正则化方法及应用

刘继军 著

科学出版社
北京

内 容 简 介

本书以自封闭的形式系统介绍了线性不适定问题的正则化求解方法，以及在数学物理反问题研究中的一些应用. 主要内容包括：不适定问题的基本概念和特点，研究不适定问题需要的基本数学工具和方法，求解不适定问题的标准的正则化方法及近年来的新发展，以及正则化方法在逆时热传导、数值微分、逆散射等领域中的应用. 本书的内容包含了作者和其他学者近几年来的有关工作.

本书可作为数学专业、介质成像专业高年级本科生、研究生教材或相关专业科研人员的参考书

图书在版编目(CIP)数据

不适定问题的正则化方法及应用/刘继军著. —北京：科学出版社，2005
(信息与计算科学丛书；36)
ISBN 978-7-03-015833-8

Ⅰ. 不… Ⅱ. 刘… Ⅲ. 不适定问题-正则化-研究 Ⅳ. O175

中国版本图书馆 CIP 数据核字(2005)第 072367 号

责任编辑：鄢德平 范庆奎／责任校对：鲁 素
责任印制：徐晓晨／封面设计：王 浩

科学出版社出版
北京东黄城根北街 16 号
邮政编码：100717
http://www.sciencep.com
北京凌奇印刷有限责任公司印刷
科学出版社发行 各地新华书店经销
*
2005 年 9 月第 一 版 开本：B5(720×1000)
2016 年 1 月印 刷 印张：13 3/4
字数：252 000

POD定价： 98.00元
(如有印装质量问题，我社负责调换)

《信息与计算科学丛书》序

20 世纪 70 年代末，由已故著名数学家冯康先生任主编、科学出版社出版了一套《计算方法丛书》，至今已逾 30 多册. 这套丛书以介绍计算数学的前沿方向和科研成果为主旨，学术水平高、社会影响大，对计算数学的发展、学术交流及人才培养起到了重要的作用.

1998 年教育部进行学科调整，将计算数学及其应用软件、信息科学、运筹控制等专业合并，定名为“信息与计算科学专业”. 为适应新形势下学科发展的需要，科学出版社将《计算方法丛书》更名为《信息与计算科学丛书》，组建了新的编委会，并于2004年9月在北京召开了第一次会议，讨论并确定了丛书的宗旨、定位及方向等问题.

新的《信息与计算科学丛书》的宗旨是面向高等学校信息与计算科学专业的高年级学生、研究生以及从事这一行业的科技工作者，针对当前的学科前沿、介绍国内外优秀的科研成果. 强调科学性、系统性及学科交叉性，体现新的研究方向. 内容力求深入浅出，简明扼要.

原《计算方法丛书》的编委和编辑人员以及多位数学家曾为丛书的出版做了大量工作，在学术界赢得了很好的声誉，在此表示衷心的感谢. 我们诚挚地希望大家一如既往地关心和支持新丛书的出版，以期为信息与计算科学在新世纪的发展起到积极的推动作用.

石钟慈

2005 年 7 月

前言

数学物理反问题是一个新兴的研究领域. 有别于传统的数学物理方程的定解问题(通常称为正问题, 它由给定的数理方程和相应的定解条件来求定解问题的解), 反问题研究由解的部分已知信息来求定解问题中的某些未知量, 如微分方程中的系数、定解问题的区域或者是某些定解条件. 用系统论的语言来讲, 正问题对应于给定系统在已知输入条件下求输出结果的问题, 这些输出结果当然包含了系统的某些信息. 而反问题则是由输出结果的部分信息来反求系统的某些结构特征. 因此反问题在医学成像、无损探伤、气象预报等领域都有着广泛的应用, 它对应于由介质外部可测量的间接信息来确定介质内部结构的问题. 反问题的一个典型应用是医学诊断的 CT 成像, 它根据 X 射线的投影来探测人体的内部结构. 工程师 Cormack 用 X 射线沿不同角度照射人体, 再由接收的穿透人体的射线信息来决定人体内器官的位置和形态, 这就是人体的三维成像. 该项技术现在已发展到了核磁共振成像(MRI).

与正问题相比, 数学物理反问题的发展历史相对较短, 一直到 20 世纪 60 年代的中期, 才成为一个真正的研究领域, 引起数学家和应用科学家的广泛重视和深入研究. 这种现象的原因来源于反问题大都具有不适定性的特点, 该特点也是反问题研究的难点所在. 一个问题如果其解存在、唯一并且连续依赖于输入数据, 就称该问题是适定的(well-posed), 否则称为不适定的(ill-posed). 自从著名数学家 Hadamard 在 1923 年引进"问题适定性"的概念并提出"只有适定的问题才是有物理意义的"这一断言以来, 人们在很长时间内一直以为研究不适定的问题是没有实际意义的, 至多是一种学术上的兴趣. 相应的关于数学物理反问题的研究也很少. 但是随着科学技术的发展, 实际的应用领域渐渐提出了很多必须解决的不适定的问题, 逐渐扭转了这种偏见. 例如地质勘探部门在重力异常探矿中提出的地下波场的解析延拓问题, 无线电工程上由有限频率区域上的频域信号确定时域信号的问题, 雷达成像中由反射波信号确定散射体几何形状的问题, 中长期数值天气预报的问题等, 都是典型的不适定问题. 基于实际应用问题的推动, 以 20 世纪 60年代中期苏联科学院院士吉洪诺夫(A.N.Tikhonov)提出的处理不适定问题的正则化方法(regularization method)为标志，不适定问题和反问题的研究进入了新的阶段. 正则化方法的基本思想是利用具体问题的某些附加信息对不适定问题解的概念重新定义，进而引进镇定泛函来给出一个逼近原问题解的稳定的方法. 数学物理反问题作为一个典型的不适定问题，在此基础上也得到了新的发展，正则化方法成为处理数学物理反问题的一个有力工具. 为了求解各种类型的数学物理反问题，必须掌握微分方程解的定性理论、非线性分析和正则化方法的基本思想. 从数值求解的角度而言，还必须掌握微(积)分方程数值解、逼近论、非线性优化、程序设计等数值方法和技术. 因此可以说，数学物理反问题是横跨应用数学和计算数学两个学科的一个新的研究领域，无论是对数学学科本身的发展，还是对高等学校人才的培养，都是一门很重要的课程. 由于数学物理反问题的上述重要性，我国已故数学家冯康院士早在 20 世纪 80 年代就提出要开展反问题的解法研究. 目前国内很多高校如北京大学、复旦大学、吉林大学、上海大学以及东南大学等也都从不同的角度、不同的层次开设了相关的课程. 国家自然科学基金委员会也在 2003 年、2004 年连续两年把数学物理反问题作为重点项目的选题之一，鼓励开展对该问题的深入的基础研究. 但是对于这样一门比较重要的课程，由于发展历史较短，知识面覆盖范围较广， 国内尚无相关的基础理论专著，尤其是适合研究生培养的教材. 目前国内高校开设这门课程时，或是直接采用国外原版专著，或是结合具体问题写出专门的讲义. 前者通常是作者在某个方向的非常深入的研究成果，后者也往往是侧重于一类具体问题的专门研究，它们都缺乏对数学物理反问题的系统的介绍和相关数学基础(如正则化理论、逼近论)的阐述，作为人才培养的教材是不合适的，难度较大.

基于上述原因，本书试图以自封闭的形式来介绍求解数学物理反问题的一些基本理论和方法，尤其是正则化方法的若干理论. 本书限于对线性不适定问题的正则化方法的介绍. 为了使读者能比较容易地理解正则化方法和反问题的研究方法，我们用如下的形式来组织本书. 首先我们引进反问题和不适定问题的基本概念，并通过一些具体的例子使读者对不适定问题的特点有一个大体的了解. 进而我们将所需要的泛函分析、逼近论、积分方程理论、势函数理论、算子谱理论等基本知识单列为第 2 章作为预备知识，不加证明但指出所需的参考文献. 该章的内容对读者(尤其是研究生)掌握正则化方法的基本思想和基本技巧是必需的. 在下面两章里，我们详细介绍了正则化方法处理线性不适定问题的思想和方法，分为连续性的正则化方法和离散化的正则化方法. 除了介绍标准的正则化方法如相容性原理、最小模解和奇异值分解等概念外， 还包括了正则化方法在近年来的发展，如条件稳定性在正则化参数选取中的应用、局部正则化等. 在本书最后一章，我们以前面两章的正则化方法为工具，介绍一些典型的数学物理反问题和不适定问题的求解方法，如逆向热传导问题、散射场重建问题、数值微分等. 这一章包含了作者近几年的工作和其他学者的有关工作. 通过这一章的介绍，希望读者能够了解一般的正则化方法在求解具体反问题中的灵活应用，例如如何选择合适的正则化参数等. 另一方面，我们也希望能使读者对数学物理反问题的有关现状有一个大体的了解，并为有志于从事该领域研究的读者提供一些相关的材料.

本书的主要部分源于作者在东南大学为研究生授课的讲义及本人的有关研究工作，部分内容取材于文献[47]. 作者 2003 年在美国密歇根州立大学访问期间又为书稿补充了一些新的研究材料. 东南大学数学系的领导和同事对本书的完成给予了很大的帮助和支持，谨此致谢. 这里还要特别感谢我的研究生导师王元明教授，感谢他十多年来对我在反问题研究上的悉心指导和大力支持. 同时我还要感谢复旦大学数学系的程晋教授，多年来我们在反问题研究中的讨论和合作对本书的最终完成起到了重要的作用. 我的研究生倪明、李徽、陈群、袁敏等也对讲稿的组织提出了有益的建议. 本书的研究工作得到了国家自然科学基金项目(No.10371018)和东南大学科技出版基金的资助，在此一并致谢.

由于不适定问题的求解理论和数学物理反问题的覆盖范围很广，加之本人学术水平有限，本书中的缺点和疏漏在所难免，恳请有关学者和同行不吝指正.

刘继军

2004 年 12 月于东南大学

目　　录

第 1 章　适定问题和不适定问题

在应用数学方法研究具体的自然现象时, 第一步需要给出物理现象的数学描述, 即建立适当的数学模型. 所谓“适当的模型”, 在经典意义下应满足下述三个条件:

(1) 该模型的解是存在的, 即它确实描述了一类现象;

(2) 该模型的解是唯一的, 即它描述了确定现象;

(3) 该模型的解对输入数据是稳定的, 即解对数据的误差应该是连续变化的.

这就是阿达马 (Hadamard) 在 1923 年提出的著名的问题的适定性的概念. 在很长一段时间内人们都认为只有适定的问题才有意义, 才可以用数学方法加以研究. 尤其是第三个要求, 被认为是“适当的模型”的一个必要条件, 因为在实际的物理模型中, 输入数据的测量误差和计算误差总是不可避免的. 如果模型的解不连续依赖于输入数据, 则通常认为这样的模型不是物理问题的正确描述.

但是, 随着技术和应用的发展, 人们也发现, 很多描述自然现象的实际模型由于某些条件的限制不满足上述条件, 这就是所谓的不适定问题. 与不适定问题密切相关的一类问题是反问题, 因为大部分的反问题都是不适定的, 而不适定问题有其自身固有的特点. 本章通过具体的问题引进不适定问题和反问题的概念.

1.1　物理问题的描述方法

原则上讲, 很多应用问题的求解都可以归结为服从一定物理规律的场的确定问题. 用数学物理方法求经典的场分布 (如温度场、波场、应力场等), 就是求满足一定条件下 (初始条件、边界条件、无穷远处的条件) 的偏微分方程 (组) 的解.

具体而言, 偏微分方程 (组)(系统) 描述了场函数在变量空间满足的物理规律, 一定的条件 (输入数据) 则给出了场函数的过去 (初始条件) 和外来影响 (边界、无穷远条件) 对场函数的约束. 由此最终给出了一个确定的物理现象的描述. 这种描述用物理语言、数学语言、控制论语言可分别表示为:

物理问题 = 物理规律 + 一定条件 (初始、边界、无穷远);

定解问题 = 偏微分方程 (组)+ 定解条件;

输入 + 系统 = 输出.

注意到同一个物理现象可以用不同的状态变量来描述, 因此, 物理问题的描述模型是求解问题的重要一步, 但未必是决定性的一步. 不同的系统模型, 不同的研究角度和研究方法, 就构成了科学发展中的不同的学科领域和研究方向, 由此推动着人类自然科学文明的不断发展和进步.

1.2 问题适定性

当针对具体的物理问题建立了相应的数学模型 (定解问题) 之后, 我们首先是要考虑该问题提法的合理性, 或者说, 数学模型的可解性. 然后才能考虑该问题的求解方法.

根据阿达马在 1923 年提出的定义 [32], 同时满足如下三个条件的问题, 称为是适定的:

(1) 问题的解存在;

(2) 问题的解唯一;

(3) 问题的解连续依赖于定解条件 (解稳定).

否则问题称为是不适定的. 很显然, 解的存在性依赖于解的定义和输入数据 (定解条件); 解的唯一性依赖于解空间的大小和输入数据; 而解的连续依赖性取决于解空间的拓扑结构 (解和输入数据的度量).

我们给出问题适定性的严格的数学定义如下.

定义 1.2.1 *设 $A: X \to Y$ 是赋范空间 X 到赋范空间 Y 的一个算子. 方程*

$$A\phi = f \tag{1.2.1}$$

称为是适定的, 如果 A 是一一对应的并且逆算子 $A^{-1}: Y \to X$ 是连续的. 否则称为是不适定的.

不适定问题的典型例子是在无限维空间上解第一类的全连续算子方程. 一个算子如果是连续的紧算子, 就称为是全连续的算子. 由于线性紧算子总是连续的, 故对线性算子、紧性和全连续性是等价的.

1.3 反问题和不适定问题

很难给出反问题的一个明确的定义. 美国斯坦福大学的数学教授 J.B.Keller 在 1976 年提出 [45]: 一对问题称为是互逆的, 如果一个问题的构成 (已知数据) 需要另一个问题解的部分信息. 把其中的一个称为正问题 (direct problem), 另一个就称为反问题 (inverse problem). C.W.Groetsch 在文献 [29] 的一开篇就指出, 反问题是很难定义的, 但是几乎每一个数学家都能马上判断出一个问题是正问题还是反问题. 因此反问题的定义似乎有点 “只可意会, 不可言传” 的味道. 但是另一个数学家 Julia Robinson 的观点更有助于我们理解反问题的定义:

“Usually in mathematics you have an equation and you want to find a solution. Here you were given a solution and you had to find the equation. I liked that.”

当然这里“方程”的意义是广义的. 因此反问题的一个比较适用的数学定义是“由定解问题的解的部分信息去求定解问题中的未知成分”. 这里求出的反问题的“解”也是广义的, 可能是近似解, 也可能是某种意义下的弱解.

• 通常把研究得较多的, 适定性成立的一个问题称为正问题, 反问题大多是不适定的.

• 正问题是线性的, 对应的反问题也可能是非线性的.

• 由于客观条件的限制, 很多具体的应用问题都是不适定的. 不适定问题的本质难点是其解不连续依赖于输入数据.

如果把正问题提为：由输入 (input) 和过程 (process) 来确定输出 (input), 或者由原因 (cause) 和模型 (model) 来求结果 (effect), 则反问题的任务是由已知的部分结果确定模型或反求原因. 反问题在很多领域是经常出现的. 例如当系统模型的某些参数不能直接测量, 或者直接测量的成本太大时, 利用可测量到的相关的实验数据去推知系统的参数, 就是一个唯一可行的研究方法. 中外民间流传甚广的“瞎子听鼓”的问题就是一个经典的反问题, 盲人试图从听到的鼓发出的声音去推测鼓的形状. 它最早是由丹麦物理学家 Lorentz 在 1910 年的一次讲演中提出的. 该问题的最新解决办法是由 Gordon 等人在 1992 年给出的：他们构造了两个具有相同音调的同声鼓, 但是形状不同. 因此对“瞎子听鼓”给出了否定的回答. 与反问题密切相关的一个现代的重要的成果是 CT 成像, 该问题源于工程师 A.M. Cormack 试图帮助医生不经手术就能了解人体内有关器官大小和组织结构变异的努力 [106]. 该问题的简化的数学描述如下：假设在平面上有一个密度不均匀的物体, 用 X 射线 (它是沿直线前进的) 沿不同的方向照射此物体, 再测量出射线沿每个方向由于介质吸收而造成的能量衰减. 由此数据来恢复介质的二维密度图像. 由于该成果重大的理论价值和在医学诊断上的广泛的应用, 它获得了 1979 年的诺贝尔生理学和医学奖. 该问题本质上化为一个与 Rudan 变换密切相关的第一类线性积分方程的求解问题, 它的理论基础就是由函数线积分的值来重建函数本身. 关于具体的数学模型, 见文献 [47].

反问题和不适定问题的联系主要表现在绝大部分反问题都是不适定的. 这种不适定性主要表现在两个方面. 一方面, 由于客观条件的限制, 反问题中的输入数据 (即给定的解的部分已知信息) 往往是欠定的或者是过定的, 这就会导致解的不唯一性或者是解的不存在性. 另一方面, 反问题的解对输入数据往往不具有连续依赖性. 由于输入数据中不可避免的测量误差, 人们就必须提出由扰动数据求反问题在一定意义下近似解的稳定的方法. 因此, 从上述意义而言, 反问题和不适定问题是紧密联系在一起的.

反问题理论的起源可以追溯到 19 世纪的晚期, 包括地震学中的地震波的运动问题、旋转流体的平衡问题、Sturm-Liuvile 反谱问题等. 牛顿依据行星运动满足的开普勒定律, 确定了运动行星的受力, 可以看成是过去解决的力学系统的反问题之一 [29]. 利用位势理论确定物体的形状、位置和密度的反问题则起源于地球物理中的地质勘探问题. 近代的反问题则包含了利用散射波场的数据确定物体的内部结构, 利用电磁场的测量数据确定生物组织的内部结构等.

1.4　反问题和气候数值预报

气象预报的重要性是不言而喻的, 人们希望通过合适的模型和积累的历史气象资料预报未来尽可能长的时间内的气候走向. 在 20 世纪 50 年代大体能达到 24 小时内的有效数值预报, 在 80 年代提高到 4~5 天, 而在 90 年代则可达到 7~8 天 (中期预报).

月时间尺度的预报 (动力学延伸预报方法)[15, 56] 已有 20 年的历史, 通过改善中期数值预报模式性能, 延长模式有效积分预测时间, 人们试图实现月时间尺度的有效的数值天气预报.

数值天气预报的工作方法之一就是对微分方程初值问题作数值积分. 由于时间空间方向的大尺度和积分数据的不完全性, 人们近年来在这一方面进行了大量的工作 [15, 37, 56], 主要有如下几个方面：

(1) 大气模式分辨率的提高 (欧洲中心谱模式：T42,T63,T106,T213);

(2) 模式物理过程描述的深化细化 (间接描写, 部分直接描写, 考虑中小尺度);

(3) 同化技术 (最优插值, 三维同化, 四维同化);

(4) 集合预报方法 (Monte Carlo 方法, 时间滞后平均).

上述工作的结果是改善了前 10 天的预报水平, 但是月尺度的预报仍达不到业务化的水平. 大气研究领域的科学家在反复研究了问题的本质困难后, 提出了现有方法的如下可能的缺陷：

(1) 模式分辨率的过分细化对气候描述帮助不大.

(2) 对数值误差对气候模式影响的研究不够. 气候数值预报是系统的长期行为, 而现有的数值方法是解初值问题. ①超出可预报时段后, 预报结果对时间和空间步长敏感; ②误差来源难以区分; ③问题本身可能是不适定的.

(3) 气候数值预报提为初值问题使得资料不足和资料闲置并存. 对初值问题作数值积分只能利用一个有限时段的资料, 该时段的资料由于大气观测点的限制在空间分布上可能不足. 另一方面, 已有的气候观测资料积累了近 50 年, 在时间分布上我们可以有足够多的数据.

基础理论研究的薄弱和对计算条件及计算技术的过度依赖, 造成了气候数值预报效果在较长一段时间内进展缓慢.

基于上述分析和结论, 气象界提出了数值天气预报的如下改进思路：

(1) 气候系统中稳定分量的确定和模拟.

(2) 气候数值模拟和预测的数学理论.

①对偏微分方程组用数值积分的办法求得的数值解, 还应该研究数值解与真解的误差.

②非线性常微分方程初值问题的个别数值解存在不确定性, 只有得到全局收敛的算法, 才适用于气候数值模拟和预测.

③问题的不适定性的处理.

(3) 改变气候模式中某些气候指标 (如海洋环流层) 的描述, 利用求解反问题的数学成果, 提高预测水平. 当数值预报提为演变问题和反问题时, 可利用已有的 50 年的大气演变历史纪录, 而不仅是初始时刻的资料.

综上所述, 对气候数值预报, 应考虑问题的不适定性, 利用已有的气象资料来稳定数值结果, 不能简单地进行数值积分. 改善气候预报精度的重要工作之一是消除解的不稳定性. 因此, 在有关国计民生的气象预报问题中, 反问题和不适定问题的研究理论和方法是大有用武之地的.

1.5　不适定问题的例子及难点

本节我们给出一些不适定问题的例子, 从理论分析和数值求解结果两个方面来解释不适定问题的特殊性.

例 1.1　Laplace 方程的初值问题 (Hadamard)[19, 32]

$$\begin{cases} \Delta u(x,y)=\dfrac{\partial^2 u(x,y)}{\partial x^2}+\dfrac{\partial^2 u(x,y)}{\partial y^2}=0, & (x,y)\in\mathbf{R}\times[0,\infty) \\ u(x,0)=f(x)=0,\ u_y(x,0)=g(x)=\dfrac{1}{n}\sin nx, & x\in\mathbf{R}. \end{cases} \tag{1.5.1}$$

该方程的唯一解是

$$u(x,y)=\frac{1}{n^2}\sin nx\sinh(ny),\quad x\in\mathbf{R}, y\geqslant 0. \tag{1.5.2}$$

虽然

$$\sup_{x\in\mathbf{R}}\{|f(x)|+|g(x)|\}=\frac{1}{n}\to 0,\quad n\to\infty,$$

但是对一切 $y>0$, 当 $n\to\infty$ 时,

$$\sup_{x\in\mathbf{R}}|u(x,y)|=\frac{1}{n^2}\sinh(ny)\to\infty.$$

该问题实际上对应于调和函数的解析延拓问题 [74]. 在 Ω 内满足 Laplace 方程的二次连续可微函数 u, 称为调和函数, 这个函数在 Ω 内也是实解析的. Ω 上的实解析函数 (real analytic function) 的定义为 [23, 43]:

定义 1.5.1 设 $\Omega \subset \mathbf{R}^n$ 是开集. $u(x) \in C^\infty(\Omega)$ 称为在 Ω 上是解析的 (analytic), 如果它在 Ω 中的任一点都可展开为幂级数. 也就是说, 对任意的 $x \in \Omega$, 存在 $r > 0$ 使得对一切的 $y \in B_r(x)$ 成立

$$u(y) = \sum_{|\alpha| \geqslant 0} \frac{\partial^\alpha u(x)}{\alpha!}(y-x)^\alpha, \quad \alpha = (\alpha_1, \alpha_2, \cdots, \alpha_n),$$

并且右端的级数在 $B_r(x)$ 上是绝对且一致收敛.

当考虑复变函数中的解析函数时, 称为全纯函数 (holomorphic function), 经常也译为解析函数. 这两种意义下的解析函数的关系如下. 如果 $u(x)$ 在 $x_0 \in \mathbf{R}^n$ 的邻域内有定义并且在该邻域内是实解析的, 就称 $u(x)$ 在 x_0 点是实解析的. 显然在实变量空间 $\mathbf{R}^n$ 中的原点实解析的函数可以通过其幂级数展开, 延拓为在 n 维复变量空间 $\mathbf{C}^n$ 中的原点邻域内的复变量 x 的函数, 此函数在该邻域内具有任意阶的连续导数. 反之, 如果 $u(x)$ 是一个定义于 n 维复变量空间 $\mathbf{C}^n$ 中的原点邻域内的连续函数, 假定在该邻域内其一阶导数存在且连续, 则 $u(x)$ 当变量限制于实变量空间 $\mathbf{R}^n$ 中的原点邻域内时就是实解析的. 事实上, 对多变量的复变函数重复使用单变量复变函数的 Cauchy 积分公式, 我们得到在 $\mathbf{R}^n$ 中的原点附近 $u(x)$ 的积分表达式

$$u(x) = \frac{1}{(2\pi i)^n} \oint \frac{dz_1}{z_1 - x_1} \oint \frac{dz_2}{z_2 - x_2} \cdots \oint \frac{dz_n}{z_n - x_n} u(z_1, \cdots, z_n),$$

其中的积分路径是复平面 $\mathbf{C}^1$(单复变量空间) 中以原点为心的小圆周. 展开被积函数, 立即可见对充分小的 $|x_k|$, $u(x)$ 可以表示为收敛的幂级数.

实解析函数的最显著的性质就是其唯一延拓性质 (unique continuation)：如果 $u(x)$ 在一个连通开集 $\Omega \subset \mathbf{R}^n$ 是实解析的, 则 $u(x)$ 在 Ω 中一点的一个任意小的邻域内的值就完全唯一确定了 $u(x)$ 在整个 Ω 上的值.

在 $\mathbf{R}^3$ 中解析函数的延拓问题如下：

给定 $\mathbf{R}^3$ 中两个具有共同边界 Γ 的区域 Ω_1 和 Ω_2, 假定已知解析函数 u 在 Ω_1 内和 Γ 上的值, 而且 u 在 Ω_2 内也是解析的, 要求在 Ω_2 内确定 u.

利用 Green 公式, 可以证明调和函数的下述 P.Duhen 定理 [74, 107]：

定理 1.5.2 设 u_1 和 u_2 分别在曲面 S 两侧调和, 且连同其法微商在 S 上连续. 若 u_1 和 u_2 及其法微商在 S 上分别相等, 则 u_1 和 u_2 互为解析延拓, 且在 S 两侧定义同一调和函数, 这个函数在 S 上就是解析函数.

根据该定理, 立刻可推出调和函数的下述延拓性质：对某一区域内的调和函数, 若在区域内某一点邻域的值已知, 则唯一确定其在整个区域内的值.

例 1.2 第一类积分方程的数值解. 考虑

$$\int_0^1 e^{ts} x(s) ds = y(t) = \frac{e^{t+1} - 1}{t+1}, \qquad 0 \leqslant t \leqslant 1. \tag{1.5.3}$$

该方程的唯一精确解是 $x(t)=e^t$. 对该问题求数值解时, 取步长 $h=\dfrac{1}{n}$, 用复合梯形公式

$$\int_0^1 e^{ts}x(s)ds \approx h\left(\frac{1}{2}x(0)+\frac{1}{2}e^t x(1)+\sum_{j=1}^{n-1}e^{jht}x(jh)\right)$$

近似左端积分项. 对不同的区间等分数 n, 最后由线性代数方程组

$$h\left(\frac{1}{2}x_0+\frac{1}{2}e^{ih}x_n+\sum_{j=1}^{n-1}e^{jih^2}x_j\right)=y(ih),\quad i=0,1,\cdots,n \tag{1.5.4}$$

求 $x(jh)$ 的近似值 x_j. 下表表示数值解和真解在点 $t=jh$ 的误差 $x(jh)-x_j$.

t	$n=4$	$n=8$	$n=16$	$n=32$
0	0.44	−3.08	1.08	−38.21
0.25	−0.67	−38.16	−25.17	50.91
0.5	0.95	−75.44	31.24	−116.45
0.75	−1.02	−22.15	20.03	103.45
1	1.09	−0.16	−4.23	−126.87

这显然是一个无意义的数值结果 [104]: 随着左端积分项计算精度的不断提高, 方程解的误差反而越来越大.

产生此现象的原因是该问题本质上是一个第一类 Fredholm 积分方程的求解, 它是一个不适定的问题. 对第一类 Volterra 积分方程, 求解同样是不适定的. 关于此类问题, 不能直接用数值积分的方法来求解, 必须引进正则化的解法, 具体研究见文献 [52].

这类问题求解的特殊性很早也引起了物理学家的注意. 早在 1962 年, 美国物理学家 D.L.Philips 就考虑了由积分方程

$$\int_{-6}^{6}\left(1+\cos\frac{\pi(x-y)}{3}\right)f(x)dx=(6+y)\left(1-\frac{1}{2}\cos\frac{\pi y}{3}\right)-\frac{9}{2\pi}\sin\frac{\pi y}{3},\quad |y|\leqslant 6$$

求解 $f(x)$ 的问题. 通过直接离散积分项再求解在节点处对应的线性代数方程组的办法, 得到的数值结果同样随着离散节点数目的增加而越来越坏 [55].

例 1.3　由信号的离散谱求原信号.

记周期为 π 的信号 $f(t)$ 的离散谱 (Fourier 级数的系数) 为 $\{a_n\}_{n=1}^{\infty}$, 把信号表示为

$$f(t)=\sum_{n=1}^{\infty}a_n\cos nt. \tag{1.5.5}$$

正问题是由已知信号 $f(t)$ 求谱值 $\{a_n\}_{n=1}^{\infty}$:

$$a_n=\int_0^{\pi}f(t)\cos ntdt,\qquad n=1,2,\cdots \tag{1.5.6}$$

这是一个经典的适定问题 (数值积分). 而反问题则是由 $\{a_n\}_{n=1}^{\infty}$ 求信号 $f(t)$, 它是不适定的. 事实上, 设已知谱值的扰动数据为

$$a_n^* = a_n + \frac{\varepsilon}{n}, \qquad n = 1, 2, \cdots \tag{1.5.7}$$

当 $\varepsilon \to 0$ 时,

$$\|a^* - a\|_{L^2}^2 = \sum_{n=1}^{\infty}(a_n^* - a_n)^2 = \varepsilon^2 \frac{\pi^2}{6} \to 0, \tag{1.5.8}$$

即谱值的扰动量可以任意小. 但是对相应的时域信号

$$f(t) = \sum_{n=1}^{\infty} a_n \cos nt, \qquad f^*(t) = \sum_{n=1}^{\infty} a_n^* \cos nt,$$

其误差为

$$f(t) - f^*(t) = \varepsilon \sum_{n=1}^{\infty} \frac{\cos nt}{n}. \tag{1.5.9}$$

在连续函数空间,$\|f - f^*\|_C$ 可任意大 (取 $t = 0$), 即在连续函数空间上求原信号时, 反问题是不稳定的. 然而, 如果在 L^2 空间中求原信号, 由 Parseval 等式知, 在 $\varepsilon \to 0$ 时,

$$\|f - f^*\|_{L^2}^2 = \int_0^{\pi} |f(t) - f^*(t)|^2 dt = \sum_{n=1}^{\infty} \frac{\pi}{2}(a_n^* - a_n)^2 = \varepsilon^2 \frac{\pi}{2} \sum_{n=1}^{\infty} \frac{1}{n^2} \to 0.$$

此时反问题是稳定的.

例 1.4　温度分布的一个不适定问题. 考虑模型

$$\begin{cases} u_t(x,t) = u_{xx}(x,t), & (x,t) \in (0,\pi) \times (0,T) \\ u(0,t) = 0, u(\pi,t) = 0, & t \in (0,T) \\ u(x,0) = f(x), & x \in (0,\pi). \end{cases} \tag{1.5.10}$$

(1) 由 $f(x)$ 求 $(x,t) \in (0,\pi) \times (0,T)$ 上的 $u(x,t)$ 是适定的, 可用分离变量法求解.

$$f(x) = u(x,0) = \sum_{n=1}^{\infty} C_n \sin nx, \tag{1.5.11}$$

$$C_n = \frac{2}{\pi} \int_0^{\pi} f(x) \sin nx dx,$$

$$u(x,t) = \sum_{n=1}^{\infty} \left(\frac{2}{\pi} \int_0^{\pi} f(x) \sin nx dx \right) e^{-n^2 t} \sin nx, \tag{1.5.12}$$

右端级数对任何连续函数 $f(x)$ 和 $t>0$ 都收敛.

但是, 假若要由温度场在 $t>0$ 的测量信息求初始的温度分布 $f(x)$, 则是不适定的.

(2) 逆时问题 (backward heat problem): $u(x,T)$ 已知, 求 $f(x)$. 满足式 (1.5.10) 中方程和边界条件的 $u(x,t)$ 可写为

$$u(x,t)=\sum_{n=1}^{\infty}C_n e^{-n^2t}\sin nx, \tag{1.5.13}$$

其中的系数 C_n 可由 $u(x,t)$ 的不同条件来确定:

$$u(x,T)=\sum_{n=1}^{\infty}C_n e^{-n^2T}\sin nx, \tag{1.5.14}$$

$$C_n=e^{n^2T}\frac{2}{\pi}\int_0^{\pi}u(x,T)\sin nxdx.$$

特别有

$$f(x)=u(x,0)=\sum_{n=1}^{\infty}\left(\frac{2}{\pi}\int_0^{\pi}u(x,T)\sin nxdx\right)e^{n^2T}\sin nx. \tag{1.5.15}$$

如果 $u(x,T)$ 是 $u(x,0)=f(x)$ 对应的温度场, 则该式给出了初值解的表达式, 并且易知解是唯一的. 但是对任意给定的 $u(x,T)$ 的测量值 $u^{\delta}(x,T)$, 即使误差 δ 很小, 上述右端级数也未必收敛. 即解不连续依赖于输入数据.

问题 (2) 据式 (1.5.13) 可表示为一般的第一类积分方程:

$$K:X\to Y,\qquad (K\cdot x)(t)=\int_a^b k(s,t)x(s)ds=y(t).$$

由 $y(t)\in Y$ 求 $x(t)\in X$ 的问题 (X 是无限维空间), 即求解积分方程

$$\frac{2}{\pi}\int_0^{\pi}\left(\sum_{n=1}^{\infty}\sin nye^{-n^2T}\sin nx\right)f(y)dy=u(x,T), \tag{1.5.16}$$

其精确解已由式 (1.5.15) 给出. 当核函数 $k(s,t)$ 比较光滑时, K 是线性紧算子 (compact operator), K^{-1} 一定是无界的, 从而该问题一定是不适定的. 在最后一章我们还要进一步讨论此问题.

例 1.5　常微分方程数值解的一个不适定问题 [49]. 考虑

$$\begin{cases} u''(x)=f(x,u,u'), & x\in(a,b)\\ u(a)=\alpha, & u(b)=\beta. \end{cases} \tag{1.5.17}$$

求解该问题的一个数值方法就是 “打靶方法”. 该方法对不同的参数 s, 解初值问题

$$\begin{cases} u''(x) = f(x,u,u'), & x \in (a,b) \\ u(a) = \alpha, & u'(a) = s. \end{cases} \tag{1.5.18}$$

记此问题的解为 $u(x,s)$. 通过调整在 $x=a$ 时的初始速度 s, 使得 $x=b$ 时的位移刚好为 β. 即式 (1.5.18) 的解 $u(x,s)$ 满足

$$F(s) := u(b,s) - \beta = 0 \tag{1.5.19}$$

时的 s 对应的初值问题 (1.5.18) 的解即为所求边值问题 (1.5.17) 的解.

当由式 (1.5.19) 求 $F(s)$ 的零点时, 可用 Newton 方法. 为此需求 $F'(s)$. 易知 $F'(s) := v(b,s)$ 可由下列初值问题的解得到:

$$\begin{cases} v''(x,s) = f_u(x,u,u')v(x,s) + f_{u'}(x,u,u')v'(x,s), & x \in (a,b) \\ v(a,s) = 0, & v'(a,s) = 1, \end{cases} \tag{1.5.20}$$

其中的 $u = u(x,s)$ 对给定的 s 通过求解式 (1.5.18) 得到.

在某些条件下, s 的小变化将会引起式 (1.5.18) 的解 $u(x,s)$ 的大变化, 从而给该数值方法带来麻烦. 看下面的边值问题:

$$\begin{cases} u''(x) = u' + 110u, & x \in (0,10) \\ u(0) = 1, & u(10) = 1. \end{cases} \tag{1.5.21}$$

该问题的精确解是

$$u(x) = \frac{1}{e^{110} - e^{-100}}[(e^{110}-1)e^{-10x} + (1-e^{-100})e^{11x}],$$

对应的问题 (1.5.18) 的解是

$$u(x,s) = \frac{11-s}{21}e^{-10x} + \frac{10+s}{21}e^{11x},$$

从而有

$$F(s) = \frac{11-s}{21}e^{-100} + \frac{10+s}{21}e^{110} - 1.$$

可以解出 $F(s)=0$ 的精确解为

$$s = -10 + 21\frac{e^{-110} - e^{-210}}{1 - e^{-210}} > -10.$$

在数值解中, 当取十位计算精度时, 对该零点的最佳逼近只能达到 $-10 \leqslant \tilde{s} \leqslant -10 + 10^{-9}$. 考虑 $u(10,s)$ 在 $s=-10$ 附近的变化:

$$u(10,-10) = e^{-100} \approx 0, \quad u(10,-10+10^{-9}) = \frac{21-10^{-9}}{21}e^{-100} + \frac{10^{-9}}{21}e^{110} \approx 2.8\times 10^{37}.$$

由此看出 s 的小变化引起了 $u(x,s)$ 在端点 $x=10$ 的大变化. 因此该边值问题不能用通常的 "打靶方法" 求解.

例 1.6　有限维线性代数方程组的求解.

对 $n\times n$ 阶实方阵 $\boldsymbol{A}$ 和 n 维实向量 $\boldsymbol{u},\boldsymbol{z}$, 考虑线性代数方程组

$$\boldsymbol{A}\boldsymbol{z}=\boldsymbol{u}$$

的解 $\boldsymbol{z}$. 当 $\det(\boldsymbol{A})\neq 0$ 时, 对任意的 $\boldsymbol{u}\in\mathbf{R}^n$, 该方程组存在唯一解 $\boldsymbol{z}=\boldsymbol{A}^{-1}\boldsymbol{u}\in\mathbf{R}^n$, 并且解连续依赖于右端项.

如果 $\det(\boldsymbol{A})=0$, 该方程并不是对任意的右端项 u 都有解. 当对某个右端项 u_0 有解时, 解一定是不唯一的. 因此, 如果 $\det(\boldsymbol{A})=0$, 该问题的求解是不适定的.

该简单例子的重要性在于它表明了引起问题不适定性的三个原因在某些条件下的联系. 换言之, 解的存在性、唯一性和连续依赖性不一定是完全独立的. 对本问题而言, 解的适定性等价于 $\boldsymbol{A}\boldsymbol{z}=0$ 只有平凡解 $\boldsymbol{z}=0\in\mathbf{R}^n$. 也就是说, 对本问题, 只要有解的唯一性, 就有了解的存在性和连续依赖性, 即解的适定性. 该结果在无限维空间的对应表示是 Fredholm 选择定理的一个直接推论 (见后面的推论 2.3.5).

上面六个不同的具体例子有一个共同的特点：当应用经典的方法去求问题的解时, 或者是给定的输入数据不一定能保证解的存在性或唯一性; 或者是输入数据的微小变化会引起相应解的巨大变化, 而且这种变化已经使得用通常方法求得的对应解变得毫无意义. 这种现象产生的原因是原问题的不适定性. 不适定性本质上是由于信息 (输入数据、待求的解) 不足 (过定) 造成的. 恢复问题的适定性尤其是稳定性的方法有添加信息、改变拓扑度量等. 主要是前者, 因为度量方式在给定的应用问题中是难以随便改变的. 通常是对待求的解作某些假定 (或者说, 在一个较小的集合上求解) 以得到稳定性. 这些内容将在下面几章详细介绍.

最后我们要指出的是, 从数学理论研究的角度而言, 改变问题的拓扑度量仍然是恢复不适定问题适定性的一个重要方法. 从应用背景的角度来考虑, 新的度量 (模) 的选择必须尽可能有合理的物理解释, 过于抽象的数学意义上的模对数学方法的应用是不利的. 关于这类方法在热传导问题中的应用, 可见文献 [95]. 另一方面, 过于弱的适定性结果 (例如对数型的条件稳定性) 在数值计算的过程中由于计算精度的干扰是很难表现出来的, 这个现象已经被许多数值计算结果所证实.

第 2 章　预 备 理 论

在不适定问题和反问题的研究中，有一些数学方法和理论是基本的和必需的，其中重要的数学工具之一就是紧算子和积分方程的有关理论. 借助于基本解或者势函数理论，可以给出某些定解问题解的积分表达式 (例如对热传导问题和散射问题). 这样反问题就转化为对一类积分方程解的研究. 此时出现的积分方程通常是一个具有弱奇性核的 Fredholm 方程，该积分方程可以通过适当的正则化算子变换，近似转化为

$$(I-A)\phi=f,$$

其中 A 是一个紧的积分算子,f 是一个 Banach 空间的元素. 从而利用紧算子的有关理论和正则化近似理论可求解原不适定问题.

在本章我们介绍有关函数空间、紧线性算子、积分算子、函数逼近等基本概念和性质，它们可以在文献 [48] 或其他标准的泛函分析教材中找到. 这些结果是讨论不适定问题解法的基础.

2.1　赋范空间若干结果

记 $A:X\to Y$ 为一个单值的映射，其定义域为 X，值域含于 Y 中，即任给 $\phi\in X$，存在唯一的 $A\phi\in Y$，

$$A(X)=\{A\phi:\phi\in X\}\subset Y.$$

算子方程 $A\phi=f$ 解的存在唯一性等价于 A 的逆算子 A^{-1} 的存在性.

如果对每一个 $f\in A(X)$，只有一个元素 $\phi\in X$ 满足 $A\phi=f$，称 A 是单 (内) 射的 (injective). 此时 A 有一个定义于 $A(X)$ 上的逆算子

$$A^{-1}:A(X)\to Y,$$

其定义域为 $A(X)\subset Y$，值域为 X，它在 X 上满足 $A^{-1}A=I$，在 $A(X)$ 上满足 $AA^{-1}=I$.

如果 $A(X)=Y$，称 A 是满射的 (surjective). 如果算子 A 既是单射的又是满射的，则称为是双射的 (bijective)，此时 $A^{-1}:Y\to X$ 存在.

定义 2.1.1　设 X 是一个复 (实) 的线性空间，如果函数 $\|\cdot\|:X\to\mathbf{R}$ 满足

(1) $\|\phi\|\geqslant 0,\forall\phi\in X$;

(2) $\|\phi\| = 0 \iff \phi = 0$;

(3) $\|\alpha\phi\| = |\alpha|\|\phi\|, \forall\alpha \in \mathbf{C}(\text{ or } \mathbf{R}), \phi \in X$;

(4) $\|\phi + \psi\| \leqslant \|\phi\| + \|\psi\|, \forall\phi, \psi \in X$.

则称 $\|\cdot\|$ 为 X 上的模 (范数).

线性空间 X 装备模后称为赋范线性空间.

定义 2.1.2 设 $\{\phi_n\}_{n=1}^{\infty} \subset X$. 如果 $\forall\varepsilon > 0, \exists N(\varepsilon)$ 使得 $n > N(\varepsilon)$ 时 $\|\phi_n - \phi\| \leqslant \varepsilon$ 成立, 即

$$\lim_{n\to\infty} \|\phi_n - \phi\| = 0,$$

则称序列 $\{\phi_n\}_{n=1}^{\infty}$ 在 $n \to \infty$ 时收敛于 ϕ, 记为 $\lim_{n\to\infty} \phi_n = \phi$ 或者 $\phi_n \to \phi$.

定义 2.1.3 设 $U \subset X$. 映射 $A: U \to Y$ 称为在 $\phi \in U$ 是连续的, 如果对任意以 ϕ 为极限的 U 中的序列 $\{\phi_n\}_{n=1}^{\infty}$ 都成立

$$\lim_{n\to\infty} A\phi_n = A\phi.$$

A 在 U 上 (一致) 连续的定义可类似给出.

例 2.1 由定义, X 上的任意一种模 $\|\cdot\|$ 都是 X 上的连续函数, 而

$$X_1 = \{f \in C[a,b]; \|f\|_\infty = \max_{[a,b]} |f(x)|\}, \quad X_2 = \left\{ f \in C[a,b]; \|f\|_2 = \sqrt{\int_a^b |f(x)|^2 dx} \right\}$$

都是赋范线性空间.

定义 2.1.4 线性空间上的两个模称为是等价的, 如果任一个关于一种模收敛的序列关于另一种模也收敛.

定义 2.1.5 线性空间 X 上的两个模 $\|\cdot\|_1$ 和 $\|\cdot\|_2$ 称为是等价的, 如果存在常数 $c, C > 0$ 使得

$$c\|\phi\|_1 \leqslant \|\phi\|_2 \leqslant C\|\phi\|_1$$

对一切的 $\phi \in X$ 成立.

对由 m 个线性无关的元素 $\{f_j\}_{j=1}^m$ 张成的有限维线性空间 $X_m = \mathrm{span}\{f_1, f_2, \cdots, f_m\}$, 对 $\phi = \sum\limits_{k=1}^{m} \alpha_k f_k \in X_m$, 易验证

$$\|\phi\|_\infty := \max_{k=1,2,\cdots,m} |\alpha_k|$$

是 X_m 上的一个模, 并且

定理 2.1.6 有限维线性空间上的所有模都是等价的.

定义 2.1.7 给定 $\forall\phi \in X, r > 0$, $B(\phi, r) := \{\psi : \|\psi - \phi\| < r\}$ 称为中心在 ϕ 半径为 r 的一个开球, $B[\phi, r] = \{\psi : \|\psi - \phi\| \leqslant r\}$ 称为一个闭球.

定义 2.1.8　对 X 中的子集 U, 如果 $\forall\phi \in U, \exists r > 0$ 使得 $B(\phi, r) \subset U$, 称 U 为 X 中的一个开集; 如果 U 中任一收敛序列的极限都在 U 中, 称 U 为 X 中的一个闭集.

$U \subset X$ 是闭集 $\iff X \setminus U$ 是开集. 特别, 赋范线性空间的有限维子空间是闭的.

定义 2.1.9　U 中所有收敛序列的极限点的集合称为 U 的闭包, 记为 $\overline{U}$. 集合 U 称为在另一个集合 V 中是稠密的, 如果 $V \subset \overline{U}$. 也就是说, V 中的任一元素都是 U 中一个收敛序列的极限点.

由定义知, U 在 V 中稠密, 则 V 中的任一元素可用 U 的元素来逼近.

$U \subset X$ 是闭集 $\iff U = \overline{U}$.

例 2.2　由 Weierstrass 逼近定理, $[a, b]$ 上的多项式集合构成的线性子空间 P 在 $C[a, b]$ 中关于最大模和平均平方模都是稠密的.

定义 2.1.10　$U \subset X$ 称为是有界的, 如果 $\exists C > 0$ 使得 $\|\phi\| \leqslant C$ 对一切的 $\phi \in U$ 成立.

定义 2.1.11　序列 $\{\phi_n\}_{n=1}^{\infty} \subset X$ 称为是 Cauchy 列, 如果 $\forall\varepsilon > 0, \exists N(\varepsilon)$ 使得

$$\|\phi_n - \phi_m\| \leqslant \varepsilon, \quad \forall n, m > N(\varepsilon)$$

成立.

赋范线性空间 X 中的任一收敛的序列都是 Cauchy 列, 但反之一般不真.

定义 2.1.12　$U \subset X$ 称为是完备的, 如果 U 中的任一 Cauchy 列都收敛于 U 中的一个元素. 完备的赋范线性空间称为是 Banach 空间.

例 2.3　前面例 2.1 给出的 X_1 是 Banach 空间, 但 X_2 不是.

定义 2.1.13　集合 $U \subset X$ 称为是紧的 (compact), 如果 U 的任一开覆盖含有有限的子覆盖. 即如果开集的集合 $\{V_j\}_{j\in J}$ 满足 $U \subset \cup_{j\in J} V_j$, 则一定可选取有限个开集 $\{V_{j(k)}\}_{k=1}^{n}$ 满足 $U \subset \cup_{k=1}^{n} V_j(k)$.

集合 $U \subset X$ 称为是列紧的 (sequentially compact), 如果 U 中的任一序列含有一个收敛的子列收敛到 U 中的元素,

定理 2.1.14　赋范空间中的子集是紧的当且仅当它是列紧的.

据此定理知, 紧集是有界的, 闭的, 完备的.

当 X 是有限维空间时, X 中的有界集合 U 中的任一序列必有一个收敛的子列. 当 U 是闭集时, 极限点也在 U 中 (Weierstrass).$\iff$ 若 U_j 是开集 $(j \in I)$, $\{U_j\}_{j\in I}$ 覆盖了一个有界闭集 U, 则一定可以从 $U_j(j \in I)$ 中选出有限个集合, 使得它们覆盖 U(Borel). 因此有限维空间中, 有界闭集的性质是很好的. 但是无限维空间中有界闭集不具有这些性质, 因此在无限维空间上对应引进 “紧集” 的概念. 粗略地讲, 无限维空间中紧集对应于有限维空间有界闭集.

定义 2.1.15　赋范空间中的子集称为是相对紧的, 如果它的闭包是紧的.

由此定义易知, U 是相对紧的, 当且仅当 U 中的任一序列都有一个收敛的子列 (但极限点未必在 U 中).

定理 2.1.16　赋范空间中有界的有限维的子集是相对紧的.

对 $\mathbf{R}^m$ 中的紧集 G, 记 $C(G)$ 为定义于 G 上的连续函数, 其上的模定义为

$$\|\phi\|_\infty := \max_{x\in G}|\phi(x)|.$$

$C(G)$ 中的函数集合为相对紧集的标准如下.

定理 2.1.17(Arzela-Ascoli)　$U \subset C(G)$ 是相对紧集 $\iff U$ 是有界的和等度连续的.

2.2　有界算子和紧算子

定义 2.2.1　算子 $A: X \to Y$ 把线性空间 X 映到线性空间 Y 称为是线性的, 如果

$$A(\alpha\phi + \beta\psi) = \alpha A\phi + \beta A\psi, \quad \forall \phi, \psi \in X, \alpha, \beta \in \mathbf{C}(\text{ or } \mathbf{R}).$$

定理 2.2.2　线性算子是连续的 $\iff$ 线性算子在一个元素处是连续的.

定理 2.2.3　从赋范空间 X 到赋范空间 Y 的线性算子 A 称为是有界的, 如果 $\exists C > 0$ 使得对一切的 $\phi \in X$ 满足

$$\|A\phi\|_Y \leqslant C\|\phi\|_X.$$

C 称为是算子 A 的一个界.

线性算子 A 是有界的 $\iff \|A\| := \sup_{\|\phi\|=1}\|A\phi\| = \sup_{\|\phi\|\leqslant 1}\|A\phi\| < \infty \iff$ A 把 X 中的有界集映为 Y 中的有界集.

$\|A\|$ 称为算子 A 的范数 (模).

由赋范线性空间 X 到赋范线性空间 Y 的全体有界线性算子的集合构成一个线性空间, 记为 $\mathcal{L}(X, Y)$.

定理 2.2.4　$\mathcal{L}(X, Y)$ 在前述算子范数下构成一个赋范线性空间, 如果 Y 是 Banach 空间, $\mathcal{L}(X, Y)$ 也是 Banach 空间.

对算子序列 $\{A_n\}_{n=1}^\infty$ 收敛于 A, 必须区别是按范数收敛还是逐点收敛 (pointwise).

定理 2.2.5　线性算子 A 是连续的 $\iff A$ 是有界的.

定理 2.2.6　记 X, Y, Z 为赋范线性空间, $A: X \to Y, B: Y \to Z$ 是有界线性算子. 由

$$(BA)\phi := B(A\phi), \forall \phi \in X$$

定义的积算子 $BA: X \to Z$ 是有界线性算子且满足 $\|BA\| \leqslant \|A\|\|B\|$.

定义 2.2.7　从赋范空间 X 到赋范空间 Y 的线性算子 A 称为是紧的, 如果它把 X 中的任一有界集映为 Y 中的相对紧集.

定理 2.2.8　从赋范空间 X 到赋范空间 Y 的线性算子 A 称为是紧的 $\Longleftrightarrow$ 对 X 中的任一有界序列 $\{\phi_n\}$, $\{A\phi_n\}$ 含有 Y 中的收敛子列.

定理 2.2.9　紧的线性算子 A 是有界的, 紧的线性算子的线性组合是紧的算子.

定理 2.2.10　记 X, Y, Z 为赋范线性空间, $A: X \to Y, B: Y \to Z$ 是有界线性算子. 如果 A 或者 B 是紧的, 则积算子 $BA: X \to Z$ 是紧的.

定理 2.2.11　X 为赋范空间, Y 为 Banach 空间. 如果紧线性算子序列 $A_n: X \to Y$ 在 $n \to \infty$ 时依范数收敛于线性算子 $A: X \to Y$, 即 $\|A_n - A\| \to 0$, 则 A 是紧算子.

定理 2.2.12　如果有界线性算子 $A: X \to Y$ 有有限维的值域 $A(X)$, 则 A 是紧算子.

定理 2.2.13　恒等算子 $I: X \to X$ 是紧的 $\Longleftrightarrow X$ 是有限维的.

该定理说明有界算子未必是紧的, 同时也说明了第一类算子方程和第二类算子方程的区别：因为对紧算子 A, A 和 $I - A$ 显然具有不同的性质.

由定理 2.2.10 和定理 2.2.13, 紧算子 A 不可能存在有界的逆, 除非其值域 $A(X)$ 是有限维的.

对第二类的算子方程

$$\phi - A\phi = f,$$

如果 A 是压缩的 (即 $\|A\| < 1$), 其可解性可由 Neumann 级数的方法得到.

定理 2.2.14　设 $A: X \to X$ 是一个压缩的有界线性算子, 它把 Banach 空间 X 映到自身. $I: X \to X$ 是单位算子, 则 $I - A$ 在 X 上存在有界逆, 且逆算子由 Neumann 级数给出：

$$(I - A)^{-1} = \sum_{k=0}^{\infty} A^k,$$

$$\|(I - A)^{-1}\| \leqslant \frac{1}{1 - \|A\|},$$

其中 A^n 由 $A^0 := I, A^n := AA^{n-1}$ 定义.

显然, Neumann 级数的部分和

$$\phi_n := \sum_{k=0}^{n} A^k f$$

满足 $\phi_{n+1} = A\phi_n + f, n = 0, 1, \cdots$. 据此可由 Neumann 级数构造方程的迭代解, 即

定理 2.2.15 在上述定理的条件下, 对任意 $f \in X$, 由任意的初值 $\phi_0 \in X$ 构造的序列

$$\phi_{n+1} = A\phi_n + f, \quad n = 0, 1, 2, \cdots \tag{2.2.1}$$

收敛于 $\phi - A\phi = f$ 的唯一解 ϕ, 并且有下面的误差估计

$$\|\phi_n - \phi\| \leqslant \frac{\|A\|^n}{1 - \|A\|}\|A\phi_0 - \phi_0\|.$$

该定理讨论方程的可解性时, 要求 $\|A\| < 1$. 该条件可以放宽到 $\|A^k\| < 1$ 对某个正整数 k 成立 [90]. 此时方程 $\phi - A\phi = f$ 对任意的 $f \in X$ 仍然存在唯一解. 类似于本定理, 对任意的迭代初值 ϕ_0, 由迭代格式

$$\phi_{n+1} = A^k\phi_n + \sum_{j=0}^{k-1} A^j f, \quad n = 0, 1, 2, \cdots$$

得到的序列 $\{\phi_n\}$ 收敛于 $\phi - A\phi = f$ 的唯一解 ϕ, 并且有下面的误差估计

$$\|\phi_n - \phi\| \leqslant \frac{\|A^k\|^n}{1 - \|A^k\|}\|\phi_1 - \phi_0\|.$$

对一般的第二类积分方程, 其可解性是由 Fredholm 理论得到的.

在线性空间 X 上引进内积以后, 由内积可以定义 X 上的一个范数. 由此得到了 Hilbert 空间.

定义 2.2.16 假定线性空间 X 上定义了内积 $(\cdot, \cdot)$. 由

$$\|\phi\| := (\phi, \phi)^{1/2}, \quad \forall \phi \in X$$

定义了 X 上的一个范数. 如果 X 关于这个范数是完备的, 就称为 Hilbert 空间, 否则称为准 Hilbert 空间.

为了讨论不适定问题拟解的需要, 引进最佳逼近的概念.

定义 2.2.17 设 $U \subset X$ 是赋范线性空间 X 的子集, $\phi \in X$. 元素 $v \in U$ 称为 ϕ 在 U 上的最佳逼近, 如果

$$\|\phi - v\| = \inf_{u \in U} \|\phi - u\|,$$

即 v 是 U 上与 ϕ 距离最近的点.

定理 2.2.18 设 U 是准 Hilbert 空间 X 的线性子空间, $v \in U$ 是 $\phi \in X$ 在 U 上的最佳逼近 $\Longleftrightarrow$

$$(\phi - v, u) = 0, \forall u \in U,$$

即 $\phi - v \perp U$. 对 $\forall \phi \in X$, 在 U 上至多有一个最佳逼近元素.

定理 2.2.19 设 U 是准 Hilbert 空间 X 的完备的线性子空间. $\forall \phi \in X$, 在 U 上存在唯一的最佳逼近元素.

定理 2.2.20 设 U 是准 Hilbert 空间 X 的凸的子集, $v \in U$ 是 $\phi \in X$ 在 U 上的最佳逼近 $\iff$

$$\mathrm{Re}(\phi - v, u - v) \leqslant 0, \quad \forall u \in U.$$

对 $\forall \phi \in X$, 在 U 上至多有一个最佳逼近元素.

对 Hilbert 空间, 还可以引进弱收敛序列 (weak convergence) 和强制算子的概念.

定义 2.2.21 Hilbert 空间 X 中的序列 $\{\phi_n\}$ 称为弱收敛于 $\phi \in X$(记为 $\phi_n \rightharpoonup \phi$), 如果对一切的 $\psi \in X$, 有

$$\lim_{n\to\infty} (\psi, \phi_n) = (\psi, \phi).$$

关于 Hilbert 空间中弱收敛序列, 有下列结果 [19].

定理 2.2.22 (1) 如果 $x_n \rightharpoonup x_0$, 则 $\|x_0\| \leqslant \underline{\lim}_{n\to\infty} \|x_n\|$;

(2) 如果 $x_n \rightharpoonup x_0$ 且 $\|x_n\| \to \|x_0\|$, 则 $\|x_n - x_0\| \to 0$;

(3) Hilbert 空间中弱收敛的序列是有界的, Hilbert 空间中的有界序列一定存在弱收敛的子列;

(4) 线性全连续算子把弱收敛的序列映射为强收敛 (依范数收敛) 的序列.

定义 2.2.23 设 X 是 Hilbert 空间, $A: X \to X$ 是有界线性算子. 如果存在 $c > 0$ 使得

$$\mathrm{Re}(A\phi, \phi) \geqslant c\|\phi\|^2, \quad \forall \phi \in X$$

成立, 则称 A 是严格强制的 (strictly coercive).

定理 2.2.24(Lax-Milgram) 设 X 是 Hilbert 空间. 严格强制的算子 $A: X \to X$ 存在有界逆 $A^{-1}: X \to X$.

设 X, Y 是 Hilbert 空间, 对有界线性算子 $A: X \to Y$, 由后面给出的定理 2.3.14 知它有唯一的伴随算子 $A^*: Y \to X$. 对此有

定理 2.2.25 对有界线性算子 $A: X \to Y$ 成立

$$A(X)^{\perp} = N(A^*), \quad N(A^*)^{\perp} = \overline{A(X)},$$

其中 $N(A^*)$ 表示 A^* 的零空间.

该定理的一个直接应用就是空间 Y 的直和分解 $Y = \overline{A(X)} \oplus N(A^*)$. 这表明对有界线性算子 A, $A(X)$ 在 Y 中的稠密性等价于 $N(A^*) = \{0\}$.

还可以引进线性赋范空间上元素列的弱收敛的概念, Hilbert 空间中序列的弱收敛是其特例 [57].

定义 2.2.26　设 E 为线性赋范空间, $\{x_n\} \subset E, x_0 \in E$. 如果对任一线性泛函 $f \in E^*$, 在 $n \to \infty$ 时有 $f(x_n) \to f(x_0)$, 就称 x_n 弱收敛于 x_0, 记为 $x_n \hookrightarrow x_0$.

关于元素列的弱收敛, 有下列判别法:

定理 2.2.27　序列 x_n 弱收敛于 x_0 的充分必要条件是

(1) 序列 $\{\|x_n\|\}$ 有界;

(2) $f(x_n) \to f(x_0)$, 其中 f 为属于其线性组合在 E^* 稠密的线性泛函集的任一元.

2.3　Riesz 理论和 Fredholm 理论

设 $A: X \to X$ 是赋范空间 X 上的紧的线性算子. 本节介绍第二类算子方程

$$\phi - A\phi = f$$

的基本理论. 它起源于 Riesz 在 1918 年的工作和 Fredholm 在 1903 年对第二类积分方程的工作.

由单位算子 I 定义

$$L := I - A. \tag{2.3.1}$$

定理 2.3.1(First Riesz Theorem)　算子 L 的零空间

$$N(L) := \{\phi \in X : L\phi = 0\}$$

是 X 有限维子空间.

定理 2.3.2(Second Riesz Theorem)　算子 L 的值域

$$L(X) := \{L\phi : \phi \in X\}$$

是 X 的闭的线性子空间.

定理 2.3.3(Third Riesz Theorem)　存在唯一的非负整数 r(称为 A 的 Riesz 数) 满足

$$\{0\} = N(L^0) \subset\subset N(L^1) \subset\subset \cdots \subset\subset N(L^r) = N(L^{r+1}) = \cdots,$$

$$X = L^0(X) \supset\supset L^1(X) \supset\supset \cdots \supset\supset L^r(X) = L^{r+1}(X) = \cdots,$$

$$X = N(L^r) \oplus L^r(X).$$

区分 A 的 Riesz 数 $r=0$ 和 $r>0$ 两种情况, 即得到第二类算子方程的可解性结果.

定理 2.3.4 设 X 是赋范空间, $A:X\to X$ 是紧算子. 如果 $I-A$ 是内射的 (injective), 则 $(I-A)^{-1}:X\to X$ 存在且有界.

证明 L 是内射的意味着 $N(L)=\{0\}$, 即 $r=0$. 由 Riesz 第三定理知 $X=L(X)$, 故 $L^{-1}:X\to X$ 存在.

用反证法证明其有界性. 如果 L^{-1} 无界, 则存在 $\{f_n\}$ 满足 $\|f_n\|=1$ 并使得 $\phi_n:=L^{-1}f_n$ 是无界的. 定义

$$g_n=\frac{f_n}{\|\phi_n\|},\quad \psi_n=\frac{\phi_n}{\|\phi_n\|},\quad n\in\mathbf{N},$$

则 $n\to\infty$ 时 $g_n\to 0$ 且 $\|\psi_n\|=1$. 由于 A 是紧算子, 可以选取子列 $\psi_{n(k)}$ 使得 $k\to\infty$ 时 $A\psi_{n(k)}\to\psi\in X$. 再由

$$\psi_{n(k)}-A\psi_{n(k)}=g_{n(k)}$$

知 $k\to\infty$ 时 $\psi_{n(k)}\to\psi$, 因此 $\psi\in N(L)$, 即 $\psi=0$, 这与 $\|\psi_n\|=1$ 矛盾.

由此定理立即得到第二类算子方程解的存在唯一性结果.

推论 2.3.5 设 X 是赋范空间, $A:X\to X$ 是紧算子. 如果齐次方程

$$\phi-A\phi=0$$

只有唯一的平凡解 $\phi=0$, 则对任意的 $f\in X$, 非齐次方程

$$\phi-A\phi=f$$

存在唯一解 $\phi\in X$, 并且该解连续依赖于 f.

在 $r>0$ 时, Riesz 第三定理只能给出齐次方程 $\phi-A\phi=0$ 解的结构.

定理 2.3.6 设 X 是赋范空间, $A:X\to X$ 是紧算子. 如果 $I-A$ 不是内射的, 则 L 的零空间 $N(I-A)$ 是有限维的, 且其值域 $(I-A)X\subset X$ 是 X 的闭子空间.

对第二类算子方程, 此结果对应于

推论 2.3.7 设 X 是赋范空间, $A:X\to X$ 是紧算子. 如果齐次方程

$$\phi-A\phi=0$$

有非平凡解, 则非齐次方程

$$\phi-A\phi=f$$

或者是无解的, 或者是其通解有表达式

$$\phi=\overline{\phi}+\sum_{k=1}^{m}\alpha_k\phi_k,$$

其中 $\phi_1,\phi_2,\cdots,\phi_m$ 是齐次方程的一组基础解, $\overline{\phi}$ 是非齐次方程的一个特解.

此结果没有给出 f 的任何条件使得我们能判断非齐次方程 $\phi-A\phi=f$ 是无解还是有无穷多组解.

推论 2.3.8　设 S 是有界线性算子且具有有界逆 S^{-1}. 上述结果中的 $I-A$ 用 $S-A$ 来代替后, 结论仍然成立.

Riesz 定理的重要性体现在推论 2.3.5 上：对第二类积分方程由解的唯一性可以得到解的存在性, 这和有限维的线性方程组是一样的. 对 $n\times n$ 阶方阵 $\boldsymbol{B}_{n\times n}$ 和 $x\in\mathbf{R}^n$, 如果 $\boldsymbol{B}x=0$ 只有零解 (这意味着 $\boldsymbol{B}$ 是可逆的), 则对任意的 $f\in\mathbf{R}^n$, 非齐次方程 $\boldsymbol{B}x=f$ 存在唯一解 $x=\boldsymbol{B}^{-1}f$. 在 $\boldsymbol{B}x=0$ 有非零解的时候, 为判断非齐次方程 $\boldsymbol{B}x=f$ 是否有解, 需判断 $\boldsymbol{B}$ 的秩和 $(\boldsymbol{B},f)$ 的秩是否相等. 对无穷维的非齐次算子方程 $\phi-A\phi=f$, 该问题是由 Fredholm 理论来解决的. 为此引进对偶系统 (dual systems) 的概念.

定义 2.3.9　设 X,Y 是线性空间. 如果

$$\langle\alpha_1\phi_1+\alpha_2\phi_2,\psi\rangle=\alpha_1\langle\phi_1,\psi\rangle+\alpha_2\langle\phi_2,\psi\rangle,\quad\forall\phi_1,\phi_2\in X,\quad\forall\psi\in Y,\quad\alpha_1,\alpha_2\in\mathbf{C}$$

$$\langle\phi,\beta_1\psi_1+\beta_2\psi_2\rangle=\beta_1\langle\phi,\psi_1\rangle+\beta_2\langle\phi,\psi_2\rangle,\quad\forall\psi_1,\psi_2\in Y,\quad\forall\phi\in X,\quad\beta_1,\beta_2\in\mathbf{C}$$

成立, 映射 $\langle\cdot,\cdot\rangle:X\times Y\to\mathbf{C}$ 称为是双线性的.

如果对任意的非零 $\phi\in X,\exists\psi\in Y$ 使得 $\langle\phi,\psi\rangle\neq 0$; 对任意的非零 $\psi\in Y,\exists\phi\in X$ 使得 $\langle\phi,\psi\rangle\neq 0$, 就称双线性映射是非蜕化的 (nondegenerate).

定义 2.3.10　赋范空间 X 和 Y 装备了非蜕化的双线性形式后, 称为一个对偶系统, 记为 $\langle X,Y\rangle$.

定义 2.3.11　设 $\langle X_1,Y_1\rangle_1,\langle X_2,Y_2\rangle_2$ 是两个对偶系统. 两个算子 $A:X_1\to X_2,B:Y_2\to Y_1$ 称为是伴随的, 如果

$$\langle A\phi,\psi\rangle_2=\langle\phi,B\psi\rangle_1,\quad\forall\phi\in X_1,\psi\in Y_2.$$

需要注意的是, 在上述定义下, 只有线性算子才可以引进伴随算子的概念, 此即

定理 2.3.12　设 $\langle X_1,Y_1\rangle_1,\langle X_2,Y_2\rangle_2$ 是两个对偶系统. 如果算子 $A:X_1\to X_2$ 有一个伴随算子 $B:Y_2\to Y_1$, 则 B 是唯一的, 并且 A 和 B 都是线性的.

证明　设 A 有两个伴随算子 B_1 和 B_2. 记 $B=B_1-B_2$, 则对 $\forall\phi\in X_1,\psi\in Y_2$ 有

$$\langle\phi,B\psi\rangle_1=\langle\phi,B_1\psi\rangle_1-\langle\phi,B_2\psi\rangle_1=\langle A\phi,\psi\rangle_2-\langle A\phi,\psi\rangle_2=0.$$

由于 $\langle\cdot,\cdot\rangle_1$ 是非蜕化的, 上式表明 $B\psi=0$ 对一切的 $\psi\in Y_2$ 成立, 即 $B_1=B_2$. 为证明 B 是线性的, 只要注意到 $\forall\phi\in X_1$, 有

$$\begin{aligned}\langle\phi,\beta_1B\psi_1+\beta_2B\psi_2\rangle_1&=\beta_1\langle\phi,B\psi_1\rangle_1+\beta_2\langle\phi,B\psi_2\rangle_1=\beta_1\langle A\phi,\psi_1\rangle_2+\beta_2\langle A\phi,\psi_2\rangle_2\\&=\langle A\phi,\beta_1\psi_1+\beta_2\psi_2\rangle_2=\langle\phi,B(\beta_1\psi_1+\beta_2\psi_2)\rangle_1,\end{aligned}\tag{2.3.2}$$

即 $\beta_1 B\psi_1 + \beta_2 B\psi_2 = B(\beta_1\psi_1 + \beta_2\psi_2)$. 类似地, A 是线性的.

下面的结果表明, 在 Hilbert 空间上, 有界线性算子的伴随算子总是存在的.

定理 2.3.13(Riesz) 设 X 是一个 Hilbert 空间. 对每一个有界线性泛函 $F: X \to \mathbf{C}$, 存在唯一的 $f \in X$ 使得

$$F(\phi) = \langle \phi, f \rangle, \quad \forall \phi \in X.$$

定理 2.3.14 设 X, Y 是 Hilbert 空间, $A: X \to Y$ 是有界线性算子, 则存在唯一的有界线性算子 $A^*: Y \to X$ 满足

$$\langle A\phi, \psi \rangle_Y = \langle \phi, A^*\psi \rangle_X, \quad \forall \phi \in X, \psi \in Y,$$

即 A 和 A^* 是关于对偶系统 $\langle X, X \rangle$ 和 $\langle Y, Y \rangle$ 的伴随算子, 其上的双线性形式由 X 和 Y 上的内积定义. A^* 是有界的且满足 $\|A^*\| = \|A\|$.

定理 2.3.15 设 X, Y 是 Hilbert 空间, $A: X \to Y$ 是紧的线性算子, 则伴随算子 $A^*: Y \to X$ 也是紧的.

下面可以给出第二类算子方程的 Fredholm 理论.

定理 2.3.16(First Fredholm Theorem) 设 $\langle X, Y \rangle$ 是对偶系统, $A: X \to X, B: Y \to Y$ 是紧的伴随算子, 则 $I - A$ 和 $I - B$ 的零空间具有相同的有限维数.

定理 2.3.17 (Second Fredholm Theorem) 非齐次方程

$$\phi - A\phi = f$$

可解的充分必要条件是 $\langle f, \psi \rangle = 0$ 对齐次伴随方程 $\psi - B\psi = 0$ 的一切解 ψ 成立. 当 A 和 B 交换时结论也成立.

为了更清楚地叙述 Fredholm 第一、二定理, 引进正交补 (orthogonal complement) 的概念.

定义 2.3.18 设 $\langle X, Y \rangle$ 是对偶系统, 称集合

$$U^\perp := \{g \in Y : \langle \phi, g \rangle = 0, \forall \phi \in U\}$$

为 $U \subset X$ 关于双线性形式 $\langle \cdot, \cdot \rangle$ 的正交补. 类似地, 称

$$V^\perp := \{f \in X : \langle f, \psi \rangle = 0, \forall \psi \in V\}$$

为 $V \subset Y$ 的正交补.

在正交补的记号下, 上述 Fredholm 第一、二定理可叙述为

定理 2.3.19 (Fredholm Alternative) 设 $\langle X, Y \rangle$ 是对偶系统, $A: X \to X, B: Y \to Y$ 是紧的伴随算子, 则有且仅有下述两结论之一成立:

(1) $N(I-A)=\{0\}, N(I-B)=\{0\}$;　$(I-A)X=X, (I-B)Y=Y$;

(2) $\dim N(I-A)=\dim N(I-B)\in \mathbf{N}$;　$(I-A)X=N(I-B)^{\perp}, (I-B)Y=N(I-A)^{\perp}$, 其中 $\mathbf{N}$ 表示自然数集.

对偶系统上的 Fredholm 选择定理有着重要的应用. 一个非常有趣的重要应用是在不同的对偶系统上利用 Fredholm 选择定理去证明具有弱奇性核的第二类积分算子的零空间在连续函数空间和 L^2 空间是相同的. 这个结果在波场散射问题中证明 $\{\partial_\nu u(\cdot,d_n)|_{\partial D}, n=1,2,\cdots\}$ 在 $L^2(\partial D)$ 中的完备性时有重要的应用, 其中 $u(x,d_n)$ 是对应于入射平面波 $u^i(x)=e^{ikx\cdot d_n}$ 的总场, 入射方向 d_n 在单位球上稠密. 参见文献 [16] 的 Theorem 3.20.

2.4　线性积分算子

积分算子在反问题的研究中具有基本的和重要的作用. 很多情况下, 反问题转化为具有连续核或弱奇性核的第一类积分方程, 这类积分算子是紧的, 因而不具有有界逆, 从而导致问题的不适定性.

定义 2.4.1　集合 $G\subset \mathbf{R}^m$ 称为是 Jordan 可测的, 如果其特征函数

$$\chi_G(x)=\begin{cases}1, & x\in G\\ 0, & x\notin G\end{cases} \tag{2.4.1}$$

是 Riemann 可积的. 其 Jordan 测度 $|G|$ 是 χ_G 的积分. 对 Jordan 可测集 G, 其闭包 $\overline{G}$ 和边界 ∂G 也都是 Jordan 可测的, 且 $|\overline{G}|=|G|, |\partial G|=0$.

如果 G 是紧的 Jordan 可测集, 则 $f\in C(G)$ 是 Riemann 可积的.

定理 2.4.2　设 $G\subset \mathbf{R}^m$ 是非空的紧的 Jordan 可测集, 且 G 就是其内点的闭包.$K: G\times G\to \mathbf{C}$ 是一个连续函数. 由

$$(A\phi)(x)=\int_G K(x,y)\phi(y)dy,\quad x\in G \tag{2.4.2}$$

定义的线性算子 $A: C(G)\to C(G)$ 称为具有连续核 K 的积分算子. 它是一个有界线性算子, 其模为

$$\|A\|_\infty=\max_{x\in G}\int_G |K(x,y)|dy.$$

证明　显然 A 是一个由 $C(G)$ 到 $C(G)$ 的线性连续算子. 下面只要计算 A 的模.

对 $\phi\in C(G), \|\phi\|_\infty\leqslant 1$, 显然有 $|A\phi(x)|\leqslant \int_G |K(x,y)|dy$, 从而

$$\|A\phi_\infty\|=\max_{x\in G}|A\phi(x)|\leqslant \max_{x\in G}\int_G |K(x,y)|dy,$$

据此得到

$$\|A\|_\infty = \sup_{\|\phi\|_\infty \leqslant 1} \|A\phi\|_\infty \leqslant \max_{x\in G} \int_G |K(x,y)|dy.$$

由连续函数的性质, 记 $x_0 \in G$ 满足

$$\int_G |K(x_0,y)|dy = \max_{x\in G} \int_G |K(x,y)|dy.$$

对 $\varepsilon > 0$, 取 $\psi(y) \in C(G)$:

$$\psi(y) := \frac{\overline{K(x_0,y)}}{|K(x_0,y)|+\varepsilon},$$

则有 $\|\psi\|_\infty \leqslant 1$ 且

$$\begin{aligned}\|A\psi\|_\infty \geqslant |(A\psi)(x_0)| &= \int_G \frac{|K(x_0,y)|^2}{|K(x_0,y)|+\varepsilon}dy \geqslant \int_G \frac{|K(x_0,y)|^2-\varepsilon^2}{|K(x_0,y)|+\varepsilon}dy \\ &= \int_G |K(x_0,y)|dy - \varepsilon|G|.\end{aligned}$$

从而

$$\|A\|_\infty = \sup_{\|\phi\|_\infty \leqslant 1} \|A\phi\|_\infty \geqslant \|A\psi\|_\infty \geqslant \int_G |K(x_0,y)|dy - \varepsilon|G|.$$

再由 ε 的任意性即有

$$\|A\|_\infty \geqslant \int_G |K(x_0,y)|dy = \max_{x\in G} \int_G |K(x,y)|dy.$$

最后得到了 $\|A\|_\infty = \max_{x\in G} \int_G |K(x,y)|dy$. 证毕.

把定理 2.2.14, 定理 2.2.15 应用于这里的积分算子 A, 得到

定理 2.4.3 设核函数 $K(x,y)$ 是连续的且满足

$$\max_{x\in G} \int_G |K(x,y)|dy < 1,$$

则对任意的 $f \in C(G)$, 第二类积分方程

$$\phi(x) - \int_G K(x,y)\phi(y)dy = f(x), \quad x \in G \tag{2.4.3}$$

存在唯一解 $\phi \in C(G)$. 由任意的初值 $\phi_0(x)$ 构造的序列

$$\phi_{n+1}(x) := \int_G K(x,y)\phi_n(y)dy + f(x), \quad n = 0,1,2,\cdots$$

一致收敛于其解.

具有连续核的积分算子不仅是有界的, 而且还是紧算子.

定理 2.4.4 设 K 是连续核, 则 A 是 $C(G)$ 上的紧算子.

证明 设 $U \subset C(G)$ 是有界的, 即对一切的 $\phi \in U$ 有 $\|\phi\|_\infty \leqslant C$, 从而

$$|(A\phi)(x)| \leqslant C|G| \max_{x,y\in G} |K(x,y)|, \quad \forall x \in G, \forall \phi \in U.$$

即 $A(U)$ 是有界的. 由于 K 在紧集 $G \times G$ 上是一致连续的, $\forall \varepsilon > 0, \exists \delta > 0$ 使得

$$|K(x,z) - K(y,z)| \leqslant \frac{\varepsilon}{|G|}$$

对满足 $|x-y| < \delta$ 的一切 $x,y,z \in G$ 成立, 从而

$$|(A\phi)(x) - (A\phi)(y)| < \varepsilon$$

对一切的 $\phi \in U$ 和满足 $|x-y| < \delta$ 的一切 $x, y \in G$ 成立, 即 $A(U)$ 是等度连续的. 由 Arzela-Ascoli 定理, A 是紧的.

注解 2.4.5 该定理的证明也可以借助于定理 2.2.11, 定理 2.2.12 在 Banach 空间 $C(G)$ 上用有限维逼近的方法来完成. 可以用两种办法来构造有限维的逼近算子：用多项式来逼近连续核 (Weierstrass 定理) 或者用有限项的和来逼近积分式.

当算子 A 具有弱奇性核时, A 还是紧的算子.

定义 2.4.6 设 $K(x,y)$ 定义于 $\{(x,y) : x, y \in G \subset \mathbf{R}^m, x \neq y\}$ 并且在其上连续. 如果存在 $M > 0, \alpha \in (0, m]$ 使得

$$|K(x,y)| \leqslant M|x-y|^{\alpha-m}, \quad \forall x, y \in G, x \neq y$$

成立, 则称 $K(x,y)$ 是弱奇性的.

定理 2.4.7 设 K 是弱奇性的, 则 A 是 $C(G)$ 上的紧算子.

证明 首先注意到

$$|K(x,y)\phi(y)| \leqslant M\|\phi\|_\infty |x-y|^{\alpha-m},$$

$$\int_G |x-y|^{\alpha-m} dy \leqslant \omega_m \int_0^d \rho^{\alpha-m} \rho^{m-1} d\rho = \frac{\omega_m}{\alpha} d^\alpha,$$

故定义中 A 的奇性积分是存在的, 这里以 x 为原点引进了极坐标, d 是 G 的直径, ω_m 是 $\mathbf{R}^m$ 中单位球的面积. 引进分段线性连续函数 $h(t) : [0, \infty) \to \mathbf{R}$:

$$h(t) = \begin{cases} 0, & 0 \leqslant t \leqslant 1/2 \\ 2t-1, & 1/2 \leqslant t \leqslant 1 \\ 1, & 1 \leqslant t < \infty \end{cases} \tag{2.4.4}$$

并且由

$$K_n(x,y)=\begin{cases} h(n|x-y|)K(x,y), & x\neq y\\ 0, & x=y\end{cases} \tag{2.4.5}$$

定义连续的核函数 $K_n: G\times G\to\mathbf{C}$, 由定理 2.4.4 知相应的积分算子 $A_n: C(G)\to C(G)$ 是紧的, 并且对 $x\in G$ 有估计

$$\begin{aligned}|(A\phi)(x)-(A_n\phi)(x)| &= \left|\int_G [K(x,y)-K_n(x,y)]\phi(y)dy\right|\\ &\leqslant \int_{G[x;1/n]} |K(x,y)|\|\phi\|_\infty dy\\ &\leqslant M\|\phi\|_\infty \omega_m \int_0^{1/n} \rho^{\alpha-m}\rho^{m-1}d\rho\\ &= M\|\phi\|_\infty \frac{\omega_m}{\alpha n^\alpha},\end{aligned} \tag{2.4.6}$$

其中 $G[x;1/n]:=\{y\in G,|y-x|\leqslant 1/n\}$. 据此知 $n\to\infty$ 时 $A_n\phi\to A\phi$ 一致成立, 从而 $A\phi\in C(G)$, 并且

$$\|A-A_n\|_\infty \leqslant M\frac{\omega_m}{\alpha n^\alpha}\to 0,\quad n\to\infty.$$

由定理 2.2.11 知 A 是紧的.

为了用边界积分方程的方法讨论微分方程边值问题求解, 需要引进在 $\mathbf{R}^m$ 中的曲面上的积分. 这里仅讨论 $\mathbf{R}^m$ 中的光滑区域的边界上的积分.

定义 2.4.8 具有边界 ∂D 的有界开区域 $D\subset\mathbf{R}^m$ 称为是 C^k 类的, 如果 $\overline{D}$ 存在一个有限的开覆盖

$$D\subset\bigcup_{q=1}^p V_q,$$

使得与 ∂D 相交的那些开集 V_q 满足下列条件:

(1) 存在一一对应的映射把 $V_q\cap\overline{D}$ 映上到 $\mathbf{R}^m$ 中的半球 $H:=\{x\in\mathbf{R}^m:|x|<1,x_m\geqslant 0\}$;

(2) 该映射及其逆映射是 k 次连续可微的;

(3) $V_q\cap\partial D$ 被映上到圆 $H\cap\{x\in\mathbf{R}^m: x_m=0\}$.

该定义意味着, 对 C^k 类的区域, 其边界 ∂D 有一个局部的参数化表示

$$x(u)=(x_1(u),\cdots,x_m(u)),$$

对应于 $\mathbf{R}^{m-1}$ 中的开集 U, $x(u)$ 表示 ∂D 上的面积元 S. 对 $\forall x\in S$,

$$\frac{\partial x}{\partial u_i},\quad i=1,2,\cdots,m-1$$

是线性无关的. 整个边界是由有限个面积元拼接而成的.

记 ∂D 是 C^1 类的有界开区域 $D \subset \mathbf{R}^m$ 的边界.

定义 2.4.9　定义于 $\{(x,y); x,y \in \partial D, x \neq y\}$ 上的 $K(x,y)$ 称为是弱奇性的, 如果 $K(x,y)$ 在其上是连续的, 并且存在 $M>0$ 和 $\alpha \in (0, m-1]$ 使得

$$|K(x,y)| \leqslant M|x-y|^{\alpha-m+1}, \quad \forall x,y \in \partial D, x \neq y \tag{2.4.7}$$

成立.

在装备有模 $\|\phi\|_\infty = \max_{x\in\partial D}|\phi(x)|$ 的 Banach 空间 $C(\partial D)$ 上定义算子 $A: C(\partial D) \to C(\partial D)$:

$$(A\phi)(x) = \int_{\partial D} K(x,y)\phi(y)ds(y), \quad x \in \partial D, \tag{2.4.8}$$

其中核函数 $K(x,y)$ 是连续的或者是弱奇性的. 有

定理 2.4.10　具有连续核或者是弱奇性核的积分算子 A 在 $C(\partial D)$ 上是紧算子.

证明　证明和定理 2.4.7 的证明是完全类似的, 在弱奇性核的情形, 主要差别在于验证奇性积分的存在性.

由于边界 ∂D 是 C^1 类的, 边界上的法向 $n(x)$ 是边界上点的连续函数. 因此存在 $R \in (0,1]$ 使得 $|x-y| \leqslant R$ 时

$$(n(x), n(y)) \geqslant 1/2$$

对一切的 $x,y \in \partial D$ 成立. 且当 R 充分小时, $\forall x \in \partial D$, $S[x,R] := \{y \in \partial D : |y-x| \leqslant R\}$ 是连通的. 因此上式意味着 $S[x,R]$ 可以投影到 x 点 ∂D 的切平面. 引进切平面上原点在 x 的极坐标 (ρ,ω), 有估计

$$\begin{aligned}\left|\int_{S[x,R]} K(x,y)\phi(y)ds(y)\right| &\leqslant M\|\phi\|_\infty \int_{S[x,R]} |x-y|^{\alpha-m+1}ds(y)\\ &\leqslant 2M\|\phi\|_\infty \omega_{m-1}\int_0^R \rho^{\alpha-m+1}\rho^{m-1}d\rho\\ &= 2M\|\phi\|_\infty \omega_{m-1}\frac{R^{\alpha+1}}{\alpha+1},\end{aligned}$$

这里利用了下述事实:

(1) $|x-y| \geqslant \rho$ 并且面积元

$$ds(y) = \frac{\rho^{m-1}d\rho d\omega}{(n(x),n(y))} \leqslant 2\rho^{m-1}d\rho d\omega;$$

(2) $S[x,R]$ 在切平面上的投影包含在以 x 为圆心 R 为半径的球的内部.

另一方面,

$$\left|\int_{\partial D\setminus S[x,R]} K(x,y)\phi(y)ds(y)\right| \leqslant M\|\phi\|_\infty \int_{\partial D\setminus S[x,R]} R^{\alpha-m+1}ds(y)$$
$$\leqslant M\|\phi\|_\infty R^{\alpha-m+1}|\partial D|.$$

因此, 对任意的 $x\in\partial D$, 奇性积分是存在的. A 的紧性可以通过和定理 2.4.7 证明类似的方法得到.

作为 Riesz 理论的一个应用, 下面介绍 Volterra 积分方程的可解性. 具有变上限积分的方程

$$\int_a^x K(x,y)\phi(y)dy = f(x), \quad x\in[a,b] \tag{2.4.9}$$

$$\phi(x)-\int_a^x K(x,y)\phi(y)dy = f(x), \quad x\in[a,b] \tag{2.4.10}$$

分别称为第一类和第二类的 Volterra 积分方程. 显然, 它是 Fredholm 积分方程的一个特殊情况, 但它有自身的特点. 具体来说, 第二类的 Volterra 积分方程总是唯一可解的.

定理 2.4.11 设第二类的 Volterra 积分方程

$$\phi(x)-\int_a^x K(x,y)\phi(y)dy = f(x), \quad x\in[a,b]$$

具有连续核 $K(x,y)$, 则对 $\forall f\in C[a,b]$, 该方程存在唯一解 $\phi\in C[a,b]$.

证明 补充定义 $y>x$ 时 $K(x,y):=0$, 由此把 $K(x,y)$ 延拓到 $[a,b]\times[a,b]$ 上, 则 $K(x,y)$ 在 $x\neq y$ 时是连续的, 且

$$|K(x,y)|\leqslant M:=\max_{a\leqslant y\leqslant x\leqslant b}|K(x,y)|, \quad x\neq y.$$

因此 K 在 $[a,b]\times[a,b]$ 上是弱奇性的.

下面来证明

$$\phi(x)-\int_a^x K(x,y)\phi(y)dy = 0, \quad x\in[a,b]$$

只有零解. 事实上, 由归纳法可得

$$|\phi(x)|\leqslant\|\phi\|_\infty\frac{M^n(x-a)^n}{n!}, \quad x\in[a,b], \quad n=0,1,2,\cdots$$

令 $n\to\infty$ 得 $\phi(x)=0$. 即证得了解的唯一性. 由推论 2.3.5 得解的存在性.

尽管一般说来第一类积分方程要比第二类积分方程来得复杂, 但在某些特殊情况下, 仍可以把第一类的 Volterra 积分方程转化为第二类的 Volterra 积分方程.

情形 1：$K(x,x) \neq 0, K_x(x,y), f'(x)$ 存在且是连续的. 式 (2.4.9) 两边关于 x 求导, 此时第一类的 Volterra 积分方程可化为

$$\phi(x) + \int_a^x \frac{K_x(x,y)}{K(x,x)}\phi(y)dy = \frac{f'(x)}{K(x,x)}, \quad x \in [a,b]. \tag{2.4.11}$$

如 $f(a) = 0$, 式 (2.4.9) 和 (2.4.11) 是等价的.

情形 2：$K(x,x) \neq 0, K_y(x,y)$ 存在且是是连续的. 令

$$\psi(x) := \int_a^x \phi(y)dy,$$

式 (2.4.9) 两边分部积分得

$$\psi(x) - \int_a^x \frac{K_y(x,y)}{K(x,x)}\psi(y)dy = \frac{f(x)}{K(x,x)}, \quad x \in [a,b], \tag{2.4.12}$$

即得到关于 ψ 的第二类的 Volterra 积分方程.

例 2.4　作为 Fredholm 选择定理的一个应用, 讨论下述积分方程的解：

$$\phi(x) - \int_a^b e^{x-y}\phi(y)dy = f(x), \quad x \in [a,b]. \tag{2.4.13}$$

由于该方程意味着

$$\frac{d}{dx}[e^{-x}(\phi(x) - f(x))] = \frac{d}{dx}\int_a^b e^{-y}\phi(y)dy = 0,$$

故该积分方程的解一定具有形式

$$\phi(x) = f(x) + ce^x, \tag{2.4.14}$$

其中 c 是待定常数. 把此表达式代入式 (2.4.13) 知, 如果 c 满足

$$c[1-(b-a)] = \int_a^b e^{-y}f(y)dy, \tag{2.4.15}$$

则 ϕ 是积分方程的解. 考虑 $b-a \neq 1$ 和 $b-a = 1$ 两种情况.

如果 $b-a \neq 1$, 则积分方程的唯一解是

$$\phi(x) = f(x) + \frac{\displaystyle\int_a^b e^{-y}f(y)dy}{1-(b-a)}e^x.$$

如果 $b-a = 1$, 则积分方程有解 $\Longleftrightarrow$

$$\int_a^b e^{-y}f(y)dy = 0, \tag{2.4.16}$$

此时对任意的常数 c, 式 (2.4.14) 都是积分方程的解. 注意, $\psi(x)=e^{-x}$ 是齐次伴随方程

$$\psi(x)-\int_a^b e^{y-x}\psi(y)dy=0,\quad x\in[a,b]$$

的解, 因此式 (2.4.16) 就是 Fredholm 选择定理中方程的可解性条件.

2.5 紧算子的谱理论

用正则化方法求解不适定问题的核心是构造一个正则化算子. 在下一章我们将会看到, 构造正则化算子的各种方法理论上都是建立在紧算子的奇异值分解 (singular value decomposition, SVD) 的基础上的. 因此这里我们引进算子的谱 (spectral) 理论以便能更深刻地理解正则化方法.

定义 2.5.1 设 X 是一个赋范空间, $A:X\to X$ 是一个线性算子. 算子 A 的谱 $\sigma(A)$ 定义为使得 $A-\lambda I$ 在 X 上不存在有界逆的 (复) 数 λ 的集合, I 是 X 上的单位算子. 使得 $(A-\lambda I)^{-1}$ 存在且有界的 λ 称为的 A 正则值 (regular value). $r(A):=\sup_{\lambda\in\sigma(A)}|\lambda|$ 称为 A 的谱半径.

$\lambda\in\sigma(A)$ 称为是算子 A 的特征值, 如果 $A-\lambda I$ 不是一一的, 即 $(A-\lambda I)\phi=0$ 有非零解 $\phi\in X$. 如果 λ 是算子 A 的特征值, $N(A-\lambda I)=\{x\in X:Ax=\lambda x, x\neq 0\}$ 称为是 A 的特征向量.

正则值的全体称为 A 的预解集 $\rho(A)$(resolvent set). 显然, $\sigma(A)$ 是 $\rho(A)$ 的补集. 当 λ 是正则值时, $R(\lambda,A)=(\lambda I-A)^{-1}$ 称为预解式.

这个定义对赋范空间上的任意的线性算子都是有意义的. 对一般的线性算子 A, 有可能 $A-\lambda I$ 是一一的, 但是不是双射的. 一一的并且是满射的算子称为是双射的. 例如考虑 $X=l^2$. 对 $x=\{x_k\}\in l^2$, 定义 A

$$(Ax)_k:=\begin{cases}0, & k=1\\ x_{k-1}, & k=2,3,\cdots\end{cases}$$

则 $\lambda=1\in\sigma(A)$ 但不是 A 的特征值.

事实上, 对 $x=(x_1,x_2,\cdots)\in l^2$, 由 $(A-I)x=(0,0,\cdots)$ 得 $x=(0,0,\cdots)$, 故 $A-I$ 是一一的, 且 1 不是 A 的特征值. 但是对 $y=(1,0,0,\cdots)$, $(A-I)x=y$ 的解 $x=(-1,-1,\cdots)\notin l^2$, 故 A 不是满射的, 从而 A 不是双射的. 另一方面, 由于

$$(A-I)x=(-x_1,x_1-x_2,x_2-x_3,\cdots,x_{n-1}-x_n,\cdots),$$

故 $A-I$ 是可逆的, 即对已知的 y 由 $(A-I)x=y$ 可唯一得到 x, 但 $(A-I)^{-1}$ 无界. 即不存在常数 $C>0$ 使得

$$\|(y_1,y_2,\cdots)\|\leqslant C\|(A-I)y\|=C\|(-y_1,y_1-y_2,\cdots,y_{n-1}-y_n,\cdots)\|,$$

从而 $1 \in \sigma(A)$.

定理 2.5.2 设 $A: X \to X$ 是一个线性算子, 下面的结论成立:

(1) 如果 $x_j \in X, j=1,\cdots,n$ 是对应于不同特征值 $\lambda_j \in \mathbf{C}$ 的特征向量的有限集, 则 $\{x_1,\cdots,x_n\}$ 是线性无关的. 如果 X 是 Hilbert 空间且 A 是自伴算子即 $A^*=A$, 则所有的特征值 λ_j 都是实数, 相应的特征向量 $x_1,\cdots,x_n$ 是两两正交的.

(2) 如果 X 是 Hilbert 空间, $A: X \to X$ 是自伴算子, 则

$$\|A\| = \sup_{\|x\|=1} |(Ax,x)| = r(A).$$

但是对紧的线性算子, 上述结论就变得更为具体. 主要结果为

定理 2.5.3 设 $K: X \to X$ 是一个紧的自伴的非零线性算子, 则有下列结论:

(1) K 的谱只可能是特征值或者是 0. K 的特征值都是实数.K 至少有一个至多有可数个特征值, 0 是其唯一可能的聚点.

(2) 对每一个非 0 特征值, 只存在有限个线性无关的特征向量. 相应于不同特征值的特征向量是正交的.

(3) 把全体特征值以 $|\lambda_1| \geqslant |\lambda_2| \geqslant |\lambda_3| \geqslant \cdots$ 的方式排序, 记 $P_j: X \to N(K-\lambda_j I)$ 为 X 到对应于 λ_j 的特征子空间上的正交投影. 如果只存在有限个特征值 $\lambda_1,\lambda_2,\cdots,\lambda_m$, 则

$$K = \sum_{j=1}^{m} \lambda_j P_j,$$

如果存在无限个特征值的序列 $\{\lambda_j\}$, 则

$$K = \sum_{j=1}^{\infty} \lambda_j P_j,$$

此时级数在模意义下收敛, 且

$$\left\| K - \sum_{j=1}^{m} \lambda_j P_j \right\| = |\lambda_{m+1}|.$$

(4) 记 H 是 K 的非 0 特征值对应的特征向量张成的线性空间, 则

$$X = \overline{H} \oplus N(K).$$

结论 (4) 的另一种表达式更为常见. 为了统一处理 K 的特征值是有限个和无限个两种情况, 引进指标集 $J \subset \mathbf{N}$: 第一种情况 J 是一个有限集合, 第二种情况 $J=\mathbf{N}$. 对每一个特征值 $\lambda_j, j \in J$, 选择对应的特征子空间 $N(K-\lambda_j I)$ 的正交基. 同样, 把特征值以 $|\lambda_1| \geqslant |\lambda_2| \geqslant |\lambda_3| \geqslant \cdots > 0$ 的方式排序. 当把非 0 特征值以重

数计算后, 我们可以把特征向量 x_j 赋予特征值 λ_j, 从而 $\forall x \in X$ 都有一个抽象的 Fourier 级数展开式

$$x = x_0 + \sum_{j\in J}(x, x_j)x_j, \quad x_0 \in N(K),$$

$$Kx = \sum_{j\in J}\lambda_j(x, x_j)x_j.$$

由此知, 如果 K 是一一的, 所有特征向量的集合 $\{x_j : j \in J\}$ 在 X 中是完备的.

把紧的自伴算子的谱理论推广到紧的非自伴算子, 就得到紧算子奇异值分解的结果.

定义 2.5.4　设 X, Y 是 Hilbert 空间, $K : X \to Y$ 是紧算子, 伴随算子为 $K^* : Y \to X$. 自伴算子 $K^*K : X \to X$ 的特征值 λ_j 的平方根 $\mu_j = \sqrt{\lambda_j}, j \in J$ 称为 K 的奇异值, $J \subset \mathbf{N}$ 可以是有限集或者 $J = \mathbf{N}$.

注意, 由于 $K^*Kx = \lambda x$ 意味着 $\lambda(x, x) = (K^*Kx, x) = (Kx, Kx) \geqslant 0$, 故 K^*K 的每一个特征值 λ 都是非负的.

定理 2.5.5(奇异值分解)　设 $K : X \to Y$ 是线性紧算子, 伴随算子为 $K^* : Y \to X$. $\mu_1 \geqslant \mu_2 \geqslant \mu_3 \cdots > 0$ 为 K 的奇异值的有序序列 (按重数重复计算), 则存在正交系统 $\{x_j\} \subset X$ 和 $\{y_j\} \subset Y$ 满足

$$Kx_j = \mu_j y_j, \quad K^*y_j = \mu_j x_j, \quad \forall j \in J. \tag{2.5.1}$$

系统 (μ_j, x_j, y_j) 称为 K 的奇异系统. $\forall x \in X, \exists x_0 = Qx \in N(K)$($Q$ 是 $X \to N(K)$ 的正交投影), 使得 x 有奇异值分解

$$x = x_0 + \sum_{j\in J}(x, x_j)x_j, \quad Kx = \sum_{j\in J}\mu_j(x, x_j)y_j. \tag{2.5.2}$$

注意, 如果算子 K 是一一的, $\{x_j, j \in \mathbf{N}\}$ 在 X 中是完备的. 另一方面, 上述奇异值分解的结果也意味着

$$\|x\|^2 = \sum_{j\in J}|(x, x_j)|^2 + \|Qx\|^2, \quad \|Kx\|^2 = \sum_{j\in J}\mu_j^2|(x, x_j)|^2.$$

下述结果借助于奇异系统描述了紧算子的值域.

定理 2.5.6(Picard)　设 $K : X \to Y$ 是线性紧算子, K 的奇异系统为 (μ_j, x_j, y_j). 方程

$$Kx = y \tag{2.5.3}$$

可解的充分必要条件是

$$y \in N(K^*)^{\perp}, \quad \sum_{j\in J}\frac{1}{\mu_j^2}|(y, y_j)|^2 < \infty. \tag{2.5.4}$$

在方程可解时, 其解的表达式为

$$x=\sum_{j\in J}\frac{1}{\mu_j}(y,y_j)x_j. \tag{2.5.5}$$

上述可解性条件要求 y 关于正交系统 $\{y_j\}$ 的 Fourier 系数快速下降, 以使得级数

$$\sum_{j\in J}\frac{1}{\mu_j^2}|(y,y_j)|^2$$

收敛. 当然, 该条件只在 $J=\mathbf{N}$ 时才是需要的.

Picard 定理清楚地表明了紧算子方程 $Kx=y$ 的不适定性质. 如果我们给右端项 y 一个扰动 $y^\delta=\delta y_n$, 则解 x 的扰动为 $x^\delta=\delta x_n/\mu_n$. 由于在 $n\to\infty$ 时奇异值 $\mu_n\to 0$, 比值 $\|x^\delta\|/\|y^\delta\|=1/\mu_n$ 可以任意大. 显然, 数据 y 的扰动的影响是由此比值的收敛速度控制的. 因此, 如果 $n\to\infty$ 时奇异值趋于零的速度比较慢, 就称方程是温和不适定的 (mildly/moderately ill-posed), 反之称为严重不适定的 (severely ill-posed). 奇异值趋于零的速度与 n 的渐近依赖关系反映了方程的不适定性的程度, 称为问题的不适定性度 (degree of ill-posedness).

这里提到的温和不适定和严重不适定通常也有一个定量的标准. 如果 K 的奇异值 μ_j 在 $j\to\infty$ 时以多项式阶数 $O(j^{-\alpha}),\alpha>0$ 趋于零, 就称问题是温和不适定的, 算子 K 具有光滑指标 α; 如果奇异值 μ_j 是以指数衰减的速度趋于零, 就称问题是严重不适定的, 算子 K 是无穷次光滑的.

K 是无穷次光滑的线性算子方程 $Kx=y$ 在应用领域是很多的, 例如利用不完全数据集的成像问题 [80]、远场数据的逆散射问题 [16]、卫星地质探测问题等 [24], 都属于这一类问题, 当然, 它们都是很难求解的问题.

例 2.5　求积分算子 $A:L^2[0,1]\to L^2[0,1]$:

$$(A\phi)(x):=\int_0^x\phi(y)dy,\quad 0\leqslant x\leqslant 1 \tag{2.5.6}$$

的奇异系统.

由 $A\phi=g$ 求解 ϕ 就是求函数 g 的导数, 即 A^{-1} 是微分算子. 容易理解, 它是无界的且 A 的伴随算子是

$$(A^*\psi)(x)=\int_x^1\psi(y)dy,\quad 0\leqslant x\leqslant 1.$$

由于

$$(A^*A\phi)(x):=\int_x^1\int_0^y\phi(z)dzdy,\quad 0\leqslant x\leqslant 1, \tag{2.5.7}$$

特征方程 $A^*A\phi=\mu^2\phi$ 等价于 ϕ 满足定解问题

$$\begin{cases}\mu^2\phi''(x)+\phi(x)=0, & 0\leqslant x\leqslant 1,\\ \phi'(0)=\phi(1)=0.\end{cases} \tag{2.5.8}$$

该特征问题的特征值和 (归一化的) 特征函数是

$$\mu_n=\frac{2}{(2n-1)\pi},\quad \phi_n(x)=\sqrt{2}\cos\frac{2n-1}{2}\pi x,$$

再由 $g_n=A\phi_n/\mu_n$ 求出

$$g_n(x)=\sqrt{2}\sin\frac{2n-1}{2}\pi x,$$

从而得到奇异系统 (μ_n,ϕ_n,g_n).

此例子可以看成是积分算子

$$(A\phi)(x)=\int_0^1 K(x,y)\phi(y)dy$$

取核函数

$$K(x,y)=\begin{cases}1, & 0\leqslant y\leqslant x\\ 0, & x\leqslant y\leqslant 1\end{cases}$$

时的情形, 这是一个弱间断的核函数. 类似地, 可以考虑积分算子

$$(A\phi)(x)=\int_0^\pi K(x,y)\phi(y)dy$$

在核函数

$$K(x,y)=\begin{cases}\dfrac{1}{\pi}(\pi-x)y, & 0\leqslant y\leqslant x\leqslant\pi\\[2mm] \dfrac{1}{\pi}(\pi-y)x, & 0\leqslant x\leqslant y\leqslant\pi\end{cases}$$

的情形. 这是一个自伴的紧算子, 且 $K(x,y)$ 就是常微分方程定解问题

$$\begin{cases}\phi''(x)=-f(x), & 0\leqslant x\leqslant\pi\\ \phi(0)=\phi(\pi)=0\end{cases} \tag{2.5.9}$$

的 Green 函数.$\forall f\in C[0,\pi]$, 式 (2.5.9) 的解可表示为

$$\phi(x)=\int_0^\pi K(x,y)f(y)dy\in C^2[0,\pi],\quad 0\leqslant x\leqslant\pi.$$

类似可求得其奇异值为

$$\mu_n=O\left(\frac{1}{n^2}\right).$$

一般而言, 紧算子 A 的核函数的光滑性控制着方程 $A\phi = f$ 的不适定性的度. 事实上, 核函数的光滑性决定了 A 的值域的光滑性. 这也就影响了 $A\phi = f$ 可解时对 f 的光滑性要求. 核函数越光滑, 在 $n \to \infty$ 时奇异值 $\mu_n \to 0$ 的速度就越快, $A\phi = f$ 的不适定性的度也就越强. 可以再比较下述结果 [48].

定理 2.5.7　设积分算子 $A : L^2[-1,1] \to L^2[-1,1]$ 由

$$(A\phi)(x) = \int_{-1}^{1} K(x,y)\phi(y)dy$$

定义, 核函数 $K(x,y)$ 在 $[-1,1]\times[-1,1]$ 上解析, 则存在常数 $R > 1$, 使得 A 的奇异值衰减的速度至少为

$$\mu_n = O(R^{-n}).$$

除了奇异值趋于零的速度外, 还有另一个指标可以描述线性算子方程 $A\phi = f$ 的不适定性的度 [72].

从 A 是积分算子的情形来看, $A\phi$ 的光滑性比 ϕ 更高. 用 Sobolev 模来描述 ϕ 的光滑性. 记 $\hat{\phi}$ 为 ϕ 的 Fourier 变换:

$$\hat{\phi}(\xi) := \int_{\mathbf{R}^N} \phi(x)e^{-ix\cdot\xi}dx, \quad \|\phi\|_{H^s} = \left(\int_{\mathbf{R}^N} (1+|\xi|^2)^s |\hat{\phi}(\xi)|^2 d\xi\right)^{1/2}.$$

s 越大, ϕ 必须越光滑才能保证该模的存在.

定义 2.5.8　记 $A : L^2(\mathbf{R}^N) \to L^2(\mathbf{R}^N)$. 如果 $\|A\phi\|_{H^\alpha} \simeq \|\phi\|_{L^2}$, 称 A 是 α 阶不适定的.

像 $A\phi$ 的光滑性比 ϕ 本身高 α 阶, 因此求解 $A\phi = f$ 实际上是由光滑的函数 f 来求 f 的不太光滑的部分 ϕ. 例如在二维 X 光成像中, $\alpha = 1/2$.

用该定义描述 A 的不适定性度和前述用 A 的奇异值分解的描述是有联系的.

定理 2.5.9　设 A 是 α 阶不适定的. 若 (σ_n, ϕ_n, f_n) 是 A 的奇异值系统, 即

$$A\phi_n = \sigma_n f_n, \quad A^* f_n = \sigma_n \phi_n,$$

则有 $\|f_n\|_{H^\alpha} \simeq 1/\sigma_n$.

事实上, $\sigma_n \|f_n\|_{H^\alpha} = \|A\phi_n\|_{H^\alpha} \simeq \|\phi_n\|_{L^2} = 1$.

因此该结果意味着属于小奇异值的奇异函数是振荡的. 问题的不适定性当然还依赖于解本身的光滑性. 解越光滑, 求解时的困难就越小. 而在具体的应用问题中, 解大多是不光滑的. 例如在医学成像中, 解 (图像) 是不连续的, 最多是分片连续的而沿着光滑的曲面有阶跃. 用上述记号, 意味着解的 $H^{1/2}$ 模是有界的.

Picard 定理对一般的线性紧算子 K 给出了方程 $Kx = y$ 可解的充要条件. 然而, 如果进一步假定 K 还是自伴算子, 则可以用 Fourier 级数的方法来求解第一类积分方程 $Kx = y$, 该方法的理论基础是下面的 Hilbert-Schmidt 定理 [90].

定理 2.5.10　假定 K 是 Hilbert 空间 X 上的自伴的紧算子, 则任给 $x \in X$, Kx 可以用由 K 的特征向量组成的正交系统的收敛的 Fourier 级数来表示.

很显然, $Kx = y$ 解是唯一的必要条件是 $\operatorname{Ker}(K) = \{0\}$. 如果 K 是 Hilbert 空间 X 上的自伴的紧算子并且 $\operatorname{Ker}(K) = \{0\}$, 则 K 的特征向量 $\{e_n : Ke_n = \lambda_n e_n, \lambda_n \neq 0\}$ 组成的正交系统构成了空间 X 的一组正交基. 因此 $\forall x, y \in X$, 我们有 Fourier 展开

$$x = \sum_{n=1}^{\infty} a_n e_n, \qquad a_n = (x, e_n), \tag{2.5.10}$$

$$y = \sum_{n=1}^{\infty} b_n e_n, \qquad b_n = (y, e_n). \tag{2.5.11}$$

如果 x 是 $Kx = y$ 的解, 则有

$$\sum_{n=1}^{\infty} b_n e_n = y = Kx = \sum_{n=1}^{\infty} a_n K e_n = \sum_{n=1}^{\infty} a_n \lambda_n e_n,$$

由此得到

$$a_n = \frac{b_n}{\lambda_n}. \tag{2.5.12}$$

式 (2.5.10) 中级数收敛的充要条件是 $\sum\limits_{n=1}^{\infty} a_n^2$ 收敛. 因此求解 $Kx = y$ 的 Fourier 级数方法可以叙述为

定理 2.5.11　假定 K 是 Hilbert 空间 X 上的自伴的紧算子, $\operatorname{Ker}(K) = \{0\}$. 如果右端数据 y 有展开式 (2.5.11), 则方程 $Kx = y$ 有解的充要条件是

$$\sum_{n=1}^{\infty} \left| \frac{b_n}{\lambda_n} \right|^2 < \infty,$$

并且该唯一解可以由式 (2.5.10), (2.5.12) 来表示.

第 3 章　线性问题解的正则化方法

求解不适定问题的正则化算子的构造和相应的函数空间 (解空间, 数据空间) 有着密切的联系. 在一般的度量空间上, Tikhonov 引进的变分正则化方法见文献 [102]、[103]、[109]. 而在性质更好的空间上 (如 Banach 空间、Hilbert 空间), 有关结果具有更容易理解的几何背景, 其证明也可以大为简化. 但是它们的基本思想都是引进所谓的 "镇定泛函". 本章限于在 Hilbert 空间的框架下介绍线性不适定问题正则化方法的有关结果, 部分结果取材于文献 [47]. 以此为基础, 不难理解在一般的度量空间上的正则化方法. 关于线性不适定问题的一般的正则化方法和理论, 可参阅文献 [20]、[26]、[77]. 而对非线性不适定问题的理论发展, 本书未予提及, 读者可参阅文献 [102].

设 K 是由 Hilbert 空间 X 到 Hilbert 空间 Y 的一个紧的线性算子, 则由 $Kx = y \in Y$ 求解 $x \in X$ 的问题是不适定的. 很多的反问题都可以化为这类算子方程的求解问题. 正则化理论求解这类不适定问题的基本思想是对解加上先验的条件, 以恢复问题的适定性, 尤其是稳定性.

问题的不适定性对其数值求解将产生本质的影响. 我们可以把不适定方程的数值逼近看成是其扰动数据的解 (包括算子扰动和输入数据扰动). 因此直接将算子方程近似求解的标准方法用于不适定方程时将会产生无意义的数值结果, 如我们在第一章介绍的几个数值例子. 从条件数 $\text{Cond}(K) := \|K\| \left\|K^{-1}\right\|$ 的角度来看, 有界线性算子不存在有界逆这一事实意味着其有限维逼近系统的条件数随着逼近程度的提高而增加. 因此增加无限维方程的离散度 (即提高算子 K 的逼近精度), 将会导致方程 $Kx = y$ 用直接的方法得到的近似解越来越不可靠.

3.1　一般的正则化理论

假定 $K : X \to Y$ 是紧线性算子, 对精确的右端数据 y, 方程

$$Kx = y \tag{3.1.1}$$

存在唯一解 x. 这意味着 $K : X \to K(X)$ 是一一对应的. 在什么情况下能保证 $K : X \to Y$ 是一一对应的 (这意味着对任意的 $y \in Y$, $Kx = y$ 都有唯一解), 或者说, 如何选取 Y 使得 $K(X) = Y$, 这是反问题研究中的另一个重要理论问题, 即解的存在唯一性. 我们这里主要讨论不适定问题解的稳定性.

设有误差的右端数据 y^δ 满足

$$\|y^\delta - y\| \leqslant \delta. \tag{3.1.2}$$

如何由 y^δ 求 x 的近似值 x^δ? 一般说来, 它不能由对应的方程

$$Kx^\delta = y^\delta \tag{3.1.3}$$

直接来求, 因为 (1) 当 $y^\delta \notin K(X)$ 时, 该方程无解;(2) 即使 $y^\delta \in K(X)$, 由于 K^{-1} 是无界的, 当 $\delta \to 0$ 时, 不能保证由式 (3.1.3) 得到的解 $x^\delta \to x$.

为对 $y^\delta \notin K(X)$ 也能用合适的方法构造近似解 x^δ, 并保证 x^δ 对 y^δ 的连续依赖性, 必须构造 $K^{-1}: K(X) \to X$ 的有界近似算子 $R: Y \to X$.

定义 3.1.1 一族有界线性算子 $R_\alpha: Y \to X$, $\alpha > 0$ 称为是式 (3.1.1) 的正则化解算子 (regularization scheme/strategy), 如果它满足

$$\lim_{\alpha \to 0} R_\alpha K x = x \tag{3.1.4}$$

对所有的 $x \in X$ 成立, α 称为正则化参数.

对这样的定义, 下面几点是容易理解的:

(1) 对任一固定的 $\alpha > 0$, R_α 是有界的;

(2) 在 X 上, $\alpha \to 0$ 时 $R_\alpha K$ 逐点收敛于单位算子 I;

(3) 该定义等价于 $R_\alpha y \to K^{-1} y$ 对一切的 $y \in K(X)$ 成立;

(4) 如果 K 是一般的紧算子, 一样可定义连续的正则化算子 $R_\alpha: Y \to X$, $\alpha > 0$ 去逼近不连续算子 K^{-1}. 但 R_α 未必是线性的, 此时 R_α 的有界性要求应改为 $R_\alpha y$ 对任意 $y \in Y$ 的连续性.

定理 3.1.2 (正则化算子的性质) 设 $\dim X = \infty$, $K: X \to Y$ 是紧算子, R_α 是 K^{-1} 的正则化算子, 则

(1) R_α 关于 α 不是一致有界的. 即有序列 $\{\alpha_j\} \to 0$ 使得 $j \to \infty$ 时 $\|R_{\alpha_j}\| \to \infty$.

(2) $\alpha \to 0$ 时 $\|R_\alpha K - I\| \to 0$ 不成立.

证明 (1) 假若不然, 存在 $c > 0$ 使得 $\|R_\alpha\| \leqslant c$ 对一切的 $\alpha > 0$ 成立, 即 $\|R_\alpha y\| \leqslant c\|y\|$ 对一切的 $\alpha > 0, y \in Y$ 成立. 由于在 $\alpha \to 0$ 时 $R_\alpha y \to K^{-1} y$ 对一切的 $y \in K(X)$ 成立, 因此 $\|K^{-1} y\| \leqslant c\|y\|$ 对一切的 $y \in K(X)$ 成立, 即 K^{-1} 是有界的, 这意味着 $I = K^{-1}K: X \to X$ 是紧的 (定理 2.2.10), 与 $\dim X = \infty$ 矛盾.

(2) 假定 $R_\alpha K \to I$ 在 $L(X, X)$ 中成立. 由于 $R_\alpha K$ 是紧的 (定理 2.2.10), 据定理 2.2.11 知 I 也是紧的, 与 $\dim X = \infty$ 矛盾 (定理 2.2.13).

据正则化算子的定义, 对右端的精确数据 $y = Kx$, 正则化解 $R_\alpha y$ 当 $\alpha \to 0$ 时当然收敛于精确解 x. 考虑右端数据不精确的情况.

令 $y \in K(X)$ 是右端的精确数据, 而 $y^\delta \in Y$ 是满足式 (3.1.2) 的误差数据. 定义

$$x^{\alpha,\delta} = R_\alpha y^\delta$$

是由扰动数据 y^δ 构造的 $Kx = y$ 的精确解 x 的近似值. 由估计

$$\begin{aligned}\|x^{\alpha,\delta} - x\| &\leqslant \|R_\alpha y^\delta - R_\alpha y\| + \|R_\alpha y - x\| \\ &\leqslant \|R_\alpha\|\|y^\delta - y\| + \|R_\alpha Kx - x\| \\ &\leqslant \delta\|R_\alpha\| + \|R_\alpha Kx - x\| \end{aligned} \tag{3.1.5}$$

可以看出误差分成两部分：第一项是输入数据的误差 $\delta > 0$ 产生的解的误差, 但它被正则化算子的模 $\|R_\alpha\|$ 放大了. 第二项表示正则化算子 R_α 逼近不连续算子 K^{-1} 在精确右端数据 y 处产生的误差 $\|(R_\alpha - K^{-1})y\|$, 当 $\alpha \to 0$ 时它趋于 0. 由定理 3.1.2, 对任何给定的 $\delta > 0$, 当 $\alpha \to 0$ 时 $\delta\|R_\alpha\| \to \infty$. 因此正则化参数 α 的选取必须保持某种平衡. 一方面, 近似解对输入数据的误差 $\delta > 0$ 的稳定性要求需要 $\|R_\alpha\|$ 很小 (即 α 不能太小); 另一方面, 正则化算子 R_α 对不连续算子 K^{-1} 的逼近性要求 $\|(R_\alpha - K^{-1})y\|$ 很小 (即 α 越小越好). 因此求解不适定方程的正则化方法的基本问题是, 决定一种策略 $\alpha = \alpha(\delta)$ 使得

$$\delta\|R_\alpha\| + \|R_\alpha Kx - x\|$$

极小化, 且 $\delta \to 0$ 时有 $\delta\|R_\alpha\| + \|R_\alpha Kx - x\| \to 0$.

解决该问题的基本思想是用 α 分别来估计 $\|R_\alpha\|$ 和 $\|R_\alpha Kx - x\|$ 以得到误差的界 $\delta c_1(\alpha) + c_2(\alpha)$, 再以 α 为自变量, 极小化函数 $\delta c_1(\alpha) + c_2(\alpha)$ 确定 $\alpha = \alpha(\delta)$(需精确解的先验估计), 并且该极小化函数在 $\delta \to 0$ 时也趋于 0.

定义 3.1.3　*正则化参数的取法 $\alpha = \alpha(\delta)$ 称为是允许的, 如果在 $\delta \to 0$ 时*

$$\alpha(\delta) \to 0, \quad \sup_{x\in X}\{\|R_{\alpha(\delta)}y^\delta - x\| : \|Kx - y^\delta\| \leqslant \delta\} \to 0$$

都成立.

正则化参数的取法有先验 (a-priori) 和后验 (a-posteriori) 两种方式. 先验取法基于精确解的光滑性条件, 这实际上是很难预先给出的. 故基于数据误差水平信息和误差数据本身的后验取法更为实用, 例如后面将要介绍的 Morozov 相容性原理.

下面先通过函数求导这样一个简单的例子来说明正则化参数的作用.

例 3.1　通过单边差分来计算函数的导数.

固定 $h \in (0, 1/2)$. $\forall y(t) \in L^2(0,1)$, 定义

$$R_h \cdot y(t) = v(t) = \begin{cases} \dfrac{1}{h}[y(t+h) - y(t)], & 0 < t < 1/2, \\ \dfrac{1}{h}[y(t) - y(t-h)], & 1/2 < t < 1. \end{cases} \tag{3.1.6}$$

我们知道, 当 $h \to 0$ 时, $(R_h \cdot y)(t)$ 是光滑函数 (例如可导函数)$y(t)$ 的导数的近似. 下面对 $y(t) \in H^2(0,1)$, 来估计这种近似的误差. 由 Taylor 公式,

$$y(t \pm h) = y(t) \pm y'(t)h + \int_t^{t\pm h} (t \pm h - s)y''(s)ds.$$

因此对 $t \in (0, 1/2)$ 有

$$v(t) - y'(t) = \frac{1}{h}\int_t^{t+h} (t+h-s)y''(s)ds = \frac{1}{h}\int_0^h y''(t+h-s)sds,$$

对 $t \in (1/2, 1)$ 有类似的表达式. 因此

$$\begin{aligned}
& h^2 \int_0^{1/2} |v(t) - y'(t)|^2 dt \\
= & \int_0^{1/2} \left[\int_0^h y''(t+h-s)sds \int_0^h y''(t+h-\tau)\tau d\tau\right] dt \\
= & \int_0^h \int_0^h \tau s \left[\int_0^{1/2} y''(t+h-\tau)y''(t+h-s)dt\right] d\tau ds \\
\leqslant & \int_0^h \int_0^h \tau s \sqrt{\int_0^{1/2} |y''(t+h-\tau)|^2 dt}\sqrt{\int_0^{1/2} |y''(t+h-s)|^2 dt} d\tau ds \\
\leqslant & \|y''\|_{L^2}^2 \left[\int_0^h \tau d\tau\right]^2 = \frac{1}{4}h^4 \|y''\|_{L^2}^2,
\end{aligned} \tag{3.1.7}$$

类似得到

$$h^2 \int_{1/2}^1 |v(t) - y'(t)|^2 dt$$

的估计. 若假定

$$\|y''\|_{L^2} \leqslant E, \tag{3.1.8}$$

则有估计

$$\|v - y'\|_{L^2} \leqslant \frac{1}{\sqrt{2}} Eh. \tag{3.1.9}$$

这说明在先验条件 (3.1.8) 下, 式 (3.1.6) 是导数的近似值, 其近似误差由式 (3.1.9) 给出. 如果函数值 $y(t)$ 是精确给定的, 则式 (3.1.6) 在 $h \to 0$ 时, 就趋向于 $y(t)$ 的导数值.

再考虑由 $y(t)$ 的近似数据 $\hat{y}(t)$ 求 $y(t)$ 的导数的近似值的问题. 假定

$$\|y - \hat{y}\|_{L^2} \leqslant \delta, \tag{3.1.10}$$

δ 表示近似数据的误差水平. 此时导数的单边差商近似为

$$\hat{v}(t)=\begin{cases}\dfrac{1}{h}[\hat{y}(t+h)-\hat{y}(t)], & 0<t<1/2,\\ \dfrac{1}{h}[\hat{y}(t)-\hat{y}(t-h)], & 1/2<t<1.\end{cases} \tag{3.1.11}$$

由此可得

$$|\hat{v}(t)-v(t)|\leqslant\frac{|\hat{y}(t\pm h)-y(t\pm h)|}{h}+\frac{|\hat{y}(t)-y(t)|}{h},\quad \forall t\in(0,1),$$

从而 $\|\hat{v}-v\|_{L^2}\leqslant 2\sqrt{2}\delta/h$. 因此用 $\hat{v}$ 来逼近导数 y' 时, 总的误差为

$$\|\hat{v}-y'\|_{L^2}\leqslant\|\hat{v}-v\|_{L^2}+\|v-y'\|_{L^2}\leqslant\frac{2\sqrt{2}\delta}{h}+\frac{1}{\sqrt{2}}Eh. \tag{3.1.12}$$

比较此式和式 (3.1.5), 两式的结构是完全一致的. 显然, 当离散化的步长 h 取为 $h=2\sqrt{\delta/E}$ 时, 在对精确的导数值 y' 的先验条件 (3.1.8) 下, 得到最优的逼近误差

$$\|\hat{v}-y'\|_{L^2}\leqslant 2\sqrt{2E\delta}.$$

类似地, 我们也可以用双边差商来算数值微分. 定义 K 为

$$(K\cdot x)(t)=\int_0^t x(s)ds=y(t),$$

对 $y(t)\in L^2(0,1)$, 定义微分算子的逼近算子为

$$(R_h\cdot y)(t)=\begin{cases}\dfrac{1}{h}\left[4y\left(t+\dfrac{h}{2}\right)-y(t+h)-3y(t)\right], & 0<t<\dfrac{h}{2},\\ \dfrac{1}{h}\left[y\left(t+\dfrac{h}{2}\right)-y\left(t-\dfrac{h}{2}\right)\right], & \dfrac{h}{2}<t<1-\dfrac{h}{2},\\ \dfrac{1}{h}\left[3y(t)+y(t-h)-4y\left(t-\dfrac{h}{2}\right)\right], & 1-\dfrac{h}{2}<t<1.\end{cases}$$

为证明 R_h 是 K^{-1} 的一个正则化逼近算子, 只要证明 ([47], Theorem A.27), R_hK 在 L^2 的算子范数下关于 h 一致有界, 并且在 $h\to 0$ 时 $\|R_hKx-x\|_{L^2}$ 对光滑的 x(例如 $x\in H^2(0,1)$) 趋于零. 这可以通过和单边差商证明类似的方法来实现, 在 $(K\cdot x)(t)=y(t)$ 的精确解 $x(t)\in H^2(0,1)$ 且 $\|x''\|_{L^2}\leqslant E$ 的先验条件下, 最后的结论为

(1) 对精确的 $y(t)$,

$$\|R_h\cdot y-y'\|_{L^2}\leqslant c_1Eh^2;$$

(2) 对满足 $\|\hat{y}-y\|_{L^2}\leqslant\delta$ 的误差数据 $\hat{y}$,

$$\|R_h\cdot\hat{y}-y'\|_{L^2}\leqslant c_2\frac{\delta}{h}+c_1Eh^2.$$

显然, 在 $\|y'''\|_{L^2} = \|x''\|_{L^2} \leqslant E$ 的先验条件下, 用双边差商来由近似数据 $\hat{y}(t)$ 算数值微分时, 当步长 $h = c\sqrt[3]{\delta/E}$ 时, 有最优误差

$$\|R_h \cdot \hat{y} - x\|_{L^2} \leqslant \hat{c}E^{1/3}\delta^{2/3}. \tag{3.1.13}$$

3.2 允许的 $\alpha = \alpha(\delta)$ 的取法

设 X, Y 是 Hilbert 空间, $K : X \to Y$ 是紧线性算子, K^* 是 K 的伴随算子. 记 $(\mu_j(>0), x_j, y_j)$ 是 K 的奇异系统, 即

$$Kx_j = \mu_j y_j, \qquad K^* y_j = \mu_j x_j, \qquad j = 1, 2, \cdots$$

一方面我们知道 $\mu_j \to 0$, 另一方面由 Picard 定理 (定理 2.5.6), 当 $y \in K(X)$ 时,

$$x = \sum_{j=1}^{\infty} \frac{1}{\mu_j}(y, y_j)x_j. \tag{3.2.1}$$

因此构造正则化算子 R_α 的方法本质上就是找到一种方法把算子 K 的小奇异值 μ_j 过滤掉 (damping/filtering). 下面的结果表明了这种一般性构造的可能性.

定理 3.2.1 设紧线性算子 K 的奇异系统是 $(\mu_j(>0), x_j, y_j)$, 函数

$$q(\alpha, \mu) : (0, \infty) \times (0, \|K\|] \to \mathbf{R}$$

满足下列性质:

(1) 对一切的 $\alpha > 0$ 和 $0 < \mu < \|K\|$ 成立 $|q(\alpha, \mu)| \leqslant 1$;

(2) 存在函数 $c(\alpha)$ 使得对一切的 $0 < \mu < \|K\|$ 成立

$$|q(\alpha, \mu)| \leqslant c(\alpha)\mu;$$

(3a) 对每一个 $0 < \mu < \|K\|$ 成立 $\lim\limits_{\alpha \to 0} q(\alpha, \mu) = 1$.

则有下列结论:

A. 算子 $R_\alpha : Y \to X, \alpha > 0$:

$$R_\alpha y = \sum_{j=1}^{\infty} \frac{q(\alpha, \mu_j)}{\mu_j}(y, y_j)x_j, \quad y \in Y \tag{3.2.2}$$

是一个正则化算子, 且有估计 $\|R_\alpha\| \leqslant c(\alpha)$;

B. 如果取 $\alpha = \alpha(\delta)$ 在 $\delta \to 0$ 时满足 $\alpha(\delta) \to 0$, $\delta c(\alpha(\delta)) \to 0$, 则 $\alpha = \alpha(\delta)$ 是允许的的取法.

证明　从假定 (2) 知

$$\|R_\alpha y\|^2 = \sum_{j=1}^{\infty}[q(\alpha,\mu_j)]^2\frac{1}{\mu_j^2}|(y,y_j)|^2 \leqslant c(\alpha)^2\sum_{j=1}^{\infty}|(y,y_j)|^2 \leqslant c(\alpha)^2\|y\|^2,$$

即 $\|R_\alpha\| \leqslant c(\alpha)$, 因此 R_α 是有界的. 由

$$R_\alpha Kx = \sum_{j=1}^{\infty}\frac{q(\alpha,\mu_j)}{\mu_j}(Kx,y_j)x_j, \quad x = \sum_{j=1}^{\infty}(x,x_j)x_j$$

和 $(Kx,y_j) = (x,K^*y_j) = \mu_j(x,x_j)$ 知

$$\|R_\alpha Kx - x\|^2 = \sum_{j=1}^{\infty}[q(\alpha,\mu_j)-1]^2|(x,x_j)|^2, \tag{3.2.3}$$

其中 K^* 是 K 的共轭算子, 下面经常要用此表达式. 设 $x \in X$. 一方面由 $\sum\limits_{j=1}^{\infty}|(x,x_j)|^2$ 的收敛性知 $\forall\varepsilon > 0$, $\exists N \in \mathbf{N}$ 使得

$$\sum_{n=N+1}^{\infty}|(x,x_j)|^2 \leqslant \varepsilon^2/8.$$

另一方面, 由条件 (3a), 存在 $\alpha_0 > 0$ 使得

$$[q(\alpha,\mu_j)-1]^2 \leqslant \frac{\varepsilon^2}{2\|x\|^2}, \quad j=1,2,\cdots,N, \quad 0<\alpha\leqslant\alpha_0.$$

从而由条件 (1) 知, 对一切的 $0<\alpha\leqslant\alpha_0$,

$$\begin{aligned}\|R_\alpha Kx - x\|^2 &= \sum_{j=1}^{N}[q(\alpha,\mu_j)-1]^2|(x,x_j)|^2 + \sum_{j=N+1}^{\infty}[q(\alpha,\mu_j)-1]^2|(x,x_j)|^2\\ &< \frac{\varepsilon^2}{2\|x\|^2}\sum_{j=1}^{N}|(x,x_j)|^2 + \frac{\varepsilon^2}{2} \leqslant \varepsilon^2.\end{aligned}$$

因此我们已证明了 $\forall x \in X$, 当 $\alpha \to 0$ 时, $R_\alpha Kx \to x$. 结论 A 得证. 结论 B 很容易由结论 A 得到. 证毕.

在此定理中, $R_\alpha : Y \to X, \alpha > 0$ 是正则化算子意味着对一切的 $x \in X$ 当 $\alpha \to 0$ 时 $R_\alpha Kx \to x$ 或者 $\|R_\alpha Kx - x\| \to 0$. 由于精确解 x 是未知的, 能否用 α 来估计 $\|R_\alpha Kx - x\|$?

由于 $\|R_\alpha K - I\| \to 0$ 一般而言不成立 (定理 3.1.2), 该估计需要 x 的一些更严格的假定. 如解决了该问题, 则对由 $y = Kx$ 的近似数据 y^δ 求解 x 的近似值的不适定问题, 求正则化解 $x^{\alpha,\delta}$ 时, 由于

$$\|x^{\alpha,\delta} - x\| \leqslant \delta\|R_\alpha\| + \|R_\alpha Kx - x\| \leqslant \delta c(\alpha) + \|R_\alpha Kx - x\|, \tag{3.2.4}$$

故对允许的取法 $\alpha=\alpha(\delta)$, 即可用 δ 来估计近似解的误差.

在对精确解 x 的一些先验假定和条件 (3a) 的更强的条件下, 可解决该问题.

定理 3.2.2　设 $q(\alpha,\mu)$ 满足定理 3.2.1 中的 (1) 和 (2).

(A1) 如果 $x=K^*z\in K^*(Y)$ 并且

(3b) 对一切的 $\alpha>0$ 和 $0<\mu<\|K\|$ 成立

$$|q(\alpha,\mu)-1|\leqslant c_1\frac{\sqrt{\alpha}}{\mu},$$

则有估计

$$\|R_\alpha Kx-x\|\leqslant c_1\|z\|\sqrt{\alpha};\tag{3.2.5}$$

(A2) 如果 $x=K^*Kz\in K^*K(X)$ 并且

(3c) 对一切的 $\alpha>0$ 和 $0<\mu<\|K\|$ 成立

$$|q(\alpha,\mu)-1|\leqslant c_2\frac{\alpha}{\mu^2},$$

则有估计

$$\|R_\alpha Kx-x\|\leqslant c_2\|z\|\alpha.\tag{3.2.6}$$

证明　当 $x=K^*z$ 时, 由于 $(x,x_j)=\mu_j(z,y_j)$, 式 (3.2.3) 变为

$$\|R_\alpha Kx-x\|^2=\sum_{j=1}^{\infty}[q(\alpha,\mu_j)-1]^2\mu_j^2|(z,y_j)|^2\leqslant c_1^2\alpha\|z\|^2,$$

式 (3.2.5) 得证, 式 (3.2.6) 的证明是类似的.

与定理 3.2.1 相比, 该定理的优点在于, 如果知道精确解 x 的先验信息, 则可以选取适当的过滤函数 $q(\alpha,\mu)$, 使得我们可以估计出正则化解趋于精确解的速度. 然而, 该定理中要求的精确解的先验信息 (如 $x\in K^*(Y), x\in K^*K(X)$) 是很难验证的.

3.3　$q(\alpha,\mu)$ 的取法

满足定理 3.2.2 中条件的 $q(\alpha,\mu)$ 很多. 对应于不同的 $q(\alpha,\mu)$, 可得到不同的 $\alpha=\alpha(\delta)$ 的允许的取法, 及相应的误差估计.

定理 3.3.1　下列三个函数 $q(\alpha,\mu)$ 都同时满足 (1), (2), (3b), (3c).

$$q(\alpha,\mu)=\frac{\mu^2}{\alpha+\mu^2},\tag{3.3.1}$$

它对应于

$$c(\alpha)=\frac{1}{2\sqrt{\alpha}},\quad c_1=\frac{1}{2},\quad c_2=1;$$

$$q(\alpha,\mu)=1-(1-a\mu^2)^{1/\alpha},\quad 0<a<1/\|K\|^2,\tag{3.3.2}$$

它对应于

$$c(\alpha)=\sqrt{\frac{a}{\alpha}},\quad c_1=\frac{1}{\sqrt{2a}},\quad c_2=\frac{1}{a};$$

$$q(\alpha,\mu)=\begin{cases}1, & \mu^2\geqslant\alpha,\\ 0, & \mu^2<\alpha,\end{cases}\tag{3.3.3}$$

它对应于

$$c(\alpha)=\frac{1}{\sqrt{\alpha}},\quad c_1=1,\quad c_2=1.$$

证明　对这三个函数, 条件 (1) 和 (3a) 是显然的.

对第一个函数, 由于 $1-q(\alpha,\mu)=\alpha/(\alpha+\mu^2)$, 性质 (2), (3b) 可从估计

$$\frac{\mu}{\alpha+\mu^2}\leqslant\frac{1}{2\sqrt{\alpha}},\quad \forall\alpha,\mu>0$$

得到, 性质 (3c) 也是显然的.

对第二个函数, 由 Bernoulli 不等式,

$$1-(1-a\mu^2)^{1/\alpha}\leqslant 1-\left(1-\frac{a\mu^2}{\alpha}\right)=\frac{a\mu^2}{\alpha},$$

因此 $|q(\alpha,\mu)|\leqslant\sqrt{|q(\alpha,\mu)|}\leqslant\sqrt{a/\alpha}\mu$, 性质 (2) 得证. 性质 (3b), (3c) 可从估计

$$\mu(1-a\mu^2)^\beta\leqslant\frac{1}{\sqrt{2a\beta}},\quad \mu^2(1-a\mu^2)^\beta\leqslant\frac{1}{a\beta},\quad \forall\beta>0,\ 0\leqslant\mu\leqslant 1/\sqrt{a}$$

得到, 这两个不等式等价于下面的显然结果：$F(t):=t(1-t)^\beta-\dfrac{1}{\beta}\leqslant 0$ 在 $t\in[0,1]$ 上对一切的 $\beta>0$ 成立.

对第三个函数, 只要在 $\mu^2\geqslant\alpha$ 时考虑性质 (2) 就可以了. 此时 $q(\alpha,\mu)=1\leqslant\mu/\sqrt{\alpha}$. 对性质 (3b), (3c), 只要考虑 $\mu^2<\alpha$. 此时 $\mu(1-q(\alpha,\mu))=\mu\leqslant\sqrt{\alpha}$, $\mu^2(1-q(\alpha,\mu))=\mu^2\leqslant\alpha$.

这三种取法所得到的正则化解的精度本质上是一致的, 因为它们对应于 R_α 的相同的估计 $\|R_\alpha\|\leqslant 1/\sqrt{\alpha}$. 但其表现形式不同. 函数 $q(\alpha,\mu)$ 的前两种取法可以使我们避开 K 的奇异值而构造正则化方法, 而 $q(\alpha,\mu)$ 的第三种取法称为谱截断 (spectral cutoff) 方法. 该方法在工程上经常采用. 谱截断对应的正则化解是

$$x^{\alpha,\delta}=\sum_{\mu_j^2\geqslant\alpha}\frac{1}{\mu_j}(y^\delta,y_j)x_j,$$

由定理 3.2.2, 不难得到 $\|x^{\alpha,\delta}-x\|$ 的估计.

定理 3.3.2　设 $y^\delta \in Y$ 满足 $\|y^\delta - y\| \leqslant \delta$, $y = Kx$ 是精确的右端数据.

(a) K 是紧的单射的算子, 奇异系统为 (μ_j, x_j, y_j), 则

$$R_\alpha y = \sum_{\mu_j^2 \geqslant \alpha} \frac{1}{\mu_j}(y^\delta, y_j)x_j, \quad y \in Y \tag{3.3.4}$$

是 K^{-1} 的一个正则化算子, 并且 $\|R_\alpha\| \leqslant 1/\sqrt{\alpha}$. 如果 $\delta \to 0$ 时,

$$\alpha(\delta) \to 0, \quad \frac{\delta^2}{\alpha(\delta)} \to 0,$$

则 $\alpha = \alpha(\delta)$ 是一个允许的取法.

(b) 设 $x = K^*z \in K^*(Y), \|z\|_Y \leqslant E$. 如取 $\alpha(\delta) = c\dfrac{\delta}{E}$ $(c > 0)$, 则有

$$\|x^{\alpha,\delta} - x\| \leqslant \left(\frac{1}{\sqrt{c}} + \sqrt{c}\right)\sqrt{\delta E}. \tag{3.3.5}$$

(c) 设 $x = K^*Kz \in K^*K(X), \|z\|_X \leqslant E$. 如取 $\alpha(\delta) = c\left(\dfrac{\delta}{E}\right)^{2/3}$ $(c > 0)$, 则有

$$\|x^{\alpha,\delta} - x\| \leqslant \left(\frac{1}{\sqrt{c}} + c\right)E^{1/3}\delta^{2/3}. \tag{3.3.6}$$

证明　结论 (a) 是前述定理的一个直接结果. 综合应用估计 (3.1.5), 定理 3.2.1 和定理 3.2.2, 对结论 (b), 有

$$\|x^{\alpha,\delta} - x\| \leqslant \frac{\delta}{\sqrt{\alpha}} + \sqrt{\alpha}\|z\|;$$

对结论 (c), 有

$$\|x^{\alpha,\delta} - x\| \leqslant \frac{\delta}{\sqrt{\alpha}} + \alpha\|z\|,$$

分别取 $\alpha(\delta) = c\delta/E$ 和 $\alpha(\delta) = c(\delta/E)^{2/3}$ 即得到定理中的误差估计.

用过滤掉算子的小奇异值的方法来求紧算子逆的正则化算子, 已有很长的历史, 它对理论研究是很方便的. 但是对具体的问题, 应构造避开 K 的奇异值的正则化方法, 因为算子的奇异值通常是很难求的. $q(\alpha, \mu)$ 的前两种取法可以完成这种构造.

下面介绍两种正则化方法: Tikhonov 正则化和 Landweber 迭代正则化.

3.4　Tikhonov 正则化方法

在有限维空间, 近似求解过定的线性代数方程组 $Kx = y$ 时, 方法是求最小二乘解, 即在有限维空间 X 上极小化连续泛函 $\|Kx - y\|$. 该问题一定是有解的. 但是如果 K 是紧的而 X 是无限维的, 则该极小化问题是不适定的.

定理 3.4.1　设 X, Y 是 Hilbert 空间, $K: X \to Y$ 是有界线性算子. 对 $y \in Y$, 存在 $\hat{x} \in X$ 使得

$$\|K\hat{x} - y\| \leqslant \|Kx - y\|$$

对一切 $x \in X$ 成立的充分必要条件是 $\hat{x}$ 满足

$$K^* K\hat{x} = K^* y,$$

其中 $K^*: Y \to X$ 是 K 的伴随算子.

证明　直接计算知

$$\begin{aligned}\|Kx - y\|^2 - \|K\hat{x} - y\|^2 &= 2\Re(K\hat{x} - y, K(x - \hat{x})) + \|K(x - \hat{x})\|^2 \\ &= 2\Re(K^*(K\hat{x} - y), x - \hat{x}) + \|K(x - \hat{x})\|^2, \quad \forall x, \hat{x} \in X.\end{aligned}$$

如果 $\hat{x}$ 满足 $K^* K\hat{x} = K^* y$, 则 $\|Kx - y\|^2 - \|K\hat{x} - y\|^2 \geqslant 0$, 即 $\hat{x}$ 是 $\|Kx - y\|$ 的极小元. 反之, 如果 $\hat{x}$ 是 $\|Kx - y\|$ 的极小元, 对 $\forall t > 0, x \in X$, 取 $x = \hat{x} + tz$ 有

$$0 \leqslant 2t\Re(K^*(K\hat{x} - y), z) + t^2\|Kz\|^2.$$

两边除以 $t > 0$ 再令 $t \to 0$ 得

$$\Re(K^*(K\hat{x} - y), z) \geqslant 0, \quad \forall z \in X.$$

由 z 的任意性即得 $K^*(K\hat{x} - y) = 0$. 证毕.

一般说来, 不能保证该必要性条件的方程解的存在唯一性, 因此该极小化问题是一个不适定的问题. 但如果对极小元 $\hat{x}$ 加上进一步的限制 (例如是最小模解), 则可保证极小元的存在唯一性.

因此必须在目标函数 $\|Kx - y\|$ 上加上罚项, 使得求新的目标函数的极小元的问题适定 (从优化理论的角度), 或者使得极小元满足的方程是一个第二类的方程 (从积分方程理论的角度). 这就是 Tikhonov 正则化方法解不适定问题的基本想法. 具体说来, 该问题提为: 对有界线性算子 $K: X \to Y$ 和 $y \in Y$, 求 $x^\alpha \in X$ 使其在 $x \in X$ 上极小化 Tikhonov 泛函

$$J_\alpha(x) = \|Kx - y\|_Y^2 + \alpha\|x\|_X^2, \tag{3.4.1}$$

其中 $\alpha > 0$ 称为正则化参数.

与定理 3.4.1 对应, 此时有

定理 3.4.2　设 X, Y 是 Hilbert 空间, $K: X \to Y$ 是有界线性算子, 则

(1) $J_\alpha(x)$ 在 X 上存在唯一的极小元 x^α;

(2) $x^\alpha \in X$ 满足

$$\alpha x^\alpha + K^* K x^\alpha = K^* y. \tag{3.4.2}$$

证明 设 $\{x_n\} \subset X$ 是 $J_\alpha(x)$ 的极小化序列, 即 $n \to \infty$ 时,

$$J_\alpha(x_n) \to J_0 := \inf_{x \in X} J_\alpha(x).$$

首先证明 $\{x_n\}$ 是 X 中的 Cauchy 列. 由于

$$\begin{aligned} J_\alpha(x_n) + J_\alpha(x_m) &= 2J_\alpha\left(\frac{x_n + x_m}{2}\right) + \frac{1}{2}\|K(x_n - x_m)\|^2 + \frac{\alpha}{2}\|x_n - x_m\|^2 \\ &\geqslant 2J_0 + \frac{\alpha}{2}\|x_n - x_m\|^2, \end{aligned}$$

左端在 $n, m \to \infty$ 时趋于 $2J_0$, 因此由 $\alpha > 0$ 知 $\{x_n\}$ 是 X 中的 Cauchy 列. 令

$$\lim_{n \to \infty} x_n = x^\alpha \in X,$$

由 $J_\alpha(x)$ 的连续性得 $J_\alpha(x_n) \to J_\alpha(x^\alpha)$, 即 $J_\alpha(x^\alpha) = J_0$, 从而 $J_\alpha(x)$ 的极小元的存在性证毕. 另一方面, $\forall x \in X$, 由直接计算有

$$\begin{aligned} & J_\alpha(x) - J_\alpha(x^\alpha) \\ = \ & 2\Re(Kx^\alpha - y, K(x - x^\alpha)) + 2\alpha\Re(x^\alpha, x - x^\alpha) + \|K(x - x^\alpha)\|^2 + \alpha\|x - x^\alpha\|^2 \\ = \ & 2\Re(K^*(Kx^\alpha - y) + \alpha x^\alpha, x - x^\alpha) + \|K(x - x^\alpha)\|^2 + \alpha\|x - x^\alpha\|^2. \end{aligned} \tag{3.4.3}$$

据此等式, 泛函 $J_\alpha(x)$ 的极小元和方程 (3.4.2) 解的等价性由前一定理的类似证明可以得到. 定理证毕.

方程 (3.4.2) 的可解性也可由 Lax-Milgram 定理得到. 事实上, 记 $T := \alpha I + K^*K$, 对 $\forall \phi \in X$, 有估计

$$\alpha\|\phi\|^2 \leqslant \alpha\|\phi\|^2 + \|K\phi\|^2 = \Re(T\phi, \phi),$$

即 T 是严格强制的 (strictly coercive), 故由 Lax-Milgram 定理知 T 存在有界逆 $T^{-1}: X \to X$.

对有界线性算子 $K: X \to Y$, 还可以进一步证明, 由定理 3.4.2 确定的最小元 x^α 关于 α 是无限次可微的, 且导数可递推得到 [50].

定理 3.4.3 *设 X, Y 是 Hilbert 空间, $K: X \to Y$ 是有界线性算子. 对任意的 $\alpha > 0$, x^α 关于 α 是无限次可微的, 且其 n 阶导数 $w := \dfrac{d^n}{d\alpha^n}x^\alpha \in X$ 可由*

$$\alpha w + K^*Kw = -n\frac{d^{n-1}}{d\alpha^{n-1}}x^\alpha, \quad n = 1, 2, \cdots, \tag{3.4.4}$$

或者其等价的变分形式:

$$(Kw, Kg)_Y + \alpha(w, g)_X = -n\left(\frac{d^{n-1}}{d\alpha^{n-1}}x^\alpha, g\right)_X, \quad \forall g \in X \tag{3.4.5}$$

递推确定.

证明 证明由下面两步完成：对 $n=1$ 证明该定理; 对 n 用数学归纳法. 由于第二步是标准的, 故只要给出 $n=1$ 时的证明即可. 由导数的定义, 要证明极限 $\lim\limits_{t\to 0}\dfrac{x^{\alpha+t}-x^{\alpha}}{t}$ 存在且该极限满足

$$\alpha w+K^*Kw=-x^{\alpha}. \tag{3.4.6}$$

为此证明下面两个结论即可：(1) 方程 (3.4.6) 存在唯一的解 w; (2) $w=\lim\limits_{t\to 0}\dfrac{x^{\alpha+t}-x^{\alpha}}{t}$.

事实上, 由于 $T:=\alpha I+K^*K$ 是严格强制的, 由 Lax-Milgram 定理知 $\alpha w+K^*Kw=f$ 对任意的 $f\in X$ 都是唯一可解的, 故 (1) 显然成立. 下证 (2). 记

$$g_1(t)=\frac{x^{\alpha+t}-x^{\alpha}}{t}-w,$$

其中 w 是方程 (3.4.6) 的唯一解, 即要证明 $\lim\limits_{t\to 0}g_1(t)=0$.

先证明 x^{α} 关于 $\alpha>0$ 的连续性. 取 $|t|$ 充分小使得 $\alpha+t>\alpha/2$, 将式 (3.4.2) 中 α 用 $\alpha+t$ 代替得

$$(\alpha+t)x^{\alpha+t}+K^*Kx^{\alpha+t}=K^*y. \tag{3.4.7}$$

两边用 $x^{\alpha+t}$ 作内积得

$$\begin{aligned}2\sqrt{\alpha+t}\|x^{\alpha+t}\|_X\|Kx^{\alpha+t}\|_Y &\leqslant (\alpha+t)\|x^{\alpha+t}\|_X^2+\|Kx^{\alpha+t}\|_Y^2\\ &=(K^*y,x^{\alpha+t})_X\leqslant \|y\|_Y\|Kx^{\alpha+t}\|_Y,\end{aligned}$$

由此得到

$$\|x^{\alpha+t}\|_X\leqslant\frac{1}{2\sqrt{\alpha+t}}\|y\|_Y\leqslant\frac{1}{\sqrt{2\alpha}}\|y\|_Y. \tag{3.4.8}$$

式 (3.4.7) 减去 (3.4.2) 后在两边用 $g\in X$ 作内积得

$$\alpha(x^{\alpha+t}-x^{\alpha},g)_X+(K(x^{\alpha+t}-x^{\alpha}),Kg)_Y=-t(x^{\alpha+t},g)_X. \tag{3.4.9}$$

取 $g=x^{\alpha+t}-x^{\alpha}$ 得

$$\alpha\|x^{\alpha+t}-x^{\alpha}\|^2+\|K(x^{\alpha+t}-x^{\alpha})\|^2=-t(x^{\alpha+t},x^{\alpha+t}-x^{\alpha})\leqslant|t|\|x^{\alpha+t}\|\|x^{\alpha+t}-x^{\alpha}\|,$$

从而由式 (3.4.8) 得

$$\|x^{\alpha+t}-x^{\alpha}\|\leqslant\frac{|t|}{\alpha}\|x^{\alpha+t}\|\leqslant\frac{|t|}{\alpha\sqrt{2\alpha}}\|y\|,$$

即 x^{α} 在每一点 $\alpha>0$ 都是 Lipschitz 连续的.

在式 (3.4.9) 的两边除以 t 再减去式 (3.4.6) 的变分形式得

$$\alpha(g_1,g)_X+(Kg_1,Kg)_Y=-(x^{\alpha+t}-x^{\alpha},g)_X,\quad \forall g\in X.$$

取 $g = g_1(t)$ 得 $\alpha\|g_1\|^2 \leqslant \|x^{\alpha+t} - x^\alpha\|\|g_1\|$, 即

$$\|g_1\| \leqslant \frac{1}{\alpha}\|x^{\alpha+t} - x^\alpha\|.$$

对此式用 x^α 关于 α 的连续性得 $\lim\limits_{t\to 0} g_1(t) = 0$. 证毕.

借助于泛函 $J_\alpha(x)$ 的极小元 x^α 关于的 α 可微性的该结果, 可以得到由相容性原理确定正则化参数 α 的一个迭代办法. 在该办法中, 给定的误差数据 y^δ 的误差水平 δ 可以是未知的, 且可以由误差数据 y^δ 本身来估计出 δ 的界. 其基本出发点是构造极小化函数 $J(x^\alpha)$ 的一个近似的有解析表达式的模型函数, 再由此模型函数近似确定正则化参数, 见 3.9 节和文献 [50]、[108].

关于正则化元素 x^α 和 $J(x^\alpha)$ 的其他性质, 可见文献 [19]、[102]、[103].

方程 (3.4.2) 的解 $x^\alpha \in X$ 可写为 $x^\alpha = R_\alpha y$, 其中

$$R_\alpha := (\alpha I + K^*K)^{-1}K^* : \quad Y \to X. \tag{3.4.10}$$

如果进一步假定 K 为紧算子, 其奇异系统为 (μ_j, x_j, y_j), 即 $Kx_j = \mu_j y_j, K^*y_j = \mu_j x_j$, 由 $x^\alpha = (\alpha I + K^*K)^{-1}K^*y$ 得 $(K^*)^{-1}(\alpha I + K^*K)x^\alpha = y$. 由于

$$(K^*)^{-1}(\alpha I + K^*K)x_j = \frac{\alpha + \mu_j^2}{\mu_j} y_j, \quad (\alpha I + K^*K)^* K^{-1} y_j = \frac{\alpha + \mu_j^2}{\mu_j} x_j,$$

故算子 $(K^*)^{-1}(\alpha I + K^*K)$ 的奇异值为 $\dfrac{\alpha + \mu_j^2}{\mu_j}$, 从而 $R_\alpha y$ 可表示为

$$R_\alpha y = \sum_{j=0}^{\infty} \frac{\mu_j}{\alpha + \mu_j^2}(y, y_j)x_j = \sum_{j=0}^{\infty} \frac{q(\alpha, \mu_j)}{\mu_j}(y, y_j)x_j, \tag{3.4.11}$$

其中

$$q(\alpha, \mu) = \frac{\mu^2}{\alpha + \mu^2},$$

它就是前述的第一个函数.

这里给出了求 $Kx = y$ 的正则化解的另一个方法, 它通过求一个泛函在全空间上的极小元, 或者直接解一个第二类的方程来确定正则化解 x^α. 它对应于过滤函数

$$q(\alpha, \mu) = \frac{\mu^2}{\alpha + \mu^2},$$

但是避开了 K 的奇异值 μ_j.

由对应于上述过滤函数的正则化解的理论结果 (定理 3.2.1), 即得到 Tikhonov 正则化方法应用于有误差的数据时的收敛性结果.

定理 3.4.4　设 $K: X \to Y$ 是紧的线性算子, $\alpha > 0$.

(1) $(\alpha I + K^*K)$ 是有界可逆的, $R_\alpha := (\alpha I + K^*K)^{-1}K^*: \quad Y \to X$ 是 $Kx = y$ 的一个正则化解算子, $\|R_\alpha\| \leqslant \dfrac{1}{2\sqrt{\alpha}}$. 对应于近似的右端数据 y^δ, $Kx = y$ 的 Tikhonov 正则化解 $x^{\alpha,\delta} = R_\alpha y^\delta$ 由

$$\alpha x^{\alpha,\delta} + K^*Kx^{\alpha,\delta} = K^*y^\delta \tag{3.4.12}$$

唯一确定. 正则化参数 $\alpha = \alpha(\delta)$ 只要在 $\delta \to 0$ 时满足

$$\alpha(\delta) \to 0, \qquad \frac{\delta^2}{\alpha(\delta)} \to 0,$$

就是允许的取法.

(2) 设 $x = K^*z \in K^*(Y), \|z\| \leqslant E$. 则取 $\alpha(\delta) = c\delta/E$ 时, 有估计

$$\|x^{\alpha(\delta),\delta} - x\| \leqslant \frac{1}{2}\left(\frac{1}{\sqrt{c}} + \sqrt{c}\right)\sqrt{E\delta}. \tag{3.4.13}$$

(3) 设 $x = K^*Kz \in K^*K(X), \|z\| \leqslant E$, 则取 $\alpha(\delta) = c(\delta/E)^{2/3}$ 时, 有估计

$$\|x^{\alpha(\delta),\delta} - x\| \leqslant \left(\frac{1}{2\sqrt{c}} + c\right)E^{1/3}\delta^{2/3}. \tag{3.4.14}$$

证明　结论 (1) 是显然的, $\|R_\alpha\|$ 的估计由定理 3.2.1 得到, 只要注意 $q(\alpha,\mu) = \dfrac{\mu^2}{\alpha + \mu^2}$ 时有 $c(\alpha) = \dfrac{1}{2\sqrt{\alpha}}$. 综合应用估计 (3.1.5) 定理 3.2.1 和定理 3.2.2, 对结论 (2), 有

$$\|x^{\alpha,\delta} - x\| \leqslant \frac{\delta}{2\sqrt{\alpha}} + \frac{\sqrt{\alpha}}{2}\|z\|;$$

对结论 (3), 有

$$\|x^{\alpha,\delta} - x\| \leqslant \frac{\delta}{2\sqrt{\alpha}} + \alpha\|z\|,$$

分别取 $\alpha(\delta) = c\delta/E$ 和 $\alpha(\delta) = c(\delta/E)^{2/3}$ 即得到定理中的误差估计.

注解 3.4.5　结果 (3) 有特别的意义, 其收敛性估计是 $\delta^{2/3}$. 可以证明, 对一般的 Tikhonov 正则化方法, 满足 $\|Kx^\delta - y\| \leqslant \delta$ 的正则化解的误差估计 $\|x^\delta - x\|$ 最好也只能达到 $\delta^{2/3}$. 因此在精确解的先验条件 $x \in K^*K(X)$ 下, Tikhonov 正则化方法能够得到最优的近似解, 其误差是 $\delta^{2/3}$. 这就是下面的定理.

定理 3.4.6　设 $K: X \to Y$ 是一一的紧线性算子, 且 $K(X)$ 是无限维的. 对 $x \in X$, 如果存在 $\alpha: [0,\infty) \to [0,\infty)$ 满足 $\alpha(0) = 0$ 使得对满足 $\|y^\delta - Kx\| \leqslant \delta$ 的 $y^\delta \in Y$, 有

$$\lim_{\delta \to 0}\|x^{\alpha(\delta),\delta} - x\|\delta^{-2/3} = 0$$

成立, 其中 $x^{\alpha(\delta),\delta} \in X$ 是式 (3.4.2) 中 y 换为 y^δ 的解, 则 $x = 0$.

注解 3.4.7　该结果表明, 如果 Tikhonov 正则化解收敛于精确解 x 的速度比 $\delta^{2/3}$ 还快, 则精确解 x 必为 0.

证明　用反证法, 假定 $x \neq 0$.

首先证明 $\alpha(\delta)\delta^{-2/3} \to 0$. 记 $y = Kx$, 由

$$(\alpha(\delta)I + K^*K)(x^{\alpha(\delta),\delta} - x) = K^*(y^\delta - y) - \alpha(\delta)x,$$

得到估计

$$|\alpha(\delta)|\|x\| \leqslant \|K\|\delta + (\alpha(\delta) + \|K\|^2)\|x^{\alpha(\delta),\delta} - x\|.$$

两边乘以 $\delta^{-2/3}$ 并利用 $x \neq 0$, $\lim\limits_{\delta\to 0}\|x^{\alpha(\delta),\delta} - x\|\delta^{-2/3} = 0$ 即得到 $\alpha(\delta)\delta^{-2/3} \to 0$.

现在要导出一个矛盾. 记 (μ_j, x_j, y_j) 是 K 的奇异系统. 定义

$$\delta_j := \mu_j^3, \quad y^{\delta_j} := y + \delta_j y_j, \quad j \in \mathbf{N},$$

则 $j \to \infty$ 时 $\delta_j \to 0$ 且 y^{δ_j} 满足 $(\alpha_j I + K^*K)(x^{\alpha_j,\delta_j} - x^{\alpha_j}) = K^*(y^{\delta_j} - y)$, 从而

$$\begin{aligned} x^{\alpha_j,\delta_j} - x &= (x^{\alpha_j,\delta_j} - x^{\alpha_j}) + (x^{\alpha_j} - x) \\ &= (\alpha_j I + K^*K)^{-1}K^*(\delta_j y_j) + (x^{\alpha_j} - x) \\ &= \sum_{k=1}^{\infty}\frac{\mu_k}{\alpha + \mu_k^2}\langle\delta_j y_j, y_k\rangle x_k + (x^{\alpha_j} - x) \\ &= \frac{\delta_j\mu_j}{\alpha_j + \mu_j^2}x_j + (x^{\alpha_j} - x), \end{aligned}$$

其中 $\alpha_j := \alpha(\delta_j)$, x^{α_j} 是式 (3.4.2) 对应于 $\alpha = \alpha_j$ 的解. 由于 $\|x^{\alpha_j} - x\|\delta^{-2/3} \to 0$, 我们得到

$$\frac{\delta_j^{1/3}\mu_j}{\alpha_j + \mu_j^2} \to 0, \quad j \to \infty.$$

但另一方面, 由已证得的结果可知 $j \to \infty$ 时 $\alpha_j\delta_j^{-2/3} = \alpha(\delta_j)\delta_j^{-2/3} \to 0$, 从而有

$$\frac{\delta_j^{1/3}\mu_j}{\alpha_j + \mu_j^2} = \frac{\mu_j^2}{\alpha_j + \mu_j^2} = (1 + \alpha_j\delta_j^{-2/3})^{-1} \to 1, \quad j \to \infty,$$

这是一个矛盾. 证毕.

注解 3.4.8　定理 3.4.4 和定理 3.4.6 有下述更一般的形式 [22, 27]: 若精确解满足光滑性条件 $x \in \text{Range}((K^*K)^\nu), 0 < \nu \leqslant 1$, 则当正则化参数的选取满足 $\alpha = c\delta^{\frac{2\nu}{2\nu+1}}$ 时, 是可取的方法, 并且解有收敛性估计 $\left\|x^{\alpha(\delta),\delta} - x\right\| = O(\delta^{\frac{2\nu}{2\nu+1}})$, 并且最优收敛速度在 $\nu = 1$ 获得, 而且是不可再改进的.

在前述由 Tikhonov 正则化泛函

$$J_\alpha(x) := \|Kx - y\|^2 + \alpha\|x\|^2, \quad x \in X, \alpha > 0$$

来构造 $Kx = y$ 的正则化近似解 $x^\alpha = R_\alpha y$ 时, x^α 是由

$$\alpha x^\alpha + K^*Kx^\alpha = K^*y \tag{3.4.15}$$

唯一确定的. 在由 y 的误差数据 y^δ 来求正则化近似解时, $\alpha = \alpha(\delta)$ 的取法也已给定, 使得在 $\delta \to 0$ 时 $x^{\alpha(\delta),\delta} \to K^{-1}y$. 这里 $\alpha = \alpha(\delta)$ 是先验 (a priori) 选取的, 即在求解式 (3.4.2) 时必需先给定 $\alpha(\delta)$. 为了讨论 $\alpha = \alpha(\delta)$ 的后验 (a postiori) 取法, 必须进一步讨论式 (3.4.15) 的解 x^α 对 α, y 的连续依赖性.

下面假定 X 和 Y 是 Hilbert 空间, $K : X \to Y$ 是一一的有界 (injective and bounded) 线性算子, $K(X)$ 在 Y 中稠密.

定理 3.4.9　对 $y \in Y, \alpha > 0$, 记 x^α 是式 (3.4.15) 的唯一解, 则

(1) x^α 连续依赖于 α, y;

(2) 映射 $\alpha \longmapsto \|x^\alpha\|_X$ 是单调非增的, $\lim\limits_{\alpha\to+\infty} x^\alpha = 0$;

(3) 映射 $\alpha \longmapsto \|Kx^\alpha - y\|_Y$ 是单调非减的, $\lim\limits_{\alpha\to 0} Kx^\alpha = y$;

(4) 如果 $K^*y \neq 0$, $\alpha \longmapsto \|x^\alpha\|_X$ 是严格减的, $\alpha \longmapsto \|Kx^\alpha - y\|_Y$ 是严格增的.

注解 3.4.10　第一个结论在定理 3.4.3 中已给出证明. 由于 $x^\alpha = R_\alpha y$, 第三个结果说明 $\lim\limits_{\alpha\to 0} KR_\alpha y = y$, 即 R_α 是 K 的近似的右逆算子; 另一方面, 由正则化算子 R_α 的定义有 $\lim\limits_{\alpha\to 0} R_\alpha Kx = x$, 即 R_α 是 K 的近似的左逆算子. 因此对紧算子 K, R_α 是 K 的近似的逆算子.

证明　分五步来证明.

Step 1：由 $J_\alpha(x)$ 的定义及 x^α 是极小元得

$$\alpha\|x^\alpha\|^2 \leqslant J_\alpha(x^\alpha) \leqslant J_\alpha(0) = \|y\|^2,$$

即 $\|x^\alpha\| \leqslant \|y\|/\sqrt{\alpha}$, 从而 $\alpha \to \infty$ 时 $x^\alpha \to 0$.

Step 2：取 $\alpha, \beta > 0$, 把 x^α 和 x^β 满足的方程相减得到

$$\alpha(x^\alpha - x^\beta) + K^*K(x^\alpha - x^\beta) + (\alpha - \beta)x^\beta = 0,$$

两边乘以 $(x^\alpha - x^\beta)$ 得到

$$\alpha\|x^\alpha - x^\beta\|^2 + \|K(x^\alpha - x^\beta)\|^2 = (\beta - \alpha)(x^\beta, x^\alpha - x^\beta). \tag{3.4.16}$$

从而

$$\alpha\|x^\alpha - x^\beta\| \leqslant |\beta - \alpha|\|x^\beta\| \leqslant |\beta - \alpha|\frac{\|y\|}{\sqrt{\beta}},$$

这就证明了映射 $\alpha \longmapsto x^\alpha$ 的连续性.

Step 3：取 $\beta > \alpha > 0$, 由式 (3.4.16) 知 $(x^\beta, x^\alpha - x^\beta) \geqslant 0$, 从而

$$\|x^\beta\|^2 \leqslant (x^\beta, x^\alpha) \leqslant \|x^\beta\|\|x^\alpha\|,$$

即 $\|x^\beta\| \leqslant \|x^\alpha\|$, 因此 $\alpha \longmapsto \|x^\alpha\|_X$ 是单调非增的.

Step 4：在 x^β 满足的 Euler 方程两边乘以 $(x^\alpha - x^\beta)$ 得

$$\beta(x^\beta, x^\alpha - x^\beta) + (Kx^\beta - y, K(x^\alpha - x^\beta)) = 0.$$

取 $\alpha > \beta$. 由式 (3.4.16) 知 $(x^\beta, x^\alpha - x^\beta) \leqslant 0$, 即

$$0 \leqslant (Kx^\beta - y, K(x^\alpha - x^\beta)) = (Kx^\beta - y, Kx^\alpha - y) - \|Kx^\beta - y\|^2,$$

由 Cauchy-Schwarz 不等式得 $\|Kx^\beta - y\| \leqslant \|Kx^\alpha - y\|$.

Step 5：取 $\varepsilon > 0$. 由于 $K(X)$ 在 Y 中是稠密的, $\exists x \in X$ 使得 $\|Kx - y\|^2 \leqslant \varepsilon^2/2$. 取 α_0 满足 $\alpha_0\|x\|^2 \leqslant \varepsilon^2/2$, 则

$$\|Kx^\alpha - y\|^2 \leqslant J_\alpha(x^\alpha) \leqslant J_\alpha(x) \leqslant \varepsilon^2,$$

即对一切的 $0 < \alpha \leqslant \alpha_0$, $\|Kx^\alpha - y\| \leqslant \varepsilon$ 成立.

定理证毕.

注解 3.4.11　这里 Tikhonov 正则化的提法是在整个空间 X 上极小化泛函 $J_\alpha(x)$. 而由定理 3.4.4 中的 (2), (3) 知, 如将精确解 x 限制到一个小的空间时, 可得到更好的收敛性结果. 因此可在 Tikhonov 正则化方法中考虑更强的罚项, 即考虑

$$\|Kx - y\|_Y^2 + \alpha\|x\|_1^2 \tag{3.4.17}$$

在 $X_1 \subset X$ 上的极小化问题, $\|.\|_1$ 是 X_1 上的模 (半模). 这是 Tikhonov 正则化方法的一般思想.

注解 3.4.12　考虑正则化方程 (3.4.2) 在 $\alpha = 0$ 时的情况. 如果方程 $K^*v = 0$ 只有零解 $v = 0$, 则求解 $Kx = y$ 和 $K^*Kx = K^*y$ 是等价的. 此时显有 $(v, y)_Y = 0$. 这是 Fredholm 选择定理的一个特例：$Kx = y$ 有解的充要条件是 $(v, y)_Y = 0$, 其中 v 满足 $K^*v = 0$. 事实上,

$$(v, y)_Y = (v, Kx)_Y = (K^*v, x)_X = 0, \quad \forall v \in N(K^*).$$

下面再给出 Tikhonov 正则化方程式 (3.4.2) 的一个等价形式, 据此可得到式 (3.4.2) 求解的一个迭代算法, 并给出式 (3.4.2) 的进一步解释.

定理 3.4.13　正则化方程 (3.4.2) 等价于弱耦合的方程组

$$\begin{cases} Kx^\alpha - \sqrt{\alpha}v^\alpha = y, \\ K^*v^\alpha + \sqrt{\alpha}x^\alpha = 0, \end{cases} \tag{3.4.18}$$

v^α 称为伴随变量.

事实上, 从此式中消去 v^α 即得式 (3.4.2); 把式 (3.4.2) 写为 $K^*(Kx^\alpha - y) + \alpha x^\alpha = 0$ 并记 $\sqrt{\alpha}v^\alpha = Kx^\alpha - y$ 即得方程组.

对任意待定的非零实数 β, 方程组 (3.4.18) 可改写为

$$\begin{cases} Kx^\alpha - \sqrt{\alpha}v^\alpha = y, \\ \sqrt{\alpha}\beta K^*v^\alpha + \alpha\beta x^\alpha - x^\alpha + x^\alpha = 0, \end{cases} \tag{3.4.19}$$

据此 (3.4.18) 的迭代解法为 (β 依赖于 n)

$$\begin{cases} \sqrt{\alpha}v_n^\alpha = Kx_n^\alpha - y, \\ x_{n+1}^\alpha = x_n^\alpha - \beta_n[\alpha x_n^\alpha + K^*\sqrt{\alpha}v_n^\alpha]. \end{cases} \tag{3.4.20}$$

该迭代程序通过求解两个正问题来得到序列 x_{n+1}^α: 给定 x_n^α, 先计算原正问题 Kx_n^α 产生 v_n^α, 再计算伴随正问题 $K^*v_n^\alpha$ 产生 v_{n+1}^α. 利用求解伴随问题来解不适定的问题已经得到广泛的应用, 例如在大气科学中 [37].

注意到 $J_\alpha(x)$ 的梯度为 $2(\alpha x^\alpha + K^*(\sqrt{\alpha}v^\alpha))$, 因此式 (3.4.20) 的第二步迭代就是求泛函极小值的共扼梯度法, 从而可以确定常数 β_n. 因此上述迭代格式就是求解 $Kx = y$ 的正则化的伴随共扼梯度方法 (regularization-adjoint-conjugate gradient method).

3.5　拟解和相容性原理

Tikhonov 正则化方法把正则化泛函

$$J_\alpha(x) = \|Kx - y\|^2 + \alpha\|x\|^2, \quad \alpha > 0, x \in X$$

的极小元 x^α 作为 $Kx = y$ 的正则化近似解. 该正则化解一方面使得 $\|Kx^\alpha - y\|$ 较小 (从而是 $Kx = y$ 的近似解), 另一方面通过罚项 (penalty term)$\alpha\|x\|^2$ 来保证解的稳定性 (从而是正则化解). 从优化理论的角度来看, 该二次优化问题可以看成是下述两个带约束的优化问题的罚函数方法:

(1) 对给定的 $\rho > 0$, 在对解的约束条件 $\|x\| \leqslant \rho$ 下极小化偏差函数 $\|Kx - y\|$;

(2) 对给定的 $\delta > 0$, 在对偏差的约束条件 $\|Kx - y\| \leqslant \delta$ 下极小化解的模 $\|x\|$.

Tikhonov 正则化方法的这两种解释, 使得我们可以自然地引进借助于解的先验条件, 构造正则化解的另外两个更具体的办法. 第一种解释得到了拟解 (quasi-solution) 的概念, 而第二种解释得到了相容性原理 (discrepancy principle). 这两种办法中, 正则化参数都是后验选取的.

由 Ivanov 在 1962 年提出的拟解的基本思想 [40] 是, 对方程 $Kx=y$ 的解加上某种先验条件使得方程的解限制在 X 的某个子集 $U\subset X$ 中, 在 U 中来求解方程以消除不稳定性. 对有扰动的右端项 y, 一般而言, 不能保证在 U 中有解. 因此我们不是去求方程在 U 中的精确解 (这是不可能的), 而是求某种 “解” 使得误差 $\|Kx-y\|$ 最小. 考虑 $U=B[0,\rho]$ 为 X 中的球的情况.U 的这种选择意味着对解的大小有先验的条件.

定义 3.5.1　*设 $K:X\to Y$ 是有界的一一的线性算子, $\rho>0$. 对 $y\in Y, x_0\in X$ 称为是方程 $Kx=y$ 具有模约束 ρ 的拟解, 如果 x_0 满足*

$$\|x_0\|\leqslant\rho,\quad \|Kx_0-y\|=\inf\{\|Kx-y\|:\|x\|\leqslant\rho\}.$$

显然, 如果 $y\in K(U)\subset Y$, 则拟解就是精确解. x_0 是 $Kx=y$ 的拟解等价于 Kx_0 是 y 在 $V:=K(B[0,\rho])$ 上的最佳逼近. 拟解的定义不难推广到 U 的其他选法上去. K 是一一的对拟解的唯一性是必需的.

定理 3.5.2　*设 $K:X\to Y$ 是有界的一一的线性算子, $K(X)$ 在 Y 中稠密, $\rho>0.\forall y\in Y$, $Kx=y$ 存在唯一的具有模约束 ρ 的拟解.*

证明　由于 K 是线性的, V 显然是凸的. 由定理 2.2.20, 在 V 上最多有 y 的一个最佳逼近元素. 再由条件 K 是一一的得到拟解的唯一性.

下证拟解的的存在性. 如果 $y\in K(B[0,\rho])$, 则存在 $x_0\in B[0,\rho]$ 满足 $Kx_0=y$, 显然 x_0 就是拟解. 故只需考虑 $y\notin K(B[0,\rho])$ 的情况.

对此种情况, 由定理 2.2.20, 只要构造一个元素 x_0 满足定理 2.2.20 的充分条件, 则 x_0 就是拟解. 对 $U=B[0,\rho]$, 该条件为 $\Re(y-Kx_0,Kx-Kx_0)\leqslant 0$ 对一切的满足 $\|x\|\leqslant\rho$ 的 x 成立 (注意到拟解的定义意味着 Kx_0 是 y 在 $K(U)$ 上的最佳逼近), 即

$$\Re(K^*(y-Kx_0),x-x_0)\leqslant 0,\quad \forall x\in U. \tag{3.5.1}$$

下面来证明, 对 $y\notin K(B[0,\rho])$, 存在 $\alpha>0$, 使得方程

$$\alpha x_0+K^*Kx_0=K^*y \tag{3.5.2}$$

的唯一解 x_0 满足

$$\|x_0\|=\rho. \tag{3.5.3}$$

对该 x_0, 由式 (3.5.2) 知

$$\Re(K^*(y-Kx_0),x-x_0)=\alpha\Re(x_0,x-x_0)\leqslant\alpha(\|x_0\|\|x\|-\|x_0\|^2)=\alpha\rho(\|x\|-\rho)\leqslant 0$$

对满足 $\|x\| \leqslant \rho$ 的一切 x 成立, 故 x_0 就是一个拟解.

为此定义 $F:(0,\infty) \to \mathbf{R}$

$$F(\alpha) := \|x_\alpha\|^2 - \rho^2,$$

其中 x_α 是方程 (3.4.2) 的唯一解. 由定理 3.4.9 结论 (1) 和 (2) 知, $F(\alpha)$ 是 α 的连续函数, 且

$$\lim_{\alpha\to\infty} F(\alpha) = -\rho^2 < 0.$$

另一方面, 由于 $K(X)$ 在 Y 中稠密, 由定理 3.4.9 结论 (3) 知

$$\lim_{\alpha\to 0} Kx_\alpha = y. \tag{3.5.4}$$

下面来证明, 一定存在充分小的 $\alpha > 0$ 使得 $F(\alpha) > 0$, 从而 $F(\alpha)$ 一定有零点即可.

如若不然, 对一切的 $\alpha > 0$ 有 $\|x_\alpha\| \leqslant \rho$. 由定理 2.2.22, 存在序列 $\{\alpha_n\}$ 满足 $\alpha_n \to 0, n \to \infty$, 使得相应的函数序列 $x_n := x_{\alpha_n}$ 在 X 中弱收敛于某 $x \in X$. 由

$$\|x\|^2 = \lim_{n\to\infty} (x_n, x) \leqslant \rho\|x\|$$

知 $\|x\| \leqslant \rho$. 对 $\forall z \in Y$, 由于

$$\lim_{n\to\infty} (Kx_n, z) = \lim_{n\to\infty} (x_n, K^*z) = (x, K^*z) = (Kx, z),$$

故 $n \to \infty$ 时 Kx_n 弱收敛于 Kx. 最后, 由式 (3.5.4) 得

$$\|Kx - y\|^2 = \lim_{n\to\infty} (Kx_n - y, Kx - y) \leqslant \lim_{n\to\infty} \|Kx_n - y\|\|Kx - y\| = 0,$$

即某 $x, \|x\| \leqslant \rho$ 成立 $Kx = y$, 这与 $y \notin K(B[0,\rho])$ 矛盾.

从而 $F(\alpha)$ 一定有零点, 定理证毕.

该定理给出了拟解的存在唯一性. 可以进一步证明, 拟解弱连续地依赖于右端项, 即由右端项的模收敛性 $y_n \to y_0$ 可以推出相应解的弱收敛性 $x_n \rightharpoonup x_0$.

事实上, 记 x_n, x_0 分别是 $Kx = y_n, Kx = y_0$ 在模约束 ρ 下的拟解, 即

$$m_n := \|Kx_n - y_n\| = \inf\{\|Kx - y_n\| : \|x\| \leqslant \rho\},$$

$$m_0 := \|Kx_0 - y_0\| = \inf\{\|Kx - y_0\| : \|x\| \leqslant \rho\},$$

来证明 $y_n \to y_0$ 时有 $x_n \rightharpoonup x_0$. 分五步来证明.

Step 1：由 m_n, m_0 的定义, 有

$$\begin{aligned} m_n &= \inf\{\|Kx - y_n\| : \|x\| \leqslant \rho\} \leqslant \inf\{\|Kx - y_0\| + \|y_0 - y_n\| : \|x\| \leqslant \rho\} \\ &= m_0 + \|y_0 - y_n\|, \end{aligned}$$

$$\begin{aligned} m_0 &= \inf\{\|Kx - y_0\| : \|x\| \leqslant \rho\} \leqslant \inf\{\|Kx - y_n\| + \|y_n - y_0\| : \|x\| \leqslant \rho\} \\ &= m_n + \|y_0 - y_n\|, \end{aligned}$$

因此 $m_0 - \|y_0 - y_n\| \leqslant m_n \leqslant m_0 + \|y_0 - y_n\|$, 从而 $n \to \infty$ 时 $m_n \to m_0$, 即

$$\|Kx_n - y_n\| \to \|Kx_0 - y_0\|.$$

Step 2：由三角不等式 $\|Kx_n - y_n\| \leqslant \|Kx_n - y_0\| + \|y_0 - y_n\|$ 得

$$\|Kx_n - y_n\| - \|y_0 - y_n\| \leqslant \|Kx_n - y_0\| \leqslant \|Kx_n - y_n\| + \|y_n - y_0\|,$$

据此由 Step 1 得 $n \to \infty$ 时, $\|Kx_n - y_0\| \to \|Kx_0 - y_0\|$.

Step 3：Kx_0 是 y_0 在闭凸集 $K(B[0,\rho])$ 上的最佳逼近, $\|Kx_0 - y_0\|$ 是最小距离, 由最佳逼近元的唯一性得 $n \to \infty$ 时, $Kx_n \to Kx_0$.

Step 4：由于 $\|x_n\| \leqslant \rho$, $\{x_n\}$ 有一个弱收敛的子列 $x_{n_k} \rightharpoonup x^*$, 从而 $Kx_{n_k} \rightharpoonup Kx^*$. 但 $\{Kx_{n_k}\}$ 是 $\{Kx_n\}$ 的子列, 由于已证明了 $\{Kx_n\}$ 强收敛于 Kx_0, 故 $\{Kx_{n_k}\}$ 强收敛于 Kx_0, 因此 $Kx^* = Kx_0$. 由于 K 是一一的, 有 $x^* = x_0$, 从而 $x_{n_k} \rightharpoonup x_0$.

Step 5：最后考虑 $\{x_n\}$ 的任意子列, 它当然也是有界的. 由上述四步的证明, 该子列同样有子子列弱收敛于 x_0. 由 $\{x_n\}$ 的子列的任意性, 即得 $x_n \rightharpoonup x_0$.

证毕.

注解 3.5.3 Step 5 的论述等价于证明下列关于数列 a_n 收敛性的命题：

如果数列 a_n 的任意一个子列都有一个收敛的子子列, 并且所有这些子子列都收敛于同一极限 a_0, 则数列 a_n 也收敛于 a_0.

事实上, 如 $\lim\limits_{n\to\infty} a_n \neq a_0$, 则由定义知, 存在常数 $\varepsilon_0 > 0$ 及序列 $n_1 < n_2 < \cdots \to \infty$, 使得

$$|a_{n_k} - a_0| > \varepsilon_0$$

对一切的 $k = 1, 2, \cdots$ 成立. 考虑 a_n 的子列 a_{n_k}, 该子列就没有收敛于 a_0 的子子列, 因为对一切 k 的都有 $|a_{n_k} - a_0| > \varepsilon_0$, 得出矛盾.

在具体应用中, 对有误差的输入数据, 一般而言, 总能保证 $y \notin K(B[0,\rho])$. 故对具有模约束 ρ 的拟解, 总可以用数值方法求出 $F(\alpha) = 0$ 的根 α, 再由式 (3.5.2) 求出拟解 x_0. 例如, 如果用 Newton 迭代法求 $F(\alpha) = 0$ 的根, $F(\alpha)$ 的导数由

$$F'(\alpha) = 2\Re\left(\frac{dx_\alpha}{d\alpha}, x_\alpha\right)$$

确定, 其中 $dx_\alpha/d\alpha$ 满足

$$\alpha\frac{dx_\alpha}{d\alpha}+K^*K\frac{dx_\alpha}{d\alpha}=-x_\alpha. \tag{3.5.5}$$

对 $y\in K(X)$ 的有扰动的右端项 y^δ, 具有模约束 ρ 的拟解可以看成是在精确解 $\|x\|\leqslant\rho$ 的先验条件下 Tikhonov 正则化方法中正则化参数 α 的一种后验 (a-posteriori) 选取方法. 事实上, 具有模约束 ρ 的拟解可以看成是 Tikhonov 正则化方法中 α 的选取使得

$$x_\alpha^\delta=(\alpha I+K^*K)^{-1}K^*y^\delta$$

满足 $\|x_\alpha^\delta\|=\rho$ 的正则化解.

由式 (3.5.2) 和 (3.5.3) 并注意到 x 满足 $\|x\|=\|K^{-1}y\|\leqslant\rho$, α 的选取应满足

$$\begin{aligned}\alpha\rho^2&=\alpha\|x_\alpha^\delta\|^2=(x_\alpha^\delta,K^*(y^\delta-Kx_\alpha^\delta))=(Kx_\alpha^\delta,y^\delta-Kx_\alpha^\delta)\\&\leqslant\rho\|K\|\|y^\delta-Kx_\alpha^\delta\|\leqslant\rho\|K\|\|y^\delta-Kx\|\leqslant\|K\|\rho\delta,\end{aligned}$$

这里利用了 $\|y^\delta-Kx_\alpha^\delta\|=\inf\{\|y^\delta-K\hat{x}\|:\|\hat{x}\|\leqslant\rho\}\leqslant\|y^\delta-Kx\|$, 从而 α 应满足

$$\alpha\rho\leqslant\|K\|\delta, \tag{3.5.6}$$

这就给出了用 Newton 迭代法求 $F(\alpha)=0$ 的根时, 迭代初值 α 的选取的一个限制条件.

下面的结果表明, 对 $y\in K(X)$ 的扰动数据 y^δ, $Kx=y$ 的具有模约束 ρ 的拟解, 对适当选取的固定的 ρ, 在 $\delta\to0$ 时拟解收敛于的精确解 x, 不过只是弱收敛. 如要得到强收敛, 则 ρ 的选取是极其严格的.

定理 3.5.4　*设 $K:X\to Y$ 是有界的一一的线性算子, $K(X)$ 在 Y 中稠密, 对 $y\in K(X)$, 其误差数据 y^δ 满足 $\|y^\delta-y\|\leqslant\delta$. 如果取 $\rho\geqslant\|K^{-1}y\|$, 则 $Kx=y^\delta$ 具有模约束 ρ 的拟解满足*

$$x^\delta\rightharpoonup K^{-1}y,\quad\delta\to0.$$

如果取 $\rho=\|K^{-1}y\|$, 则

$$x^\delta\to K^{-1}y,\quad\delta\to0.$$

证明　对任意的 $z\in Y$, 由于 $\|K^{-1}y\|\leqslant\rho$, 有估计

$$\begin{aligned}|(Kx^\delta-y,z)|&\leqslant(\|Kx^\delta-y^\delta\|+\|y^\delta-y\|)\|z\|\\&\leqslant(\|KK^{-1}y-y^\delta\|+\|y^\delta-y\|)\|z\|\leqslant2\delta\|z\|,\end{aligned} \tag{3.5.7}$$

因此对 $z\in Y$, $\delta\to0$ 时 $(x^\delta-K^{-1}y,K^*z)\to0$. 注意到对一一的算子 K (意味着 $N(K)=\{0\}$), $K^*(Y)$ 在 X 中是稠密的 (在定理 2.2.25 中取 $A=K^*,A^*=K$ 得

$\overline{K^*(Y)} = N(K)^\perp$, 从而 $X = N(K) + N(K)^\perp = \overline{K^*(Y)})$ 且 x^δ 是有界的, 这意味着 $\delta \to 0$ 时有 $x^\delta \rightharpoonup K^{-1}y$.

如果取 $\rho = \|K^{-1}y\|$, 则 $\delta \to 0$ 时有估计

$$\begin{aligned}\|x^\delta - K^{-1}y\|^2 &= \|x^\delta\|^2 - 2\Re(x^\delta, K^{-1}y) + \|K^{-1}y\|^2 \\ &\leqslant \rho^2 - 2\Re(x^\delta, K^{-1}y) + \|K^{-1}y\|^2 \\ &= -2\Re(x^\delta, K^{-1}y) + 2\|K^{-1}y\|^2 = 2\Re(K^{-1}y - x^\delta, K^{-1}y) \to 0.\end{aligned}$$

定理证毕.

注解 3.5.5　条件 $\rho \geqslant \|K^{-1}y\|$ 对得到解的弱收敛性是必要的, 否则由

$$\|K^{-1}y\|^2 = \lim_{\delta\to 0}(x^\delta, K^{-1}y) \leqslant \rho\|K^{-1}y\| < \|K^{-1}y\|^2$$

会得出矛盾. 另一方面, 在 $\rho > \|K^{-1}y\|$ 时一般也得不到强收敛性, 否则由 $x^\delta \to K^{-1}y$ 意味着 $\|x^\delta\|$ 在 δ 很小时近似于 $\|K^{-1}y\| < \rho$, 这与 $\|x^\delta\| = \rho$ 对一切的 $\delta > 0$ 成立矛盾.

然而, 如对 y 的光滑性增加要求, 在 $\rho = \|K^{-1}y\|$ 时, 还能得到拟解的强收敛阶.

定理 3.5.6　在上述定理的条件下, 如果 $y \in KK^*(Y)$ 并且取 $\rho = \|K^{-1}y\|$, 则有

$$\|x^\delta - K^{-1}y\| = O(\delta^{1/2}), \quad \delta \to 0.$$

证明　在 $y \in KK^*(Y)$ 时, 存在 $z \in Y$ 使得 $K^{-1}y = K^*z$, 从而由上一定理的证明中最后一个估计及式 (3.5.7) 知

$$\begin{aligned}\|x^\delta - K^{-1}y\|^2 &\leqslant 2\Re(K^{-1}y - x^\delta, K^{-1}y) = 2\Re(K^{-1}y - x^\delta, K^*z) \\ &= 2\Re(y - Kx^\delta, z) \leqslant 4\delta\|z\|.\end{aligned}$$

定理证毕.

可以构造一个反例来说明该定理中的收敛阶是最优的.

设 K 是紧算子, $\dim K(X) = \infty$, (μ_n, x_n, y_n) 为 K 的奇异系统. 考虑 $y = \mu_1 y_1$ 和 $y^{\delta_n} = \mu_1 y_1 + \delta_n y_n$, 其中 $\delta_n = \mu_n^2$, 则 $K^{-1}y = x_1$ 且

$$\begin{aligned}x^{\delta_n} &= R_{\alpha_n} y^{\delta_n} = (\alpha_n I + K^*K)^{-1}K^*(\mu_1 y_1 + \delta_n y_n) \\ &= \sum_{j=1}^{\infty} \frac{\mu_j}{\alpha_n + \mu_j}(\mu_1 y_1 + \delta_n y_n, y_j)x_j = \frac{\mu_1^2}{\alpha_n + \mu_1^2}x_1 + \frac{\delta_n \mu_n}{\alpha_n + \mu_n^2}x_n.\end{aligned}$$

为了使得 x^{δ_n} 是模约束 $\rho = 1$ 下的最小模解, α_n 应满足

$$\frac{\mu_1^4}{(\alpha_n + \mu_1^2)^2} + \frac{\delta_n^2 \mu_n^2}{(\alpha_n + \mu_n^2)^2} = 1.$$

假定 $n\to\infty$ 时有收敛性

$$\|x^{\delta_n}-K^{-1}y\|=o(\delta_n^{1/2}),$$

利用 $\delta_n=\mu_n^2$ 和 x^{δ_n} 的表达式, 在 $n\to\infty$ 时,

$$\frac{\delta_n}{\alpha_n+\delta_n}=\frac{\delta_n^{1/2}\mu_n}{\alpha_n+\delta_n}\to 0,$$

从而 $n\to\infty$ 时应有 $\alpha_n/\delta_n\to\infty$, 这与式 (3.5.6) 矛盾.

下面利用正则化方法的第二种解释来讨论最小模解, 其基本出发点如下. 对 y 的有误差的右端数据 y^δ, 前述拟解是在模一致有界的函数集 $\{x:\|x\|\leqslant\rho\}$ 中, 确定一个函数 x^δ 使得 $\|Kx-y^\delta\|$ 尽可能地小. 然而, 由于 $\|y^\delta-y\|\leqslant\delta$, 即输入数据的精度只是 δ, 要求偏差 $\|Kx-y^\delta\|$ 过分小于输入数据误差 δ 是没有意义的. 因此一个自然的想法就是在满足 $\|Kx-y^\delta\|\leqslant\delta$ 的函数集中, 确定 x 使得 $\|x\|$ 尽可能地小.

定义 3.5.7　设 $K:X\to Y$ 是有界的线性算子, $\delta>0$. 对给定的 $y\in Y$, 如 $x_0\in X$ 满足

$$\|Kx_0-y\|\leqslant\delta,\quad \|x_0\|=\inf\{\|x\|:\|Kx-y\|\leqslant\delta\},$$

则称 x_0 是方程 $Kx=y$ 在偏差 δ 下的最小模解.

显然, x_0 是方程 $Kx=y$ 在偏差 δ 下的最小模解 $\iff$ x_0 是 X 中的元素 0 在 $U_y:=\{x\in X:\|Kx-y\|\leqslant\delta\}$ 上的最佳逼近. 注意, 最小模解的定义和拟解的定义对算子 K 的要求有一点区别, 这里没有假定 K 是一一的.

类似于拟解的讨论, 为简单起见, 在讨论最小模解的存在性时, 假定 $K(X)$ 在 Y 中稠密.

定理 3.5.8　设 $K:X\to Y$ 是有界的线性算子, $K(X)$ 在 Y 中稠密, $\delta>0$, 则对任意的 $y\in Y$, 方程 $Kx=y$ 在偏差 δ 下存在唯一的最小模解.

证明　$\forall\lambda\in(0,1), x_1,x_2\in U_y$, 由于

$$\|K(\lambda x_1+(1-\lambda)x_2)\|\leqslant\lambda\|Kx_1-y\|+(1-\lambda)\|Kx_2-y\|,$$

故 U_y 是凸的. 由定理 2.2.20 知, 元素 0 在 $U_y:=\{x\in X:\|Kx-y\|\leqslant\delta\}$ 上最多只有一个最佳逼近元素.

如果 $\|y\|\leqslant\delta$, 显然 $x_0=0$ 就是偏差 δ 下的最小模解, 因此只要考虑 $\|y\|>\delta$ 的情况. 由于 $K(X)$ 在 Y 中稠密, U_y 是非空的. 我们同样通过构造一个元素 x_0 满足定理 2.2.20 的充分条件的办法来证明最小模解的存在性. 对 U_y 上的最佳逼近, 该条件为

$$\Re(x_0,x_0-x)\leqslant 0,\quad \forall x\in\{x\in X:\|Kx-y\|\leqslant\delta\}.\tag{3.5.8}$$

如果存在 $\alpha > 0$, 使得

$$\alpha x_0 + K^*Kx_0 = K^*y \tag{3.5.9}$$

的唯一解满足

$$\|Kx_0 - y\| = \delta, \tag{3.5.10}$$

则由于

$$\begin{aligned}\alpha\Re(x_0, x_0 - x) &= \Re(K^*(y - Kx_0), x_0 - x)\\ &= \Re(Kx_0 - y, Kx - y) - \|Kx_0 - y\|^2 \leqslant \delta(\|Kx - y\| - \delta) \leqslant 0,\end{aligned}$$

x_0 就满足式 (3.5.8), 因此就是最小模解.

下证上述 α 的存在性. 定义 $G : (0, \infty) \to \mathbf{R}$

$$G(\alpha) := \|Kx_\alpha - y\|^2 - \delta^2,$$

其中 x_α 是方程 (3.4.2) 的唯一解. 由定理 3.4.9 知, $G(\alpha)$ 是 α 的单调连续函数, 且

$$\lim_{\alpha\to\infty} G(\alpha) = \|y\|^2 - \delta^2 > 0.$$

另一方面, 由于 $K(X)$ 在 Y 中稠密, 由定理 3.4.9 结论 (3) 知

$$\lim_{\alpha\to 0} G(\alpha) = -\delta^2 < 0.$$

从而 $G(\alpha) = 0$ 存在唯一的零点. 定理证毕.

同样可以进一步证明, 最小模解弱连续地依赖于右端项, 即对方程 $Kx = y$, 若 x_n, x_0 分别是 $Kx = y_n$ 和 $Kx = y_0$ 在偏差下 δ 的最小模解, 则当 $y_n \to y_0$ 时有 $x_n \rightharpoonup x_0$.

证明　由最小模解的定义, 有

$$\|Kx_n - y_n\| \leqslant \delta, \quad \|x_n\| = \inf\{\|x\| : \|Kx - y_n\| \leqslant \delta\},$$

$$\|Kx_0 - y_0\| \leqslant \delta, \quad \|x_0\| = \inf\{\|x\| : \|Kx - y_0\| \leqslant \delta\}.$$

证明分为三步.

Step 1：记 $U_n = \{x : \|Kx - y_n\| \leqslant \delta, x \in X\}$. 因为 $y_n \to y_0$, 故对充分大的 n 有 $\|y_n - y_0\| \leqslant \delta/2$. 另一方面, 由于 $K(X)$ 在 Y 中稠密, 故对 $y_0 \in Y$ 存在 $x^* \in X$ 使得 $\|Kx^* - y_0\| \leqslant \delta/2$. 因此对充分大的 n, 有

$$\|Kx^* - y_n\| \leqslant \|Kx^* - y_0\| + \|y_n - y_0\| \leqslant \delta,$$

即对充分大的 n 有 $x^* \in U_n$, 从而 $\|x_n\| = \inf_{U_n}\|x\| \leqslant \|x^*\|$, 故 $\{x_n\}$ 是 Hilbert 空间 X 中的有界集, 从而 $\{x_n\}$ 有一个弱收敛的子列 x_{n_k}. 记 $n_k \to \infty$ 时 $x_{n_k} \rightharpoonup \overline{x} \in X$, 从而 $Kx_{n_k} \rightharpoonup K\overline{x}$.

Step 2: $x_{n_k} \rightharpoonup \overline{x} \in X$ 意味着 $n_k \to \infty$ 时 $\langle x_{n_k}, g\rangle \to \langle \overline{x}, g\rangle$ 对任意的 $g \in X$ 成立. 特别取 $g = \overline{x} \in X$ 有 $\|\overline{x}\|^2 = \lim\limits_{n_k\to\infty}\langle x_{n_k}, \overline{x}\rangle \leqslant \|\overline{x}\| \lim\limits_{n_k\to\infty}\|x_{n_k}\|$, 据此由 $y_n \to y_0$ 得

$$
\begin{aligned}
\|\overline{x}\| &\leqslant \lim_{n_k\to\infty}\|x_{n_k}\| = \lim_{n_k\to\infty}\inf\{\|x\| : \|Kx - y_{n_k}\| \leqslant \delta\} \\
&\leqslant \lim_{n_k\to\infty}\inf\{\|x\| : \|Kx - y_0\| + \|y_0 - y_{n_k}\| \leqslant \delta\} \\
&= \inf\{\|x\| : \|Kx - y_0\| \leqslant \delta\} = \|x_0\|.
\end{aligned}
$$

另一方面, 由 Step 1 有 $\|K\overline{x} - y_0\|^2 = \lim\limits_{n_k\to\infty}\langle Kx_{n_k} - y_0, K\overline{x} - y_0\rangle$, 从而

$$
\begin{aligned}
\|K\overline{x} - y_0\| &\leqslant \lim_{n_k\to\infty}\|Kx_{n_k} - y_0\| \\
&= \lim_{n_k\to\infty}[\|Kx_{n_k} - y_{n_k}\| + \|y_{n_k} - y_0\|] \\
&\leqslant \lim_{n_k\to\infty}[\delta + \|y_{n_k} - y_0\|] = \delta.
\end{aligned}
$$

这两个关系表明, $\overline{x}$ 也是 $Kx = y_0$ 在偏差 δ 下的最小模解. 由唯一性得到 $\overline{x} = x_0$, 从而 $x_{n_k} \rightharpoonup x_0$.

Step 3: 来证明 $n \to \infty$ 时 $x_n \rightharpoonup x_0 \in X$. 考虑 $\{x_n\}$ 的任一子列, 它满足 $\{x_n\}$ 的一切性质. 因此由上述两步的结果, 存在该子列的子子列, 其弱收敛于 x_0. 由 $\{x_n\}$ 中选取子列方式的任意性, $\{x_n\}$ 本身一定弱收敛于 x_0. 证毕.

一般说来, 总可以认为输入数据的大小比误差水平大得多, 即 $\|y\| > \delta$, 否则输入数据就会完全被噪音覆盖, 因而没有意义. 在这种情况下, 同样可通过 Newton 方法来数值求解 $G(\alpha) = 0$ 的根 α. 由简单计算知

$$
\begin{aligned}
G'(\alpha) &= 2\Re\left\langle K\frac{dx_\alpha}{d\alpha}, Kx_\alpha - y\right\rangle = 2\Re\left\langle \frac{dx_\alpha}{d\alpha}, K^*(Kx_\alpha - y)\right\rangle \\
&= 2\alpha\Re\left\langle \frac{dx_\alpha}{d\alpha}, \alpha\frac{dx_\alpha}{d\alpha} + K^*K\frac{dx_\alpha}{d\alpha}\right\rangle \\
&= 2\alpha^2\left\|\frac{dx_\alpha}{d\alpha}\right\|^2 + 2\alpha\left\|K\frac{dx_\alpha}{d\alpha}\right\|^2,
\end{aligned}
\tag{3.5.11}
$$

其中 $\dfrac{dx_\alpha}{d\alpha}$ 满足

$$
\alpha\frac{dx_\alpha}{d\alpha} + K^*K\frac{dx_\alpha}{d\alpha} = -x_\alpha. \tag{3.5.12}
$$

由此可完成 Newton 迭代.

该定理给出的最小模解也可以看成是 Tikhonov 正则化方法中对应于正则化参数 α 的一种后验取法而得到的正则化解. 对 $y \in K(X)$ 的满足

$$\left\|y^\delta - y\right\| \leqslant \delta < \left\|y^\delta\right\|$$

的扰动数据 y^δ, 取 α 使得

$$x_\alpha^\delta = (\alpha I + K^*K)^{-1}K^*y^\delta$$

满足 $\left\|Kx_\alpha^\delta - y^\delta\right\| = \delta$. 对这样的 α, 有

$$\left\|y^\delta\right\| - \delta = \left\|y^\delta\right\| - \left\|Kx_\alpha^\delta - y^\delta\right\| \leqslant \left\|Kx_\alpha^\delta\right\| = \frac{1}{\alpha}\left\|KK^*(y^\delta - Kx_\alpha^\delta)\right\| \leqslant \frac{\|K\|^2\delta}{\alpha},$$

从而在 $\left\|y^\delta\right\| > \delta$ 时,

$$\alpha(\left\|y^\delta\right\| - \delta) \leqslant \|K\|^2\delta,$$

这就是 α 应满足的条件, 它可以作为选取 Newton 迭代初值的必要条件.

上述最小模解就是由 Morozov 在 1966 年引进的确定 Tikhonov 正则化参数的一种后验取法, 称为 Morozov 偏差原理 (Morozov discrepancy principle). 下面的结果反映了最小模解的正则性.

定理 3.5.9　设 $K: X \to Y$ 是有界的一一的线性算子, $K(X)$ 在 Y 中稠密, $\delta > 0$. 对 $y \in K(X)$ 的满足 $\left\|y^\delta - y\right\| \leqslant \delta < \left\|y^\delta\right\|$ 的扰动数据 $y^\delta \in Y$, 记 x^δ 是偏差 δ 下的最小模解, 则

$$x^\delta \to K^{-1}y, \quad \delta \to 0.$$

证明　由于 $\left\|y^\delta\right\| > \delta$, 由上述定理的证明知 x^δ 极小化泛函 $\|Kx - y^\delta\|^2 + \alpha\|x\|^2$. 因此有

$$\begin{aligned}\delta^2 + \alpha\left\|x^\delta\right\|^2 &= \left\|Kx^\delta - y^\delta\right\|^2 + \alpha\left\|x^\delta\right\|^2 \\ &\leqslant \left\|KK^{-1}y - y^\delta\right\|^2 + \alpha\left\|K^{-1}y\right\|^2 \\ &\leqslant \delta^2 + \alpha\left\|K^{-1}y\right\|^2,\end{aligned}$$

此即

$$\left\|x^\delta\right\| \leqslant \left\|K^{-1}y\right\|. \tag{3.5.13}$$

该不等式在 $\left\|y^\delta\right\| \leqslant \delta$ 时也成立, 因为此时 $x^\delta = 0$. 另一方面, 对任意的 $z \in Y$,

$$\left|(Kx^\delta - y, z)\right| \leqslant \left[\left\|Kx^\delta - y^\delta\right\| + \left\|y^\delta - y\right\|\right]\|z\| \leqslant 2\delta\|z\|.$$

和定理 3.5.4 的证明一样, 这意味着 $\delta \to 0$ 时 $x^\delta \rightharpoonup K^{-1}y$. 最后由式 (3.5.13) 得 $\delta \to 0$ 时,

$$\begin{aligned}\left\|x^\delta - K^{-1}y\right\|^2 &= \left\|x^\delta\right\|^2 - 2\Re(x^\delta, K^{-1}y) + \left\|K^{-1}y\right\|^2 \\ &\leqslant 2[\left\|K^{-1}y\right\|^2 - \Re(x^\delta, K^{-1}y)] \to 0, \quad \delta \to 0. \end{aligned} \tag{3.5.14}$$

定理证毕.

类似于定理 3.5.6, 有

定理 3.5.10　*在上述定理的条件下, 如果 $y \in KK^*(Y)$, 则有*

$$\|x^\delta - K^{-1}y\| = O(\delta^{1/2}), \quad \delta \to 0.$$

同样可以证明, 其中的阶 $O(\delta^{1/2})$ 是最优的.

3.6 Landweber 迭代正则化

Tikhonov 正则化方法对应于过滤函数

$$q(\alpha, \mu) = \frac{\mu^2}{\alpha + \mu^2},$$

正则化参数 α 是连续变化的. Landweber, Friedman, Bialy 提出了求解 $Kx = y$ 的正则化解的一种迭代算法 (例如见文献 [53]), 它以迭代步数 m 的倒数 $1/m$ 为正则化参数 α, 对应于过滤函数

$$q(\alpha, \mu) = 1 - (1 - a\mu^2)^{1/\alpha}, \quad 0 < a < 1/\|K\|^2.$$

设 $a > 0$. 把 $Kx = y$ 改写为

$$x = (I - aK^*K)x + aK^*y,$$

并用迭代法解此方程, 即

$$x^0 = 0, \quad x^m = (I - aK^*K)x^{m-1} + aK^*y, \quad m = 1, 2, 3, \cdots \tag{3.6.1}$$

该迭代法实际上是求解二次泛函 $\|Kx - y\|^2$ 极小值的以步长为 a 的最速下降法 (the steepest descent algorithm). 事实上, 若记

$$\psi(x) = \frac{1}{2}\|Kx - y\|^2, \quad x \in X,$$

它在 $z \in X$ 的 Frechet 导数

$$\psi'(z)x = \Re(Kz - y, Kx) = \Re(K^*(Kz - y), x).$$

因此, $x^m = x^{m-1} - aK^*(Kx^{m-1} - y)$ 是以步长为 a 的最速下降迭代序列. 另一方面, 该迭代格式中的常数 a 也可以看作是松弛因子, 它是格式 $x^m = x^{m-1} - K^*(Kx^{m-1} - y)$ 的一个改进形式. 可以将 x^m 显式表示为 $x^m = R_m y$, 算子 $R_m : Y \to X$ 为

$$R_m := a\sum_{k=0}^{m-1}(I - aK^*K)^k K^*, \quad m = 1, 2, 3, \cdots \tag{3.6.2}$$

利用紧算子 K 的奇异系统 (μ_j, x_j, y_j) 展开, R_m 有表达式

$$\begin{aligned} R_m y &= a\sum_{j=1}^{\infty}\sum_{k=0}^{m-1}(1 - a\mu_j^2)^k (y, y_j)\mu_j x_j \\ &= \sum_{j=1}^{\infty}\frac{1}{\mu_j}[1 - (1 - a\mu_j^2)^m](y, y_j)x_j \\ &= \sum_{j=1}^{\infty}\frac{q(m, \mu_j)}{\mu_j}(y, y_j)x_j, \end{aligned} \tag{3.6.3}$$

其中过滤函数

$$q(m, \mu) = 1 - (1 - a\mu^2)^m.$$

在定理 3.3.1 中研究过该函数, 因此利用定理 3.3.2 立即得到迭代步数 m 的取法及相应的误差估计.

定理 3.6.1 设 $K : X \to Y$ 是紧的线性算子, $0 < a < 1/\|K\|^2$.

(1) 如上定义的有界线性算子 R_m: $Y \to X$ 是 $Kx = y$ 的一个具有离散正则化参数 $\alpha = 1/m$ 正则化解算子, $\|R_m\| \leqslant \sqrt{am}$. 对应于近似的右端数据 y^δ, $Kx = y$ 的正则化解 $x^{m,\delta} = R_m y^\delta$ 由上述迭代序列确定. 正则化参数 (迭代步数)$m = m(\delta)$ 只要在 $\delta \to 0$ 时满足

$$m(\delta) \to \infty, \qquad \delta^2 m(\delta) \to 0,$$

就是允许的取法.

(2) 设 $x = K^*z \in K^*(Y), \|z\| \leqslant E, 0 < c_1 < c_2$, 则取 $c_1 E/\delta \leqslant m(\delta) \leqslant c_2 E/\delta$ 时, 有估计

$$\|x^{m(\delta),\delta} - x\| \leqslant c_3\sqrt{\delta E}. \tag{3.6.4}$$

(3) 设 $x = K^*Kz \in K^*K(X), \|z\| \leqslant E, 0 < c_1 < c_2$, 则取 $c_1(E/\delta)^{2/3} \leqslant m(\delta) \leqslant c_2(E/\delta)^{2/3}$ 时, 有估计

$$\|x^{m(\delta),\delta} - x\| \leqslant c_3 E^{1/3}\delta^{2/3}. \tag{3.6.5}$$

注解 3.6.2 该方法再次表明了对正则化参数 (迭代步数)$m = m(\delta)$ 的平衡要求. 近似解的逼近性要求 m 很大 ($m(\delta) \to \infty$, 相应于 α 很小), 而稳定性要求 m 不能太大 ($\delta^2 m(\delta) \to 0$).

注解 3.6.3 取迭代初值为 $x^0=0$ 是为了简化分析运算. 一般的显式迭代是

$$x^m=a\sum_{k=0}^{m-1}(I-aK^*K)^kK^*y+(I-aK^*K)^mx^0,\quad m=1,2,3,\cdots$$

此时, $R_my=S_my+z^m, y\in Y, z^m\in X$, $S_m:Y\to X$ 是线性算子.

前述两种方法中, 正则化参数是一种先验的取法, 即在求正则化解前给定 $\alpha(\delta)$ 或 $m(\delta)$, 在求解过程中, 正则化参数是保持不变的. 事实上, 对 Tikhonov 正则化方法和 Landweber 正则化方法, 也可以给出正则化参数的后验取法, 它们对应于 Morozov 相容性原理和 Landweber 迭代停止准则. 前者已经介绍过, 下面介绍后者.

在由 Landweber 迭代法构造正则化解序列 $x^{m,\delta}$ 时, 必须给出迭代次数 $m=m(\delta)$ 的取法, 作为迭代停止准则. 它相应于前述连续的正则化参数 $\alpha=\alpha(\delta)$ 的取法. 设 $r>1$ 是给定的固定常数, $m=m(\delta)$ 的取法通常是当满足

$$\left\|Kx^{m,\delta}-y^\delta\right\|\leqslant r\delta$$

的 m 第一次出现时, 迭代即停止. 下面的定理表明, m 这样的选法是可能的, 它产生了一个允许的甚至是最优的正则化迭代策略.

定理 3.6.4 设 $K:X\to Y$ 是紧的一一的线性算子, $K(X)$ 在 Y 中稠密, $\delta_0>0$. 对 $y\in K(X)$ 的满足 $\left\|y^\delta-y\right\|\leqslant\delta, \left\|y^\delta\right\|\geqslant r\delta, \forall\delta\in(0,\delta_0)$ 的扰动数据 $y^\delta\in Y$, 设 $x^{m,\delta}$ 是 Landweber 迭代序列, 则下列结论成立:

(1) $\forall\delta>0$ 成立 $\lim\limits_{m\to\infty}\left\|Kx^{m,\delta}-y^\delta\right\|=0$, 即把 $m=m(\delta)$ 取为满足 $\left\|Kx^{m,\delta}-y^\delta\right\|\leqslant r\delta$ 的最小整数是有意义的;

(2) $\lim\limits_{\delta\to0}\delta^2m(\delta)=0$, 即 $m(\delta)$ 是一个允许的正则化迭代策略. 从而由定理 3.6.1 知 $x^{m(\delta),\delta}$ 收敛于 x;

(3) 如果存在 $z\in Y$ 满足 $\|z\|\leqslant E$ 使得 $x=K^*z\in K^*(Y)$, 则

$$\left\|x^{m(\delta),\delta}-x\right\|\leqslant c\sqrt{E\delta}.$$

如果存在 $z\in X$ 满足 $\|z\|\leqslant E$ 使得 $x=K^*Kz\in K^*K(X)$, 则

$$\left\|x^{m(\delta),\delta}-x\right\|\leqslant cE^{1/3}\delta^{2/3}.$$

这意味着 $m(\delta)$ 的选择是最优的.

证明 对 $\forall y\in Y$, 由式 (3.6.3) 知

$$R_my=\sum_{j=1}^{\infty}\frac{1-(1-a\mu_j^2)^m}{\mu_j}(y,y_j)x_j,$$

据此由奇异值的定义和 Picard 展开得到

$$KR_my - y = KR_my - Kx = \sum_{j=1}^{\infty}\frac{1-(1-a\mu_j^2)^m}{\mu_j}(y,y_j)Kx_j - \sum_{j=1}^{\infty}\frac{1}{\mu_j}(y,y_j)Kx_j,$$

从而

$$\|KR_my - y\|^2 = \sum_{j=1}^{\infty}(1-a\mu_j^2)^{2m}|(y,y_j)|^2.$$

由 $|1-a\mu_j^2|<1$ 知 $\|KR_m - I\|\leqslant 1$. 用 y^δ 代替 y 得

$$\left\|Kx^{m,\delta} - y^\delta\right\|^2 = \sum_{j=1}^{\infty}(1-a\mu_j^2)^{2m}|(y^\delta,y_j)|^2.$$

(1) 对任给 $\varepsilon>0$, 由 $\sum\limits_{j=1}^{\infty}|(y^\delta,y_j)|^2$ 的收敛性, 可取 $J\in\mathbf{N}$ 满足

$$\sum_{j=J+1}^{\infty}|(y^\delta,y_j)|^2 < \frac{\varepsilon^2}{2}.$$

由于 $m\to\infty$ 时 $(1-a\mu_j^2)^{2m}\to 0$ 对 $j=1,2,\cdots,J$ 一致成立, 存在 $m_0\in\mathbf{N}$ 使得

$$\sum_{j=1}^{J}(1-a\mu_j^2)^{2m}|(y^\delta,y_j)|^2 \leqslant \max_{j=1,\cdots,J}(1-a\mu_j^2)^{2m}\sum_{j=1}^{J}|(y^\delta,y_j)|^2 \leqslant \frac{\varepsilon^2}{2}$$

对 $m\geqslant m_0$ 成立, 即 $\left\|Kx^{m,\delta}-y^\delta\right\|^2\leqslant\varepsilon^2$ 在 $m\geqslant m_0$ 时成立, 因此是一个允许的正则化迭代策略.

(2) 只要对 $m(\delta)\to\infty$ 证明即可. 记 $m:=m(\delta)$. 由 $m(\delta)$ 的选择方法, 对 $y=Kx$ 成立

$$\begin{aligned}\|KR_{m-1}y-y\| &\geqslant \left\|KR_{m-1}y^\delta - y^\delta\right\| - \left\|(KR_{m-1}-I)(y-y^\delta)\right\| \\ &\geqslant r\delta - \|KR_{m-1}-I\|\,\delta \geqslant (r-1)\delta,\end{aligned}$$

这里 $\left\|KR_{m-1}y^\delta - y^\delta\right\| > r\delta$ 是因为 m 是满足 $\left\|KR_my^\delta - y^\delta\right\| = \left\|Kx^{m,\delta}-y^\delta\right\|\leqslant r\delta$ 的最小值. 因此由 $(y,y_j)=(Kx,y_j)=(x,K^*y_j)=\mu_j(x,x_j)$ 得

$$m(r-1)^2\delta^2 \leqslant m\sum_{j=1}^{\infty}(1-a\mu_j^2)^{2m-2}|(y,y_j)|^2 = \sum_{j=1}^{\infty}m(1-a\mu_j^2)^{2m-2}\mu_j^2|(x,x_j)|^2. \quad (3.6.6)$$

下面来证明该级数在 $\delta\to 0$ 时趋于 0(级数对 δ 的依赖由 m 表示). 注意到对一切的 $m\geqslant 2$ 和 $0\leqslant\mu\leqslant\dfrac{1}{\sqrt{a}}$ 成立 $m(1-a\mu^2)^{2m-2}\mu^2\leqslant 1/(2a)$(见下面引理的证明),

故有估计

$$\sum_{j=1}^{\infty} m(1-a\mu_j^2)^{2m-2}\mu_j^2|(x,x_j)|^2 \leqslant \sum_{j=1}^{J} m(1-a\mu_j^2)^{2m-2}\mu_j^2|(x,x_j)|^2 + \frac{1}{2a}\sum_{j=J+1}^{\infty}|(x,x_j)|^2.$$

对任给 $\varepsilon > 0$, 先取 J 充分大使得第二项小于 $\varepsilon/2$. 对取定的 J, 由于 $m \to \infty$ 时 $m(1-a\mu_j^2)^{2m-2} \to 0$ 对 $j = 1, 2, \cdots, J$ 一致成立, 故对充分大的 m 第一项小于 $\varepsilon/2$.

(3) 由估计 (3.1.5) 和定理 3.6.1(1) 得

$$\left\|x^{m,\delta} - x\right\| \leqslant \delta\sqrt{am} + \left\|R_m Kx - x\right\|. \tag{3.6.7}$$

对 $x = K^*z(\|z\| \leqslant E)$, 再次记 $m = m(\delta)$, 由式 (3.6.6) 得 (注意 $x = K^*z, Kx_j = \mu_j y_j$)

$$(r-1)^2\delta^2 m^2 \leqslant \sum_{j=1}^{\infty} m^2(1-a\mu_j^2)^{2m-2}\mu_j^4|(z,y_j)|^2.$$

由于 $m \geqslant 2, 0 \leqslant \mu \leqslant 1/\sqrt{a}$ 时 $m^2(1-a\mu^2)^{2m-2}\mu^4 \leqslant 1/a^2$(见下面引理的证明), 从而 $(r-1)^2\delta^2 m^2 \leqslant \|z\|^2/a^2$, 即有上界估计

$$m(\delta) \leqslant \frac{1}{a(r-1)}\frac{E}{\delta}.$$

下面估计式 (3.6.7) 中的第二项. 由 Cauchy-Schwarz 不等式并注意到 $|1 - a\mu_j^2| \leqslant 1$, 得

$$\begin{aligned}
\|(I - R_m K)x\|^2 &= \sum_{j=1}^{\infty} \mu_j^2(1-a\mu_j^2)^{2m}|(z,y_j)|^2 \\
&= \sum_{j=1}^{\infty} [\mu_j^2(1-a\mu_j^2)^m|(z,y_j)|][(1-a\mu_j^2)^m|(z,y_j)|] \\
&\leqslant \sqrt{\sum_{j=1}^{\infty}\mu_j^4(1-a\mu_j^2)^{2m}|(z,y_j)|^2}\sqrt{\sum_{j=1}^{\infty}(1-a\mu_j^2)^{2m}|(z,y_j)|^2} \\
&\leqslant \|KR_m y - y\|\,\|z\| \leqslant E\left[\left\|(I - KR_m)(y - y^\delta)\right\| + \left\|(I - KR_m)y^\delta\right\|\right] \\
&\leqslant E(1+r)\delta,
\end{aligned}$$

这里 $\sqrt{\sum_{j=1}^{\infty}\mu_j^4(1-a\mu_j^2)^{2m}|(z,y_j)|^2} = \|KR_m y - y\|$ 是因为 $\mu_j^2|(z,y_j)| = \mu_j|(z,\mu_j y_j)| = \mu_j|(z,Kx_j)| = \mu_j|(K^*z,x_j)| = |(x,\mu_j x_j)| = |(x,K^*y_j)| = |(y,y_j)|$, 从而由式 (3.6.7) 得

$$\left\|x^{m(\delta),\delta} - x\right\| \leqslant \delta\sqrt{am(\delta)} + \left\|R_{m(\delta)}Kx - x\right\| \leqslant c\sqrt{E\delta}.$$

下面考虑 $x = K^*Kz(\|z\| \leqslant E)$ 的情况. 类似前述处理得

$$(r-1)^2\delta^2 \leqslant \sum_{j=1}^{\infty}(1-a\mu_j^2)^{2m-2}\mu_j^6|(z,x_j)|^2.$$

由于 $m \geqslant 2, 0 \leqslant \mu \leqslant 1/\sqrt{a}$ 时 $m^3(1-a\mu^2)^{2m-2}\mu^6 \leqslant 27/(8a^3)$(见下面引理的证明), 从而 $(r-1)^2\delta^2 \leqslant \dfrac{27}{8a^3m^3}\|z\|^2$, 即有上界估计

$$m(\delta) \leqslant cE^{2/3}\delta^{-2/3}.$$

由 Holder 不等式

$$\sum_{j=1}^{\infty}|a_jb_j| \leqslant \left[\sum_{j=1}^{\infty}|a_j|^{3/2}\right]^{2/3}\left[\sum_{j=1}^{\infty}|b_j|^3\right]^{1/3}$$

和 $|1-a\mu_j|^2 \leqslant 1$, 得

$$\begin{aligned}
\|(I-R_mK)x\|^2 &= \sum_{j=1}^{\infty}\mu_j^4(1-a\mu_j^2)^{2m}|(z,x_j)|^2 \\
&= \sum_{j=1}^{\infty}\left[\mu_j^4(1-a\mu_j^2)^{4m/3}|(z,x_j)|^{4/3}\right]\left[(1-a\mu_j^2)^{2m/3}|(z,x_j)|^{2/3}\right] \\
&\leqslant \left[\sum_{j=1}^{\infty}\mu_j^6(1-a\mu_j^2)^{2m}|(z,x_j)|^2\right]^{2/3}\left[\sum_{j=1}^{\infty}(1-a\mu_j^2)^{2m}|(z,x_j)|^2\right]^{1/3} \\
&\leqslant \|KR_my-y\|^{4/3}\|z\|^{2/3},
\end{aligned}$$

从而, $\|(I-R_mK)x\| \leqslant E^{1/3}(1+r)^{2/3}\delta^{2/3}$, 因此由式 (3.6.7) 得

$$\left\|x^{m(\delta),\delta}-x\right\| \leqslant \delta\sqrt{am(\delta)}+\|R_{m(\delta)}Kx-x\| \leqslant cE^{1/3}\delta^{2/3}.$$

定理证毕.

现在给出上述定理证明中用到的三个不等式的证明.

引理 3.6.5　对一切整数 $m \geqslant 2$ 和 $0 \leqslant \mu \leqslant \dfrac{1}{\sqrt{a}}$ 有下面三个不等式成立:

$$m(1-a\mu^2)^{2m-2}\mu^2 \leqslant \frac{1}{2a}, \quad m^2(1-a\mu^2)^{2m-2}\mu^4 \leqslant \frac{1}{a^2}, \quad m^3(1-a\mu^2)^{2m-2}\mu^6 \leqslant \frac{27}{8a^3}.$$

证明　记 $t = a\mu^2$, 则上述三个不等式可统一为

$$f(t) := m^k(1-t)^{2m-2}t^k \leqslant \left(\frac{k}{2}\right)^k, \quad k=1,2,3. \tag{3.6.8}$$

对 $t \in [0,1]$ 成立.

$t=0,1$ 时不等式显然成立. 令 $f'(t)=0$ 得驻点 $t_0=\dfrac{k}{2m-2+k}$. 只要证明不等式在 t_0 成立即可, 即

$$\left(1-\frac{k}{2m-2+k}\right)^{2m-2}\left(\frac{m}{2m-2+k}\right)^{k} \leqslant \left(\frac{1}{2}\right)^{k}, \quad k=1,2,3. \tag{3.6.9}$$

当 $k=2,3$ 时, 显然有

$$\frac{k}{2m-2+k} \leqslant 1, \quad \frac{m}{2m-2+k} \leqslant \frac{m}{2m}=\frac{1}{2},$$

故式 (3.6.9) 成立. $k=1$ 时式 (3.6.9) 即要证明

$$\frac{2m}{2m-1}\left(1-\frac{1}{2m-1}\right)^{2m-2} \leqslant 1.$$

该估计由

$$\left(1+\frac{1}{2m-1}\right)\left(1-\frac{1}{2m-1}\right)^{2m-2}=\left[1-\left(\frac{1}{2m-1}\right)^{2}\right]\left(1-\frac{1}{2m-1}\right)^{2m-3}<1$$

对整数 $m \geqslant 2$ 成立得到. 引理得证.

我们已经给出了迭代初值 $x^0=0$ 时 Landweber 迭代正则化方法的迭代步数的要求和在精确解的先验条件下解的收敛速度. 由于一个好的迭代初值 (未必是 $x^0=0$) 的选取对迭代格式的收敛性和收敛速度都是关键的, 下面来考虑迭代初值 x^0 选取适当的非零元时, Landweber 迭代正则化方法的迭代步数的选取要求.

当 $x^0 \neq 0$ 时, 迭代格式没有式 (3.6.2) 的简单形式 (见定理 3.6.1 的注解). 特别地, 当取初值 $x^0=aK^*y$ 时, 迭代格式

$$\begin{cases} x^0=aK^*y \\ x^m=(I-aK^*K)x^{m-1}+aK^*y \end{cases} \tag{3.6.10}$$

可以用归纳法得到相应的迭代格式的表达式是

$$x^m=R_m y:=a\sum_{k=0}^{m}(I-aK^*K)^k K^*y, \quad m=1,2,3,\cdots \tag{3.6.11}$$

同样考虑用精确右端数据 y 的近似值 y^δ 在迭代格式 (3.6.10)(或式 (3.6.11)) 下所得到的序列 $x^{m,\delta}=R_m y^\delta$ 对精确解的收敛性问题.

定理 3.6.6　取迭代步长 $a<2\|K^*K\|^{-1}$. 如果迭代步数 $m(\delta)$ 在 $\delta \to 0$ 时满足

$$m(\delta) \to \infty, \quad m(\delta)\delta \to 0,$$

则由 (3.6.11) 产生的序列 $x^{m(\delta),\delta} = R_{m(\delta)}y^\delta$ 在 $\delta \to 0$ 有

$$\left\| x^{m(\delta),\delta} - x \right\| \to 0. \tag{3.6.12}$$

证明　对迭代步数 m, 由标准的估计方法得到

$$\left\| R_m y^\delta - x \right\| \leqslant \|R_m\| \left\| y^\delta - y \right\| + \|R_m y - x\| \leqslant \|R_m\| \delta + \|R_m y - x\|. \tag{3.6.13}$$

对紧线性算子 K 的奇异系统 (μ_j, x_j, y_j), 由

$$\mu_j \|x_j\|^2 = (\mu_j x_j, x_j) = (K^*Kx_j, x_j) \leqslant \|K^*Kx_j\| \|x_j\| \leqslant \|K^*K\| \|x_j\|^2$$

可知 $\mu_j \leqslant \|K^*K\|$. 故对 $a < 2\|K^*K\|^{-1}$ 有估计 $|1 - a\mu_j| < 1, j = 1, 2, \cdots$. 下面来证明

$$\|I - aK^*K\| = 1. \tag{3.6.14}$$

对 $x \in X$, 由奇异系统的定义及 $\{x_j\}$ 的完备性有 $(I - aK^*K)x = \sum\limits_{j=1}^{\infty}(1 - a\mu_j)c_j x_j$, 其中 $c_j = (x, x_j)$. 据此得

$$\|(I - aK^*K)x\|^2 = \sum_{j=1}^{\infty}(1 - a\mu_j)^2 c_j^2 \leqslant \sum_{j=1}^{\infty} c_j^2 = \|x\|^2,$$

因此 $\|I - aK^*K\| \leqslant 1$. 假定 $\|I - aK^*K\| := a_0 < 1$. 由于 $\mu_j \to 0$, 故存在整数 k 使得 $1 - a\mu_k > a_0$. 对 $x_k \in X$ 有估计

$$\|(I - aK^*K)x_k\| = (1 - a\mu_k)\|x_k\| > a_0 \|x_k\|,$$

这与 $\|I - aK^*K\| := a_0$ 矛盾, 故式 (3.6.14) 成立. 从而由式 (3.6.11) 知

$$\|R_m\| \leqslant a\sum_{i=0}^{m} \|I - aK^*K\|^i \|K^*\| = a(m+1)\|K^*\| \leqslant 2\|K^*K\|^{-1}(m+1)\|K^*\|. \tag{3.6.15}$$

另一方面, 记 $\overline{c}_j = (x, x_j)$, 由 $Kx = y$ 得

$$\begin{aligned} R_m y - x &= a\sum_{i=0}^{m}(I - aK^*K)^i K^*Kx - x \\ &= a\sum_{i=0}^{m}(I - aK^*K)^i \sum_{j=1}^{\infty}\overline{c}_j\mu_j x_j - \sum_{j=1}^{\infty}\overline{c}_j x_j \\ &= a\sum_{j=1}^{\infty}\overline{c}_j\mu_j\sum_{i=0}^{m}(1 - a\mu_j)^i x_j - \sum_{j=1}^{\infty}\overline{c}_j x_j. \end{aligned}$$

注意到 $\sum\limits_{i=0}^{m}(1-a\mu_j)^i = \left[1-(1-a\mu_j)^{m+1}\right](a\mu_j)^{-1}$, 上式变为

$$R_m y - x = \sum_{j=1}^{\infty}\overline{c}_j\left[1-(1-a\mu_j)^{m+1}\right]x_j - \sum_{j=1}^{\infty}\overline{c}_j x_j = -\sum_{j=1}^{\infty}(1-a\mu_j)^{m+1}\overline{c}_j x_j.$$

由此得到

$$\|R_m y - x\|^2 = \sum_{j=1}^{\infty}(1-a\mu_j)^{2(m+1)}\overline{c}_j^2.$$

下面据此来证明 $m\to\infty$ 时

$$\|R_m y - x\| \to 0. \tag{3.6.16}$$

由于我们已证明了 $1-a\mu_j<1$, 该式的证明和定理 3.6.4 结论 (1) 的证明完全一致. 最后由式 (3.6.13), (3.6.15), (3.6.16) 完成该定理的证明.

注解 3.6.7　该定理表明, 当迭代步数 $m(\delta)\to\infty$ 的速度在 $m(\delta)\delta\to 0$ 的意义下和误差水平 δ 相匹配时, $x^{m(\delta),\delta}$ 在 $\delta\to 0$ 时收敛于精确解 x. 比较该定理和定理 3.6.1 结论 (1), 我们知道当迭代初值选取不同时, 对 $m(\delta)$ 匹配性的要求和迭代步长 a 的选取要求是不同的. 还可以类似考虑在本定理条件下定理 3.6.1 其他两个收敛速度估计的对应结论. 另一方面, 下面的反例表明, 如果没有这种匹配性, $x^{m(\delta),\delta}$ 未必收敛于精确解.

设 K 是将可分的 Hilbert 空间 X 映射到自身的线性全连续算子, 并且进一步假定 K 还是自伴的 $(K^*=K)$. 精确数据 y 的扰动数据 y^δ 由下面的方式产生:

$$y^\delta = y - \sqrt{\mu_k}\,x_k,$$

其中 (μ_j, x_j, y_j) 是算子 K 的奇异系统. 显然有

$$\left\|y^\delta - y\right\| = \sqrt{\mu_k}\to 0,\quad k\to\infty. \tag{3.6.17}$$

对此扰动数据, 同样有

$$\left\|R_m y^\delta - x\right\| = \|R_m y - \sqrt{\mu_k}R_m x_k - x\| \geqslant \left|\|R_m y - x\| - \sqrt{\mu_k}\,\|R_m x_k\|\right|. \tag{3.6.18}$$

由于 $m\to\infty$ 时总有 $\|R_m y - x\|\to 0$, 故只要证明有 $m\to\infty$ 的某种方式使得

$$\sqrt{\mu_k}\,\|R_m x_k\| \not\to 0,\quad m\to\infty, k\to\infty. \tag{3.6.19}$$

注意到 K 是自伴的, 由式 (3.6.11) 直接计算知

$$R_m x_k = a\sum_{i=0}^{m}(1-a\mu_k^2)^i\mu_k x_k = \frac{1-(1-a\mu_k^2)^{m+1}}{\mu_k}x_k,$$

由此得到

$$\sqrt{\mu_k}\,\|R_m x_k\| = \frac{1-(1-a\mu_k^2)^{m+1}}{\sqrt{\mu_k}}.$$

取 $m \to \infty$ 的方式为 $m = m(k) = (\text{Integer}(1/\mu_k))^4 \to \infty, k \to \infty$, 则有

$$(1-a\mu_k^2)^{m(k)+1} \to 0, \quad k \to \infty.$$

从而 $\sqrt{\mu_k}\,\|R_m x_k\| \to \infty$, 故式 (3.6.19) 得证.

3.7 条件稳定性和正则化参数选取

在前面几节, 我们已经讨论了 Tikhonov 正则化方法的一般思想, 并且在对精确解的某种先验假定条件下, 给出了正则化解对精确解的收敛速度. 例如, 定理 3.4.4 在精确解 x 属于 K^* 或 K^*K 的值域的条件下, 给出了正则化参数 $\alpha = \alpha(\delta)$ 的取法及相应的正则化解 $x^{\alpha(\delta),\delta}$ 的收敛速度. 然而, 对很多具体的问题, 去验证精确解的这类先验条件是非常困难的, 或者是不可能的. 本节我们介绍正则化参数的另一种选取方法 [9], 它建立在原问题的某种条件稳定性的基础上, 而不是直接要求精确解的某种先验条件. 而对很多问题, 解的条件稳定性是不难建立的 [19, 60, 83].

首先引进定义于 $[0,\infty)$ 上的函数空间 $B(\mathbf{R}^+)$.

定义 3.7.1 *函数空间 $B(\mathbf{R}^+)$ 由满足下列条件的定义于 $[0,\infty)$ 上的函数 $\omega(\eta)$ 组成:*

(1) $\omega(\eta)$ 是 $[0,\infty)$ 上的非负的单调增函数;

(2) $\lim\limits_{\eta\to 0+} \omega(\eta) = 0$;

(3) 存在定义于 $(0,\infty)$ 上的正函数 $B(k)$ 使得 $\omega(k\eta) \leqslant B(k)\omega(\eta)$ 对一切的 $k \in (0,\infty)$ 成立.

再引进方程 $Kx = y$ 的解的条件稳定性的概念. 对定义于整个空间 X 上的算子 K, 当 K^{-1} 无界时, 像元素 Kx 的很小变化不能保证原像 x 的变化也很小. 但是如果将 K 的定义域限制于 X 的某个子集 Z 上, 即只考虑 Z 上元素在 K 的作用下的像, 就可能当 Kx 的变化很小时, Z 上元素的原像 x 变化也很小. 这就是解的条件稳定性.

设 Z 是另一个 Banach 空间, 嵌入 $Z \hookrightarrow X$ 是连续的, $Q \subset Z$ 是适当选定的集合. 对 $M > 0$, 记

$$\mathbf{U}_M = \{f \in Z : \|f\|_Z \leqslant M\}. \tag{3.7.1}$$

下面叙述本节的主要结果.

定理 3.7.2 设 K 是由 Banach 空间 X 到 Banach 空间 Y 到的一个连续的一一的算子, $K(X)$ 在 Y 中稠密. 对精确的右端数据 $y_0 \in Y$, 设方程 $Kx = y_0$ 存在唯一解 $x_0 \in Q \cap Z$. 记 y^δ 为满足

$$\|y^\delta - y_0\| \leqslant \delta \tag{3.7.2}$$

的已知的扰动数据. 对任意的 $x_1, x_2 \in \mathbf{U}_M \cap Q$, 存在常数 $C(M) > 0$ 和 $\omega(\eta) \in B(\mathbf{R}^+)$ 使得算子 K 满足

$$\|x_1 - x_2\| \leqslant C(M)\omega(\|Kx_1 - Kx_2\|). \tag{3.7.3}$$

定义泛函

$$F_\alpha(x) = F_\alpha(x; y^\delta) = \|Kx - y^\delta\|_Y^2 + \alpha\|x\|_Z^2.$$

如果存在 $x^\alpha = x^\alpha(y^\delta) \in Q \cap Z$ 满足

$$F_\alpha(x^\alpha) \leqslant \inf_{x \in Q \cap Z} F_\alpha(x) + \delta^2, \tag{3.7.4}$$

则对 $\alpha \sim \delta^2$, 在 $\delta \to 0$ 时有下列收敛性估计:

$$\|x^\alpha - x_0\| = O(\omega(\delta)), \tag{3.7.5}$$

这里对非负变量 x, y, $x \sim y$ 表示存在常数 $C > 0$ 使得 $C^{-1}x \leqslant y \leqslant Cx$.

注解 3.7.3 该定理的实质有两点: (1) $Kx = y$ 的解有某种条件稳定性 (3.7.3), 即对 $y_1, y_2 \in K(\mathbf{U}_M \cap Q)$, 相应的解 $x_1, x_2 \in \mathbf{U}_M \cap Q$ 满足 $\|x_1 - x_2\| \leqslant C(M)\omega(\|y_1 - y_2\|)$; (2) $x^\alpha \in Q \cap Z$ 是泛函 $F_\alpha(x)$ 在 $Q \cap Z$ 上的近似极小元, 它使得 $F_\alpha(x^\alpha)$ 与 $F_\alpha(x)$ 的真正极小值的误差为 $O(\delta^2)$. 该定理告诉我们, 如果 $Kx = y$ 的解有某种条件稳定性, 则泛函 $F_\alpha(x)$ 在误差量 $O(\delta^2)$ 下的近似极小元在取 $\alpha \sim \delta^2$ 时, 以某种速度收敛于真解, 该速度依赖于条件稳定性.

由于该定理以泛函 $F_\alpha(x)$ 的近似极小元, 而不是以精确极小元来逼近真解, 这就给逼近元素的存在性和数值计算带来了极大的方便. 注意, 如在 X 的子集 X_1 上极小化泛函, 为保证精确极小元的存在性, X_1 必须是 X 中的紧集.

证明 取 $M = 2\|x_0\|_Z$, 这意味着 $x_0 \in \mathbf{U}_M \cap Z$. 从而由条件 (3.7.4) 得

$$\begin{aligned}\|Kx^\alpha - y^\delta\|_Y^2 + \alpha\|x^\alpha\|_Z^2 &\leqslant \|Kx_0 - y^\delta\|_Y^2 + \alpha\|x_0\|_Z^2 + \delta^2 \\ &= \|y_0 - y^\delta\|_Y^2 + \alpha\|x_0\|_Z^2 + \delta^2 \\ &\leqslant 2\delta^2 + \alpha M^2.\end{aligned}$$

注意, 这里的常数 M 的取法不是唯一的. 尽管 x_0 未知, 但可以认为 $\|x_0\|$ 的某个上界是已知的. 据此得到

$$\|Kx^\alpha - y^\delta\|_Y \leqslant \left[2\delta^2 + \alpha M^2\right]^{1/2}, \quad \|x^\alpha\|_Z \leqslant \left[\frac{2\delta^2}{\alpha} + M^2\right]^{1/2},$$

从而由 $\alpha \sim \delta^2$ 得

$$\|Kx^\alpha - y^\delta\|_Y \leqslant (2 + cM^2)^{1/2}\delta, \quad \|x^\alpha\|_Z \leqslant (2c^{-1} + M^2)^{1/2},$$

$c > 0$ 表示独立于 α, δ 的常数. 不失一般性, 可考虑充分小的 δ. 上式表为

$$\|Kx^\alpha - y^\delta\|_Y \leqslant c\delta, \quad \|x^\alpha\|_Z \leqslant (2c^{-1} + M^2)^{1/2} = M_1, \tag{3.7.6}$$

据此得到

$$\|Kx^\alpha - Kx_0\|_Y \leqslant \|Kx^\alpha - y^\delta\|_Y + \|y^\delta - Kx_0\|_Y \leqslant (c+1)\delta, \tag{3.7.7}$$

最后由式 (3.7.3), (3.7.6) 和 (3.7.7) 得

$$\|x^\alpha - x_0\| \leqslant C(M_1)\omega(\|Kx^\alpha - Kx_0\|) \leqslant c(M_1)\omega((c+1)\delta) \leqslant C(M_1)B(c+1)\omega(\delta).$$

定理得证.

容易看出, $\omega(\eta)$ 的条件中 $\omega(k\eta) \leqslant B(k)\omega(\eta)$ 可去掉, 此时得到的估计是 $\|x^\alpha - x_0\| \leqslant c(M_1)\omega((c+1)\delta)$. 另一方面, 我们这里没有要求 K 是线性算子, 因此这里的方法对某些非线性问题也是适用的, 核心点是条件稳定性.

由于对一大类正问题的研究已经建立了解的条件稳定性, 因此对相应的反问题, 可用本节的结果讨论正则化方法. 下面就是一个非线性反问题的例子.

例 3.2　高维波动方程系数辨识问题. 设 Ω 是 $\mathbf{R}^m (m = 1, 2, 3)$ 中的一个 C^2 类的有界区域. 考虑

$$\begin{cases} \dfrac{\partial^2 u}{\partial t^2}(x,t) = \Delta u(x,t) + p(x)u(x,t), & x \in \Omega, 0 < t < T, \\ u(x,0) = a(x), \dfrac{\partial u}{\partial t}(x,0) = b(x), & x \in \Omega, \\ \dfrac{\partial u}{\partial \nu} = 0, & x \in \partial\Omega, 0 < t < T, \end{cases} \tag{3.7.8}$$

其中 $\dfrac{\partial}{\partial \nu}$ 是边界上的外法向导数. 对满足

$$a \in H^3(\Omega), b \in H^2(\Omega), \left.\frac{\partial a}{\partial \nu}\right|_{\partial\Omega \times (0,T)} = \left.\frac{\partial b}{\partial \nu}\right|_{\partial\Omega \times (0,T)} = 0 \tag{3.7.9}$$

的给定的初值数据, 当系数 $p \in W^{1,\infty}(\Omega)$ 时, 问题存在唯一解

$$u(p) = u(p)(x,t) \in C([0,T]; H^3(\Omega)) \cap C^1([0,T]; H^2(\Omega)) \cap C^2([0,T]; H^1(\Omega)).$$

反问题是由 $u(p)\big|_{\partial\Omega \times (0,T)}$ 来确定 $p = p(x)$. 假定

$$T > \min_{x' \in \overline{\Omega}} \max_{x \in \overline{\Omega}} |x - x'|, \tag{3.7.10}$$

$$|a(x)| > 0, \quad x \in \overline{\Omega}. \tag{3.7.11}$$

对 $M > 0$, 记

$$\mathbf{U}_M = \{p \in W^{1,\infty}(\Omega); \|p\|_{W^{1,\infty}} \leqslant M\}, \tag{3.7.12}$$

Yamamoto 已经证明了 [39] 存在 $C = C(\Omega, T, a, b, M)$ 使得对一切的 $p, q \in \mathbf{U}_M$ 有

$$\|p - q\|_{L^2(\Omega)} \leqslant C \left\| \frac{\partial}{\partial t}(u(p) - u(q)) \right\|_{H^1(\partial\Omega \times (0,T))}. \tag{3.7.13}$$

因此在反问题的正则化方法中, 取

$$X = L^2(\Omega), Y = H^1(\partial\Omega \times (0,T)), Q = Z = W^{1,\infty}(\Omega),$$

$$K(p) = \frac{\partial u(p)}{\partial t}\Big|_{\partial\Omega \times (0,T)}, \omega(\eta) = \eta,$$

则对由本节方法确定的近似解,

$$\|x^\alpha - x_0\|_{L^2(\Omega)} \leqslant O(\delta).$$

本节所述方法的其他应用将在后面给出.

3.8 线性反问题正则化参数的迭代选取

对线性不适定方程

$$Kx = y, \tag{3.8.1}$$

其中 K 是由 Hilbert 空间 X 到 Hilbert 空间 Y 的有界线性算子, $K^{-1}: K(X) \to X$ 是不连续的. 记 $y \in K(X)$ 的扰动数据为 $y^\delta \in Y$ 满足

$$\|y^\delta - y\|_Y \leqslant \delta. \tag{3.8.2}$$

由扰动数据为 $y^\delta \in Y$ 求方程 (3.8.1) 解的稳定近似值的正则化方法化为求极小化问题

$$\min_{x \in X} J_\alpha(x) = \frac{1}{2}\|Kx - y^\delta\|_Y^2 + \frac{\alpha}{2}\|x\|_X^2 \tag{3.8.3}$$

的极小元 x^α. 前面已证明 (定理 3.4.2), 对任意给定的正则化参数 $\alpha > 0$, x^α 存在唯一并且满足

$$\alpha x^\alpha + K^*Kx^\alpha = K^*y^\delta. \tag{3.8.4}$$

当误差水平 $\delta > 0$ 已知时, 存在 $\alpha = \alpha(\delta)$ 的一种选取策略使得 $\delta \to 0$ 时 $\alpha(\delta) \to 0$ 且 $x^{\alpha(\delta)} \to x$. 例如, 拟解和最小模解的概念, 其中求最小模解时确定正则化参数的方法又称为 Morozov 相容性原理. 理论上, Morozov 相容性原理用

$$\|Kx^\alpha - y^\delta\|_Y^2 = \delta^2 \tag{3.8.5}$$

来确定正则化参数 $\alpha(\delta)$. 由于 $\alpha(\delta)\to 0$, 不失一般性, 在本节我们总假定 $0<\alpha<1$.

有时由 Morozov 相容性原理的方程 (3.8.5) 确定正则化参数后得到的正则化解仍然不是很理想. 一个更一般的推广是由

$$\|Kx^\alpha - y^\delta\|_Y^2 + \alpha^\gamma \|x^\alpha\|_X^2 = \delta^2 \tag{3.8.6}$$

来确定正则化参数 $\alpha(\delta)$, 其中 $\gamma\in[1,+\infty]$ 是给定的参数. 该方法称为吸收 Morozov 相容性原理 (damped Morozov principle)[77]. 特别地, 由于 $\alpha\in(0,1)$, $\gamma=+\infty$ 时式 (3.8.6) 即为 (3.8.5). 注意, 在由式 (3.8.4) 和 (3.8.5)(或 (3.8.6)) 联列求 α 时, 既需要 y^δ 也需要 δ. 而且, 当用数值方法直接解方程 (3.8.5) 时, 数值方案并不总是十分有效的. 例如, 当用 Newton 迭代法求解时, 由于函数的导数很小, 会出现迭代解的收敛速度很慢的问题.

下面来讨论从已知的扰动数据 $y^\delta\in Y$ 由式 (3.8.6) 来确定正则化参数 α 的一种拟 Newton 迭代的方法 [50]. 该方法基于极小元 x^α 的性质 (定理 3.4.3), 并且迭代序列超线性收敛于式 (3.8.6) 的精确解 α^*. 特别地, 由适当取定的迭代初值 α_0,α_1, 还可以借助于泛函极小值函数 $F(\alpha)$ 的近似的模型函数 $m(\alpha)$(model function) 来估计 δ 的界, $m(\alpha)$ 是一个含有有限个参数的待定函数, 它作为 $F(\alpha)$ 的近似. 这样就能够在误差水平 $\delta>0$ 未知时仍可以由扰动数据 $y^\delta\in Y$ 来近似求 $\alpha(\delta)$. 为了记号的方便, 本节将 x^α 记为 $x(\alpha)$, $x'(\alpha), x''(\alpha)$ 表示对 α 的一阶、二阶导数.

对任意给定的 $\alpha>0$, 记问题 (3.8.3) 的极小值为 $F(\alpha)$, 即

$$F(\alpha) := J_\alpha(x(\alpha)) = \frac{1}{2}\|Kx(\alpha)-y^\delta\|_Y^2 + \frac{\alpha}{2}\|x(\alpha)\|_X^2 = \min_{x\in X} J_\alpha(x). \tag{3.8.7}$$

再定义

$$F(0) := \frac{1}{2}\inf_{x\in X}\|Kx-y^\delta\|_Y^2 := \frac{1}{2}\mu^2,$$

则这样定义的 $F(\alpha)$ 在 $[0,\infty)$ 上连续. 先给出 $F(\alpha)$ 的一些性质, 它来源于 $x(\alpha)$ 的性质.

引理 3.8.1　*$F(\alpha)$ 是无限次可微的, 并且有下列性质:*

(1) $\lim\limits_{\alpha\to+\infty} F(\alpha) = \frac{1}{2}\|y^\delta\|_Y^2$;

(2) *对一切的 $\alpha>0$, $F(\alpha)$ 的一阶, 二阶导数表达式为*

$$F'(\alpha) = \frac{1}{2}\|x(\alpha)\|_X^2, \quad F''(\alpha) = (x(\alpha), x'(\alpha))_X; \tag{3.8.8}$$

(3) *对 $y^\delta\notin \mathrm{Ker}(K^*)$, 非负函数 $F(\alpha)$ 是严格单调增加并且严格凸的, 即*

$$F'(\alpha)>0, F''(\alpha)<0, \quad \forall\alpha>0; \tag{3.8.9}$$

(4) $F(\alpha)$ 满足微分关系

$$\frac{d}{d\alpha}\left\{\alpha F'(\alpha)+F(\alpha)+\frac{1}{2}\|Kx(\alpha)\|_Y^2\right\}=0,\quad \forall\alpha>0. \tag{3.8.10}$$

证明　由定理 3.4.3, $F(\alpha)$ 显然是无限次可微的. 在式 (3.8.4) 两边用 $x(\alpha)$ 作内积得

$$\alpha\|x(\alpha)\|^2\leqslant\alpha\|x(\alpha)\|^2+\|Kx(\alpha)\|^2=(K^*y^\delta,x(\alpha))_Y\leqslant\|K^*y^\delta\|\|x(\alpha)\|,$$

由此知 $\lim\limits_{\alpha\to\infty}\|x(\alpha)\|=0$, 从而由此估计和上式得

$$\lim_{\alpha\to\infty}\alpha\|x(\alpha)\|^2=0,\quad \lim_{\alpha\to\infty}\|Kx(\alpha)\|=0.$$

从而由 $F(\alpha)$ 的定义得结论 (1).

式 (3.8.7) 的两边关于 α 求导并用式 (3.8.4) 得到

$$F'(\alpha)=(Kx(\alpha)-y^\delta,Kx'(\alpha))_Y+\alpha(x(\alpha),x'(\alpha))_X+\frac{1}{2}\|x(\alpha)\|_X^2=\frac{1}{2}\|x(\alpha)\|_X^2,$$

从而结论 (2) 得证. 另一方面, 式 (3.4.4) 的两边取 $n=1$ 并用 $x'(\alpha)$ 作内积得

$$\|Kx'(\alpha))\|^2+\alpha\|x'(\alpha)\|^2=-(x(\alpha),x'(\alpha))_X,$$

从而由式 (3.8.8) 知

$$F''(\alpha)=-\|Kx'(\alpha)\|^2-\alpha\|x'(\alpha)\|^2\leqslant 0,\quad F'(\alpha)\geqslant 0.$$

再证该式中的两个等号都不能成立. 如果在某 $\overline{\alpha}>0$ 有 $F''(\overline{\alpha})=0$, 则 $x'(\overline{\alpha})=0$, 在式 (3.4.4) 的两边取 $n=1$ 即得 $x(\overline{\alpha})=0$(如 $F'(\overline{\alpha})=0$, 同样得 $x(\overline{\alpha})=0$), 故由式 (3.8.4) 得 $K^*y^\delta=0$, 与 $y^\delta\notin\mathrm{Ker}(K^*)$ 矛盾, 从而结论 (3) 得证.

式 (3.8.4) 的两边关于 α 求导后用 $x(\alpha)$ 作内积得

$$(Kx'(\alpha),Kx(\alpha))_Y+(x(\alpha),x(\alpha))_X+\alpha(x'(\alpha),x(\alpha))_X=0,$$

由式 (3.8.8), 该关系即为

$$2F'(\alpha)+\alpha F''(\alpha)+\frac{1}{2}\frac{d}{d\alpha}(Kx(\alpha),Kx(\alpha))_Y=0.$$

从而结论 (4) 得证.

下面可以讨论求解式 (3.8.6) 的迭代方法. 借助于 $F(\alpha)$ 的表达式, 式 (3.8.6) 变为

$$G(\alpha):=F(\alpha)+(\alpha^\gamma-\alpha)F'(\alpha)-\frac{1}{2}\delta^2=0. \tag{3.8.11}$$

记 $\alpha^\gamma|_{\gamma=\infty}=0$, 则对一切的 $\gamma=[1,\infty],\alpha\in(0,1)$ 有

$$G(\alpha)=F(\alpha)+(\alpha^\gamma-\alpha)F'(\alpha)-\frac{1}{2}\delta^2,\quad G'(\alpha)=\gamma\alpha^{\gamma-1}F'(\alpha)+(\alpha^\gamma-\alpha)F''(\alpha). \tag{3.8.12}$$

引理 3.8.2 如果 $y^\delta \notin \mathrm{Ker}(K^*), F(0) < \frac{1}{2}\delta^2 < F(1)$, 则式 (3.8.6) 在 $\alpha \in (0,1]$ 上存在唯一的根 $\alpha^* \in (0,1)$.

证明 注意到 $\alpha \in (0,1), \gamma \in [1,\infty]$, 由式 (3.8.9), (3.8.12) 知 $G'(\alpha) > 0$. 故 $G(\alpha)$ 在 $(0,1)$ 上是严格增加的. 再由 $G(\alpha)$ 在 $[0,1]$ 上的连续性及 $G(0) < 0, G(1) > 0$ 完成了证明.

下面来给出求解式 (3.8.11) 的 (拟)Newton 迭代法. 由式 (3.8.8) 和 (3.8.12) 得

$$G'(\alpha) = \frac{1}{2}\gamma\alpha^{\gamma-1}\|x(\alpha)\|_X^2 + (\alpha^\gamma - \alpha)(x(\alpha), x'(\alpha))_X, \quad \gamma \in [1,\infty]. \tag{3.8.13}$$

因此对给定的 $\alpha \in (0,1)$, 计算 $G'(\alpha)$ 必须由

$$\alpha x(\alpha) + K^*Kx(\alpha) = K^*y^\delta, \quad \alpha x'(\alpha) + K^*Kx'(\alpha) = -x(\alpha)$$

来分别计算 $x(\alpha)$ 和 $x'(\alpha)$.

Newton 迭代法: 给定初值 α_0, 下式产生 Newton 迭代序列去逼近式 (3.8.11) 的根 α_*:

$$\alpha_{k+1} = \alpha_k - \frac{G(\alpha_k)}{G'(\alpha_k)} = \alpha_k - \frac{2G(\alpha_k)}{\gamma\alpha_k^{\gamma-1}\|x(\alpha_k)\|_X^2 + 2(\alpha_k^\gamma - \alpha_k)(x(\alpha_k), x'(\alpha_k))_X}. \tag{3.8.14}$$

Newton 迭代法是二次收敛的, 但是该序列中用到的 $x'(\alpha_k)$ 还需要解一个积分方程, 计算量较大. 用差分来代替 $x'(\alpha_k)$, 即

$$x'(\alpha_k) \approx x_k(\alpha_k, \alpha_{k-1}) := \frac{x(\alpha_k) - x(\alpha_{k-1})}{\alpha_k - \alpha_{k-1}}, \tag{3.8.15}$$

则式 (3.8.14) 产生下述拟 Newton 迭代法: 给定初值 α_0, α_1, 下式产生拟 Newton 迭代序列去逼近式 (3.8.11) 的根 α_*:

$$\alpha_{k+1} = \alpha_k - \frac{G(\alpha_k)}{G'(\alpha_k)} = \alpha_k - \frac{2G(\alpha_k)}{\gamma\alpha_k^{\gamma-1}\|x(\alpha_k)\|_X^2 + 2(\alpha_k^\gamma - \alpha_k)(x(\alpha_k), x_k(\alpha_k, \alpha_{k-1}))_X}. \tag{3.8.16}$$

但是, 可以证明, 由式 (3.8.16) 产生的序列在初值 α_0, α_1 选取较好时, 超线性收敛于 α_*.

定理 3.8.3 设 $y^\delta \notin \mathrm{Ker}(K^*), F(0) < \frac{1}{2}\delta^2 < F(1)$, $\alpha_* \in (0,1)$ 是式 (3.8.11) 的唯一根, 则存在正常数 $\varepsilon > 0$ 使得当初值 $\alpha_0, \alpha_1 \in I := [\alpha_* - \varepsilon, \alpha_* + \varepsilon]$ 时, 由式 (3.8.16) 产生的迭代序列 $\{\alpha_k\}_k^\infty \subset I$ 且超线性收敛于 α_*.

证明 由 $x(\alpha)$ 的无穷可微性及 $\|x(\alpha)\|, \|x'(\alpha)\|, \|x''(\alpha)\| \neq 0$, 并注意到 $\alpha_* = \alpha_*(\gamma)$, 定义正常数 M_γ 满足

$$\frac{\sqrt{2}}{3}M_\gamma := \max_{\alpha \in [\alpha_*/2, 3\alpha_*/2]}\{\|x(\alpha)\|, \|x'(\alpha)\|, \|x''(\alpha)\|\}. \tag{3.8.17}$$

由式 (3.8.13) 可求得对 $\gamma\in[1,\infty]$,

$$
\begin{aligned}
G''(\alpha)=&\frac{\gamma(\gamma-1)}{2}\alpha^{\gamma-2}\|x(\alpha)\|^2+(2\gamma\alpha^{\gamma-1}-1)(x(\alpha),x'(\alpha))+(\alpha^{\gamma}-\alpha)[\|x'(\alpha)\|^2\\
&+(x(\alpha),x''(\alpha))].
\end{aligned}
$$

据此可得

$$|G''(\alpha)|\leqslant\frac{2}{9}M_{\gamma}^2C_{\gamma}, \tag{3.8.18}$$

其中常数

$$
C_{\gamma}=\begin{cases}3, & \gamma=\infty,\\ \max\left\{\dfrac{|\gamma(\gamma-1)|}{2}\max\left\{\left(\dfrac{1}{2}\right)^{\gamma-2},\left(\dfrac{3}{2}\right)^{\gamma-2}\right\}\alpha_*^{\gamma-2},2\gamma+1,2\right\}, & \gamma\in[1,\infty).\end{cases}
$$

另一方面, 由 $G'(\alpha)$ 在 α_* 的连续性, 存在 $\varepsilon_{\gamma}\in(0,\alpha_*/2)$ 使得

$$|G'(\alpha)|\geqslant\frac{1}{2}|G'(\alpha_*)|,\quad \forall\alpha\in[\alpha_*-\varepsilon_{\gamma},\alpha_*+\varepsilon_{\gamma}]\subset[\alpha_*/2,3\alpha_*/2]. \tag{3.8.19}$$

进一步假定 $\varepsilon_{\gamma}>0$ 满足

$$\varepsilon_{\gamma}\leqslant p_{\gamma}\frac{|G'(\alpha_*)|}{M_{\gamma}^2}, \tag{3.8.20}$$

其中 p_{γ} 是待定的常数.

考虑 $k=1$. 注意到 $G(\alpha_*)=0$ 并令

$$A_1=-\frac{1}{2}\left[\gamma\alpha_1^{\gamma-1}\|x(\alpha_1)\|_X^2+2(\alpha_1^{\gamma}-\alpha_1)(x(\alpha_1),x_1(\alpha_1,\alpha_0))_X\right], \tag{3.8.21}$$

则由迭代序列 (3.8.16) 得到

$$\alpha_2-\alpha_*=\alpha_1-\alpha_*+\frac{G'(\eta_1)(\alpha_1-\alpha_*)}{A_1}:=(\alpha_1-\alpha_*)\frac{B_1}{A_1}, \tag{3.8.22}$$

其中 η_1 介于 α_1 和 α_* 之间, 且

$$B_1:=A_1+G'(\eta_1). \tag{3.8.23}$$

首先由 Taylor 展式得

$$x_1(\alpha_1,\alpha_0)=x'(\alpha_1)+\frac{1}{2}x''(\xi_1)(\alpha_0-\alpha_1),$$

ξ_1 介于 α_1 和 α_0 之间, 从而

$$\begin{aligned}A_1 &= (\alpha_1-\alpha_1^\gamma)(x(\alpha_1),x_1(\alpha_1,\alpha_0))_X-\frac{1}{2}\gamma\alpha_1^{\gamma-1}\|x(\alpha_1)\|_X^2\\ &=(\alpha_1-\alpha_1^\gamma)[(x(\alpha_1),x_1(\alpha_1,\alpha_0)-x'(\alpha_1))_X+(x(\alpha_1),x'(\alpha_1))_X]\\ &\quad-\frac{1}{2}\gamma\alpha_1^{\gamma-1}\|x(\alpha_1)\|_X^2\\ &=\frac{\alpha_1-\alpha_1^\gamma}{2}(\alpha_0-\alpha_1)(x(\alpha_1),x''(\xi_1))_X+(\alpha_1-\alpha_1^\gamma)(x(\alpha_1),x'(\alpha_1))_X\\ &\quad-\frac{\gamma}{2}\alpha_1^{\gamma-1}\|x(\alpha_1)\|_X^2\\ &=\frac{1}{2}(\alpha_1-\alpha_1^\gamma)(\alpha_0-\alpha_1)(x(\alpha_1),x''(\xi_1))_X-G'(\alpha_1),\end{aligned}\tag{3.8.24}$$

这里最后一个等号用了式 (3.8.13). 再由式 (3.8.23) 得

$$B_1=\frac{1}{2}(\alpha_1-\alpha_1^\gamma)(\alpha_0-\alpha_1)(x(\alpha_1),x''(\xi_1))_X+G''(\xi_2)(\eta_1-\alpha_1),\tag{3.8.25}$$

ξ_2 介于 α_1 和 η_1 之间. 下面来估计 A_1,B_1. 显然, 对 $\alpha_0,\alpha_1\in[\alpha_*-\varepsilon_\gamma,\alpha_*+\varepsilon_\gamma]$ 有 $|\eta_1-\alpha_1|\leqslant\varepsilon_\gamma,|\alpha_0-\alpha_1|\leqslant 2\varepsilon_\gamma$, 且 $|\alpha_1-\alpha_1^\gamma|\leqslant 2$ 对 $\gamma\in[1,\infty]$ 成立. 利用上述事实和式 (3.8.17)~(3.8.20) 得

$$|A_1|\geqslant\frac{1}{2}|G'(\alpha_*)|-2\varepsilon\frac{2}{9}M_\gamma^2\geqslant\left(\frac{1}{2}-\frac{4}{9}p_\gamma\right)|G'(\alpha_*)|,$$

$$|B_1|\leqslant\frac{4}{9}p_\gamma|G'(\alpha_*)|+\frac{2}{9}M_\gamma^2C_\gamma\varepsilon_\gamma\leqslant\left(\frac{4}{9}+\frac{2}{9}C_\gamma\right)p_\gamma|G'(\alpha_*)|.$$

由这两个估计得到

$$\frac{|B_1|}{|A_1|}\leqslant\frac{\left(\frac{4}{9}+\frac{2}{9}C_\gamma\right)p_\gamma}{\frac{1}{2}-\frac{4}{9}p_\gamma}.$$

因此只要取 p_γ 充分小, 例如

$$p_\gamma\leqslant\frac{9}{8(C_\gamma+3)},\tag{3.8.26}$$

则有 $\dfrac{|B_1|}{|A_1|}\leqslant\dfrac{1}{2}$. 从而由式 (3.8.22) 得

$$|\alpha_2-\alpha_*|\leqslant\frac{1}{2}|\alpha_1-\alpha_*|.$$

该关系表明只要取 $\varepsilon=\varepsilon_\gamma$, 其中 ε_γ 满足式 (3.8.19), (3.8.20) 和 (3.8.26), 则由 $\alpha_1,\alpha_0\in I$ 可得 $\alpha_2\in I$. 对 R 用归纳法, 即得 $\alpha_k\in I$ 且

$$|\alpha_k-\alpha_*|\leqslant\frac{1}{2}|\alpha_{k-1}-\alpha_*|.$$

因此

$$|\alpha_k-\alpha_*|\leqslant\frac{1}{2^{k-1}}|\alpha_1-\alpha_*|\to 0,\quad k\to\infty. \tag{3.8.27}$$

类似于式 (3.8.22) 的处理, 可导出

$$\alpha_{k+1}-\alpha_*=(\alpha_{k+1}-\alpha_*)\frac{B_k}{A_k},$$

$$A_k=(\alpha_k-\alpha_k^\gamma)(x(\alpha_k),x_1(\alpha_k,\alpha_{k-1}))_X-\frac{1}{2}\gamma\alpha_k^{\gamma-1}\|x(\alpha_k)\|_X^2,\quad B_k=A_k+G'(\eta_k).$$

由式 (3.8.27) 知 $\lim\limits_{k\to\infty}\alpha_k=\lim\limits_{k\to\infty}\eta_k=\alpha_*$, 从而由式 (3.8.13) 得

$$\lim_{k\to\infty}A_k=(\alpha_*-\alpha_*^\gamma)(x(\alpha_*),x'(\alpha_*))_X-\frac{1}{2}\gamma\alpha_*^{\gamma-1}\|x(\alpha_*)\|_X^2=-G'(\alpha_*)<0,$$

$$\lim_{k\to\infty}B_k=\lim_{k\to\infty}(A_k+G'(\eta_k))=0.$$

因此我们得到

$$\lim_{k\to\infty}\frac{|\alpha_{k+1}-\alpha_*|}{|\alpha_k-\alpha_*|}=\lim_{k\to\infty}\frac{|B_k|}{|A_k|}=0,$$

即 α_k 超线性收敛于 α_*. 证毕.

注解 3.8.4　在文献 [50] 中的定理 3.1 给出了该定理 $\gamma=\infty$ 的证明, 那里关于 $\varepsilon\leqslant\frac{3}{4}\frac{|G'(\alpha_*)|}{M^2}$ 的取法有误, 不能保证 $|\alpha_2-\alpha_*|\leqslant\frac{1}{2}|\alpha_1-\alpha_*|$, 应按这里 $C_\infty=3$ 即 $(p_\infty\leqslant 3/16)$ 的取法.

3.9　求正则化参数的模型函数方法

据式 (3.8.11), 由 Morozov 相容性原理 (最小模解) 确定正则化参数 α_* 是

$$G(\alpha):=F(\alpha)+(\alpha^\gamma-\alpha)F'(\alpha)-\frac{1}{2}\delta^2=0 \tag{3.9.1}$$

的根, 对给定的 α, $F(\alpha)$ 是由极小元 $x(\alpha)$ 确定的泛函极小值. 因此, 理论上为求正则化参数, 必须对给定的 α 先求 $x(\alpha),x'(\alpha)$, 再得到 $G(\alpha),G'(\alpha)$, 最后迭代到 α_*. 由于对给定的 α, 理论上而言是已知的函数 $F(\alpha)$ 的具体形式是未知的, 故而求解式 (3.9.1) 的一般方法的数值实现是不容易的, 计算量极大.

模型函数方法是引进 $F(\alpha)$ 的含有待定参数的具有明确表达式的近似函数 $m(\alpha)$. 以此表达式为基础, 式 (3.9.1) 近似为

$$m(\alpha)+(\alpha^\gamma-\alpha)m'(\alpha)-\frac{1}{2}\delta^2=0.$$

由此在迭代求解 α 时, 同时更新 $m(\alpha)$ 中的待定参数 (即 $F(\alpha)$ 的模型函数), 使得 $m(\alpha)$ 更好地逼近 $F(\alpha)$. 由此用上述关于 $m(\alpha)$ 的方程的零点来近似式 (3.9.1) 的零点.

先来建立 $F(\alpha)$ 满足的方程. 由 $F(\alpha)$ 的定义,

$$\begin{aligned} F(\alpha) &= \frac{1}{2}\left\|Kx(\alpha)-y^\delta\right\|^2+\frac{\alpha}{2}\left\|x(\alpha)\right\|^2 \\ &= \frac{1}{2}\left\|y^\delta\right\|^2+\frac{1}{2}\left\|Kx(\alpha)\right\|^2-\Re(Kx(\alpha),y^\delta)+\frac{\alpha}{2}\left\|x(\alpha)\right\|^2. \end{aligned}$$

另一方面, 在式 (3.8.4) 两边用 $x(\alpha)$ 作内积得

$$(Kx(\alpha),y^\delta)=\left\|Kx(\alpha)\right\|^2+\alpha\left\|x(\alpha)\right\|^2=\Re(Kx(\alpha),y^\delta).$$

从而有

$$F(\alpha)=\frac{1}{2}\left\|y^\delta\right\|^2-\frac{1}{2}\left\|Kx(\alpha)\right\|^2-\frac{\alpha}{2}\left\|x(\alpha)\right\|^2. \tag{3.9.2}$$

由 $F'(\alpha)$ 的表达式 (3.8.8), 上式即为

$$2F(\alpha)+2\alpha F'(\alpha)+\left\|Kx(\alpha)\right\|^2=\left\|y^\delta\right\|^2. \tag{3.9.3}$$

这是 $F(\alpha)$ 满足的精确的方程, 它是引理 3.8.1 中结论 (4) 的一个更准确的形式, 但其中的 $\|Kx(\alpha)\|^2$ 与 $F(\alpha)$ 的关系是不清楚的. 引进 $F(\alpha)$ 近似的模型函数来转化 $\|Kx(\alpha)\|^2$. 由于对任意给定的 $\alpha>0$, 总有某常数 $\tilde{C}(\alpha)>0$ 使得 $(Kx(\alpha),Kx(\alpha))=\tilde{C}(\alpha)(x(\alpha),x(\alpha))$, 在考虑的求式 (3.9.1) 零点的 α 的区间上将此式近似为

$$(Kx(\alpha),Kx(\alpha))\approx T(x(\alpha),x(\alpha))=2TF'(\alpha), \tag{3.9.4}$$

其中 T 为常数. 将此意义下 $F(\alpha)$ 的模型函数记为 $m(\alpha)$. 于是由式 (3.9.3) 知 $m(\alpha)$ 满足

$$2m(\alpha)+2\alpha m'(\alpha)+2Tm'(\alpha)=\left\|y^\delta\right\|^2. \tag{3.9.5}$$

这就是在式 (3.9.4) 的意义下 $F(\alpha)$ 的模型函数 $m(\alpha)$ 满足的方程. 解此常微分方程得到含有两个参数 C,T 的 $m(\alpha)$ 的表达式

$$m(\alpha)=\frac{1}{2}\left\|y^\delta\right\|^2+\frac{C}{T+\alpha}. \tag{3.9.6}$$

对此模型函数, 式 (3.9.1) 就变为

$$m(\alpha)+(\alpha^\gamma-\alpha)m'(\alpha)-\frac{1}{2}\delta^2=0. \tag{3.9.7}$$

显然, 对给定的常数 C,T, 由式 (3.9.6) 表示的 $m(\alpha)$ 只能是 $F(\alpha)$ 的一个近似, 因此, 由式 (3.9.6), (3.9.7) 解出的零点也只能是精确的正则化参数的近似. 下面给出

参数 C,T 的一个迭代更新算法, 使得 $m(\alpha)$ 不断逼近 $F(\alpha)$, 从而从模型函数满足的方程解出的零点也就是对应于由 Morozov 相容性原理确定正则化参数的一个简单的迭代算法.

置 $k=0$, 给定式 (3.9.1) 的近似零点 α_0, 迭代误差水平 $\varepsilon>0$.

Step 1：解式 (3.8.4) 得 $x(\alpha_k)$, 由式 (3.8.7), (3.8.8) 计算 $F(\alpha_k), F'(\alpha_k)$.

Step 2：由表达式 (3.9.6), 从关系

$$\begin{cases} m_k(\alpha_k)=\dfrac{1}{2}\left\|y^\delta\right\|^2+\dfrac{C_k}{T_k+\alpha_k}=F(\alpha_k) \\ m_k'(\alpha_k)=-\dfrac{C_k}{(T_k+\alpha_k)^2}=F'(\alpha_k) \end{cases} \tag{3.9.8}$$

确定 $m(\alpha)$ 中的 C_k, T_k：

$$T_k=\frac{\|Kx(\alpha_k)\|^2}{\|x(\alpha_k)\|^2},\quad C_k=-\frac{(\|Kx(\alpha_k)\|^2+\alpha_k\|x(\alpha_k)\|^2)^2}{2\|x(\alpha_k)\|^2}, \tag{3.9.9}$$

进而得到 $F(\alpha)$ 的第 k 次逼近的模型函数

$$m_k(\alpha)=\frac{1}{2}\left\|y^\delta\right\|^2+\frac{C_k}{T_k+\alpha}. \tag{3.9.10}$$

容易看出 $m_k'(\alpha)>0, m_k''(\alpha)<0$.

Step 3：由式 (3.9.7) 解模型函数满足的方程

$$G_k(\alpha):=m_k(\alpha)+(\alpha^\gamma-\alpha)m_k'(\alpha)-\frac{1}{2}\delta^2=0 \tag{3.9.11}$$

确定式 (3.9.7) 新的近似零点 α_{k+1}, 它也是式 (3.9.1) 的近似零点.

Step 4：如 $|\alpha_{k+1}-\alpha_k|\leqslant\varepsilon$, 迭代停止, 取 α_{k+1} 为最终解; 否则置 $k:=k+1$ 回到 Step 1 开始下一迭代.

注解 3.9.1　式 (3.9.9) 中迭代更新参数 T 时 T_k 的表达式正是引进模型函数时的近似关系 (3.9.4), 这表明这里的迭代关系与原来的模型函数近似关系是相符合的. 换言之, 由此迭代更新参数 T, C 最终得到的 $m(\alpha)$ 应该是 $F(\alpha)$ 在式 (3.9.4) 意义下的一个有效近似. 另一方面, $m_k'(\alpha)>0, m_k''(\alpha)<0$ 说明模型函数 $m(\alpha)$ 也保持了 $F(\alpha)$ 的单调性和凸性 (引理 3.8.1 结论 (3)).

下面要从理论上来证明该迭代算法在一定条件下确实收敛到式 (3.9.1) 的精确解, 进而得到一个改进的迭代算法.

先来证明式 (3.9.11) 在 α_k 充分小时确实有解.

定理 3.9.2　设 $F(\alpha)$ 满足引理 3.8.2 的条件. 假定 $G_k(\alpha_k)>0$ 且确定 $G_k(\alpha)$ 的 α_k 充分小, 则式 (3.9.11) 存在唯一解 α_{k+1}, 并且满足 $G(\alpha_{k+1})<0$.

证明　由式 (3.9.10), (3.9.11) 知

$$G_k(0)=\frac{1}{2}\left\|y^\delta\right\|^2+\frac{C_k}{T_k}-\frac{1}{2}\delta^2. \tag{3.9.12}$$

另一方面, 由 C_k,T_k 的表达式易知

$$\frac{C_k}{T_k}=-\frac{(\|Kx(\alpha_k)\|^2+\alpha_k\|x(\alpha_k)\|^2)^2}{2\|Kx(\alpha_k)\|^2}:=-\frac{1}{2}q(\alpha_k). \tag{3.9.13}$$

由于 $\lim\limits_{\alpha\to0}\alpha\|x(\alpha)\|^2=0$, 故由 $q(\alpha)$ 的定义得 $\lim\limits_{\alpha\to0}q(\alpha)=\lim\limits_{\alpha\to0}\|Kx(\alpha)\|^2$. 另一方面, 由式 (3.9.2) 得

$$\lim_{\alpha\to0}\|Kx(\alpha)\|^2=\lim_{\alpha\to0}[\left\|y^\delta\right\|^2-2F(\alpha)-\alpha\|x(\alpha)\|^2]=\left\|y^\delta\right\|^2-2F(0)=\left\|y^\delta\right\|^2-\mu^2.$$

这里用了 $F(\alpha)$ 在 $\alpha=0$ 的连续性. 从而我们得到 $\lim\limits_{\alpha\to0}q(\alpha)=\left\|y^\delta\right\|^2-\mu^2$. 由此式得到

$$\lim_{\alpha\to0}(\left\|y^\delta\right\|^2-q(\alpha)-\delta^2)=\mu^2-\delta^2. \tag{3.9.14}$$

假定原精确方程 $Kx=y$ 有解 x^*, 即 $Kx^*=y$, 从而

$$\mu=\inf_{x\in X}\left\|Kx-y^\delta\right\|\leqslant\left\|Kx^*-y^\delta\right\|=\left\|y-y^\delta\right\|\leqslant\delta.$$

不失一般性, 假定

$$0\leqslant\mu<\delta<\left\|y^\delta\right\|_Y, \tag{3.9.15}$$

故由式 (3.9.12), (3.9.13), (3.9.14) 得知在 α_k 充分小时有 $G_k(0)<0$. 故式 (3.9.11) 在 $(0,\alpha_k)$ 内有零点 α_{k+1}. 另一方面, 由

$$m_k'(\alpha)=-\frac{C_k}{(T_k+\alpha)^2}>0,\quad m_k''(\alpha)=\frac{2C_k}{(T_k+\alpha)^3}<0$$

可知在 $\alpha\in[0,1]$ 上 $G_k'(\alpha)>0$, 故 α_{k+1} 是唯一的.

最后来证 $G(\alpha_{k+1})<0$. 由式 (3.9.8) 和 $G(\alpha),G_k(\alpha)$ 的定义得 $G(\alpha_k)=G_k(\alpha_k)$, 而 $G_k(\alpha_{k+1})=0$, 故只要证 $G_{k+1}(\alpha_{k+1})<G_k(\alpha_{k+1})$ 即可. 另一方面直接计算得到

$$\begin{cases}G_{k+1}(\alpha_{k+1})=\dfrac{1}{2}(\left\|y^\delta\right\|^2-\delta^2)\\ \qquad\qquad -\dfrac{h(\alpha_{k+1})}{2(\alpha_{k+1}+g(\alpha_{k+1}))^2}[g(\alpha_{k+1})+2\alpha_{k+1}-\alpha_{k+1}^\gamma],\\ G_k(\alpha_{k+1})=\dfrac{1}{2}(\left\|y^\delta\right\|^2-\delta^2)\\ \qquad\qquad -\dfrac{h(\alpha_k)}{2(\alpha_{k+1}+g(\alpha_k))^2}[g(\alpha_k)+2\alpha_{k+1}-\alpha_{k+1}^\gamma],\end{cases} \tag{3.9.16}$$

其中

$$h(\alpha)=\frac{(\|Kx(\alpha)\|_Y^2+\alpha\|x(\alpha)\|_X^2)^2}{\|x(\alpha)\|_X^2},\quad g(\alpha)=\frac{\|Kx(\alpha)\|_Y^2}{\|x(\alpha)\|_X^2},$$

并且由直接计算可验证

$$g'(\alpha)\geqslant 0,\quad h(\alpha)=\|x(\alpha)\|_X^2(g(\alpha)+\alpha)^2,\quad h'(\alpha)=\|x(\alpha)\|_X^2 g'(\alpha)(g(\alpha)+\alpha)\geqslant 0. \tag{3.9.17}$$

据式 (3.9.16), 我们只要证明函数

$$\phi(\alpha):=\frac{h(\alpha)(g(\alpha)+2a-a^\gamma)}{(g(\alpha)+a)^2} \tag{3.9.18}$$

在 $(\alpha_{k+1},\alpha_k,)$ 上单调减少即可, 其中 $a=\alpha_{k+1}$.

对式 (3.9.18) 直接求导并利用式 (3.9.17) 得到

$$\phi'(\alpha)=\frac{h'(\alpha)}{(g(\alpha)+a)^3}[(a^\gamma-\alpha)g(\alpha)+(2a^\gamma-3a)\alpha+a(2a-a^\gamma)].$$

对方括号中的第一项 (注意 $\gamma\geqslant 1$),

$$(a^\gamma-\alpha)g(\alpha)=(\alpha_{k+1}^\gamma-\alpha)g(\alpha)\leqslant(\alpha_{k+1}-\alpha)g(\alpha)\leqslant 0,\quad \alpha\in(\alpha_{k+1},\alpha_k),$$

而方括号中余下的项是 α 的单调下降的线性函数 (因斜率 $2a^\gamma-3a\leqslant 2a-3a\leqslant 0$), 并且在 $\alpha=a=\alpha_{k+1}$ 处, $(2a^\gamma-3a)a+a(2a-a^\gamma)=a(a^\gamma-a)\leqslant 0$, 从而有

$$(2a^\gamma-3a)\alpha+a(2a-a^\gamma)\leqslant 0,\quad \alpha\in(\alpha_{k+1},\alpha_k),$$

此即 $\phi'(\alpha)\leqslant 0,\alpha\in(\alpha_{k+1},\alpha_k)$. 证毕.

注解 3.9.3　由该定理可知, 近似的 Morozov 方程 (3.9.11) 只有在 α_k 很小时才能保证其可解性. 另一方面, 由 (3.9.11) 的解得的唯一零点满足 $G(\alpha_{k+1})<0$, 注意到 $G(\alpha_k)=G_k(\alpha_k)>0$, 因此 $(\alpha_{k+1}+\alpha_k)/2$ 确实是 $G(\alpha)=0$ 的比 α_k 更准确的根, 但条件同样是 α_k 必须充分小. 这表明, 为了使得该迭代算法能收敛到准确的 Morozov 方程 (3.9.1) 的解, 迭代初值必须选择得充分逼近真值. 因此该迭代算法只具有局部收敛性, 不是一个真正可应用的算法. 必须对其加以改进.

改进的方法是对函数 $G_k(\alpha)$ 加上小的扰动项:

$$\hat{G}_k(\alpha):=G_k(\alpha)+\lambda_k(G_k(\alpha)-G_k(\alpha_k)), \tag{3.9.19}$$

其中 λ_k 是适当的松弛常数. 由于 $G_k'(\alpha)>0$, 在 $(0,\alpha_k)$ 上第二项的符号完全由 λ_k 决定 (与 λ_k 反号). 再用方程

$$\hat{G}_k(\alpha)=0 \tag{3.9.20}$$

来代替式 (3.9.11), 即 $G_k(\alpha)=0$.

松弛常数 λ_k 的选取应该使得改进后的近似 Morozov 方程 (3.9.20) 存在唯一解. 由于 $\hat{G}_k(\alpha_k)>0$, 故只要 $\hat{G}_k(0)<0$ 且 $\hat{G}_k(\alpha)$ 单调上升即可. 我们可以用以下方式来确定 λ_k：

$$\hat{G}_k(0)=G_k(0)+\lambda_k(G_k(0)-G_k(\alpha_k))=-\hat{\lambda}\delta^2,$$

其中 $\hat{\lambda}\in(0,1/2)$ 是任意取定的常数. 由此解得

$$\lambda_k=\frac{G_k(0)+\hat{\lambda}\delta^2}{G_k(\alpha_k)-G_k(0)}. \tag{3.9.21}$$

此时由 $G_k(\alpha_k)>0, G_k'(\alpha)>0$ 可知

$$\hat{G}_k'(\alpha)=(1+\lambda_k)G_k'(\alpha)=\frac{G_k(\alpha_k)+\hat{\lambda}\delta^2}{G_k(\alpha_k)-G_k(0)}G_k'(\alpha)>0,$$

故 $\hat{G}_k(\alpha)$ 确是增函数.

下面可以给出对这样改进以后的近似 Morozov 方程 (3.9.20) 迭代求解的程序及相应产生的序列 α_k 的收敛性质.

置 $k=0$, 给定式 (3.9.1) 的近似零点 α_0, 迭代误差水平 $\varepsilon>0$.

Step 1：解式 (3.8.4) 得 $x(\alpha_k)$, 由式 (3.8.7), (3.8.8) 计算 $F(\alpha_k), F'(\alpha_k)$.

Step 2：由表达式 (3.9.6), 从关系

$$\begin{cases} m_k(\alpha_k)=\dfrac{1}{2}\left\|y^\delta\right\|^2+\dfrac{C_k}{T_k+\alpha_k}=F(\alpha_k) \\ m_k'(\alpha_k)=-\dfrac{C_k}{(T_k+\alpha_k)^2}=F'(\alpha_k) \end{cases} \tag{3.9.22}$$

确定 $m(\alpha)$ 中的 C_k, T_k, 进而得到 $F(\alpha)$ 的第 k 次逼近的模型函数

$$m_k(\alpha)=\frac{1}{2}\left\|y^\delta\right\|^2+\frac{C_k}{T_k+\alpha}. \tag{3.9.23}$$

Step 3：由式 (3.9.7) 解改进后的模型函数满足的方程

$$\hat{G}_k(\alpha):=G_k(\alpha)+\lambda_k(G_k(\alpha)-G_k(\alpha_k))=0 \tag{3.9.24}$$

确定式 (3.9.7) 新的近似零点 α_{k+1}, 它也是式 (3.9.1) 的近似零点, 其中 λ_k 由式 (3.9.21) 确定.

Step 4：如 $\hat{G}_k(\alpha_k)\leqslant 0$ 或 $|\alpha_{k+1}-\alpha_k|\leqslant\varepsilon$, 迭代停止, 取 α_{k+1} 为最终解; 否则置 $k:=k+1$ 回到 Step 1 开始下一迭代.

与由式 (3.9.11) 确定 α_{k+1} 不同, 由 $\hat{G}_k(\alpha)=0$ 确定 α_{k+1} 时, 不要求 α_k 很小, 这是由于我们引进了松弛参数 λ_k 来保证 $\hat{G}_k(\alpha)<0$. 进一步说, 这样得到的序列还具有全局收敛性. 该结果表示为下面的定理.

定理 3.9.4　如果 $\hat{G}_0(\alpha_0) > 0$, 则由迭代程序 (3.9.22)~(3.9.24) 确实产生了逼近序列 $\{\alpha_k\}$. 该序列具有下面的性质之一:

(1) 该序列在某一有限步 k 满足 $G_k(\alpha_k) \leqslant 0$;

否则即有

(2) 记 α^* 为式 (3.9.1) 的根. 对任意初值 $\alpha_0 \in (\alpha^*, 1)$, 序列 $\{\alpha_k\}$ 是一个无穷项序列, 该序列单调减少收敛于 α^*.

证明　序列 $\{\alpha_k\}$ 的存在性是显然的. 如结论 (1) 成立, 定理已证. 否则对一切的整数 k, 成立

$$\hat{G}_k(\alpha_k) = G_k(\alpha_k) > 0, \tag{3.9.25}$$

在此条件下来证明结论 (2).

由于 $\hat{G}_k(\alpha)$ 是单调上升的, 在条件 (3.9.25) 下由式 (3.9.24) 确定的 α_{k+1} 显然满足 $\alpha_{k+1} < \alpha_k$, 即序列 $\{\alpha_k\}$ 是单调下降的. 另一方面, 由式 (3.9.19), (3.9.22) 得到

$$\hat{G}_k(\alpha_k) = G_k(\alpha_k) = G(\alpha_k).$$

据此和式 (3.9.25) 得 $G(\alpha_k) > 0$. 再由 $G(\alpha^*) = 0$ 和 $G(\alpha)$ 的单调上升性得 $\alpha_k > \alpha^*$, 从而得知序列 $\{\alpha_k\}$ 是收敛的. 记 $\lim\limits_{k\to\infty} \alpha_k = \overline{\alpha}$. 下面只要证明 $G(\overline{\alpha}) = 0$ 即可.

首先由式 (3.9.9) 和 $h(\alpha), g(\alpha)$ 的定义得到

$$\lim_{k\to\infty} T_k = g(\overline{\alpha}), \quad \lim_{k\to\infty} C_k = -h(\overline{\alpha})/2. \tag{3.9.26}$$

其次由式 (3.9.22) 和 $G_k(\alpha), G(\alpha)$ 的定义得 $G(\alpha_{k+1}) = G_{k+1}(\alpha_{k+1})$. 这两个关系和式 (3.9.23), $G_k(\alpha)$ 的定义导出

$$G(\overline{\alpha}) = \lim_{k\to\infty} G(\alpha_{k+1}) = \lim_{k\to\infty} G_{k+1}(\alpha_{k+1}) = \lim_{k\to\infty} G_k(\alpha_{k+1}). \tag{3.9.27}$$

此关系表明

$$\lim_{k\to\infty} (G_k(\alpha_{k+1}) - G_k(\alpha_k)) = 0. \tag{3.9.28}$$

另一方面, α_{k+1} 是 (3.9.24) 的根表示

$$G_k(\alpha_{k+1}) + \lambda_k(G_k(\alpha_{k+1}) - G_k(\alpha_k)) = 0.$$

此式取极限, 由式 (3.9.27), (3.9.28) 并注意序列 $\{\lambda_k\}$ 也收敛最后得到 $G(\overline{\alpha}) = 0$. 证毕.

注解 3.9.5　该定理表明, 用改进后的模型函数方法来迭代近似确定 Tikhonov 正则化参数时 (用 Morozov 相容性原理), 该迭代程序是一个全局收敛的的算法, 对迭代初值的要求不高. 关于本节讨论的确定正则化参数方法在具体反问题中的应用, 将在后面给出.

3.10　两类正则化方法的比较

本章介绍了在无限维空间上处理不适定问题的两类正则化方法：Tikhonov 正则化方法和 Landweber 迭代方法. 利用这两类方法, 我们得到了原来无限维不适定问题的一个近似的问题, 它削除了原问题的不适定性, 但仍是一个无限维的问题. 下面就可以用标准的数值逼近方法来求解该适定的问题. 在下一章我们将讨论数值求解不适定问题的另一种方法：先用有限维空间的近似来逼近原无限维问题, 再用正则化方法来求解该病态的离散问题.

本节讨论直接在无限维空间上处理问题不适定性的两种方法的联系和差别.

首先我们注意 Tikhonov 正则化方法最早是对线性不适定的问题 $Kx = y$ 的求解提出的, 即方程中 K 是线性算子. 假定对精确数据 y, 该方程存在唯一解 x. 对给定的满足 $\|y^\delta - y\| \leqslant \delta$ 的扰动数据 y^δ, 该方法用泛函

$$J_\alpha(x) = \left\|Kx - y^\delta\right\|^2 + \alpha\left\|Lx\right\|^2 \tag{3.10.1}$$

在给定正则化参数 α 后的极小元 x_α^δ 来近似方程 $Kx = y$ 的精确解 x, 其中第二项用来约束解的大小 (当 L 是单位算子时) 或者解的振荡性 (当 L 是某个微分算子时), 它起着稳定性的作用. 当 K 是线性算子时, 泛函 $J_\alpha(x)$ 是严格凸的, 故存在唯一的极小元. 已经证明, 对适当的取法 $\alpha = \alpha(\delta)$, 在 $\delta \to 0$ 时有 $x_{\alpha(\delta)}^\delta \to x$. 然而该方法也有不足之处.

对线性不适定的问题 $Kx = y$, 可以从两个方面来看. 首先在某些情况下, Tikhonov 正则化方法可能改变了原问题的某些特性和结构. 例如对由

$$\begin{cases} w_t(x,t) = w_{xx}(x,t), & 0 < x < \infty, 0 < t < T \\ w(0,t) = u(t), & 0 < t < T \\ w(x,0) = 0, & 0 < x < \infty \end{cases} \tag{3.10.2}$$

在给定的附加数据

$$w(1,t) = f(t), \quad 0 < t < T \tag{3.10.3}$$

下来确定源函数 $u(t)$ 的热传导反问题, 可化为第一类 Volterra 方程

$$\mathcal{A}(u)(t) := \int_0^t k(t,\tau)u(\tau)d\tau = f(t), \quad t \in [0,T] \tag{3.10.4}$$

的求解问题, 其中核函数

$$k(t,\tau) = \frac{1}{2\sqrt{\pi}(t-\tau)^{3/2}}e^{-1/(4(t-\tau))}.$$

对此问题易知, 确定 $[0,t]$ 上的 $u(\tau)$ 只需要 $[0,t]$ 上的 $f(\tau)$. 该现象反映了问题的因果关系 (causality), 即 f 在过去时段 $[0,t]$ 上的信息已完全反映了源函数 $u(\tau)$ 在 $[0,t]$ 上的大小, $[t,T]$ 上 f 的信息对 $u(t)$ 无影响. 然而在用 Tikhonov 正则化方法求解 (3.10.4)(取 L 为单位算子) 时, 相应的正则化方程是

$$\int_t^T \int_0^s k(s,t)k(s,\tau)u(\tau)d\tau ds + \alpha u(t) = \int_t^T k(s,t)f(s)ds. \tag{3.10.5}$$

这是一个适定的第二类的 Fredholm 积分方程, 由此可求出 $u(t)$ 的稳定的近似解 $u_\alpha(t)$. 但是请注意, 该方程两边外层在 $[t,T]$ 上的积分已经改变了原问题的因果关系, 变成了用 $[t,T]$ 上 f 的值来求解 $[0,t]$ 上的 u_α, 即求 $u_\alpha(t)$ 时用的是 $[t,T]$ 上的 f 的值. 这就改变了原问题求解的实时性质, 即求正则化的近似解时, 用未来的值来求现在的值. 这是采取 Tikhonov 正则化方法解具体问题时可能产生的缺点之一.

另一方面, Tikhonov 正则化方法中引进了正则化项 $\|Lu\|$, 微分算子 L 的作用在于减弱原不适定问题近似解的振荡性, 即要求所求的正则化解 x_α 具有一定的光滑性, 用它来近似原问题的解 x. 很显然, 如果原问题的精确解 x 本身就不光滑甚至具有一些奇性, 近似解 x_α 就不可能完全反映这种奇性. 换言之, Tikhonov 正则化方法得到稳定的近似解的代价是模糊了原问题真实解的奇性 (如果有的话). 而真实解的奇性在一些问题的求解中是非常重要的, 甚至正是所要求的. 这是 Tikhonov 正则化方法的另一缺点, 即解的过度光滑化 (over-smoothing).

对非线性的不适定问题 (即 $Kx = y$ 中 K 是非线性的全连续算子), Tikhonov 正则化方法面临一些新的问题. 例如, 此时式 (3.10.1) 中的泛函 $J_\alpha(x)$ 不再是严格凸的, 因此可能会有多个局部极小点 x_α. 虽然 Tikhonov 正则化方法对非线性的不适定问题求解的理论在 80 年代后期已经有了一定的发展 [21, 22, 97, 101], 但要验证这些理论中的假定条件是不容易的, 求泛函的多个局部极小点也非常困难, 不同的迭代初值可能导致不同的极值点, 因此有可能最后得到的并不是我们需要的真正的解.

当然, 类似于处理适定的非线性问题的常用方法, 也可以用线性化近似的方法来讨论非线性的不适定问题. 然而下述结果表明, 对非线性不适定问题, 问题的不适定性在其线性化近似中一般说来是不可能消除的 [16].

定理 3.10.1　*设 U 是赋泛空间 X 的一个开集, Y 是 Banach 空间, $K: U \subset X \to Y$ 是一个全连续算子. 假定 K 在 $\psi \in U$ 是 Frechet 可导的, 则 K'_ψ 是紧算子.*

该结果意味着当我们用线性化近似 (例如 Newton 方法) 去近似解一个非线性的不适定问题时, 得到的仍然是一个不适定的线性方程, 还是需要用正则化方法处理不适定性.

基于 Tikhonov 正则化方法的上述问题, 人们就引进了所谓的迭代正则化方法, 如前面已介绍过的解线性问题的 Landweber 迭代法. 尤其是对大规模的问题, 计算

迭代公式要比泛函的极小化问题相对容易一些 (计算量相对较小). 事实上, 迭代正则化方法的正则化参数是迭代步数, 当 K 是有限维的矩阵时, 在每一步迭代时需要计算两个矩阵和向量的乘法. 因此迭代方法的总的计算量是 (2× 迭代步数) 个矩阵和向量的乘法. 而对 Tikhonov 正则化方法, 泛函的极小元是一个线性的正则化方程 (依赖于正则化参数 α) 的解, 一方面该线性方程需要用迭代法求得好的近似解, 另一方面还需要对正则化参数 α 反复试验以得到较优的参数, 因此对大规模的问题, Tikhonov 正则化方法的计算量要比迭代法大很多.

基于上述问题, Landweber 迭代法已被进一步发展用于求解非线性的不适定问题 [34, 91]. 对一般的处理非线性的不适定问题的迭代方法, 它用适当构造的迭代程序

$$x_{n+1} = U(n, x_n) \tag{3.10.6}$$

来求解方程 $K(x) = y$. 和求解适定问题的迭代不同, 这里必须选择合适的迭代停止标准, 并非是迭代次数越多越好. 否则初始数据的误差将会由于问题的不适定性而急剧放大. 迭代停止标准的作用就对应于 Tikhonov 正则化方法中正则化参数. 例如, 可以通过迭代预条件 (iterative preconditioning) 的方法把 $K(x) = y$ 化为

$$B(n, x)(K(x) - y) = 0, \quad n \in N_0, \tag{3.10.7}$$

其中 $B(n, x) : Y \to X$ 是线性有界算子. 据此式 (3.10.6) 的迭代格式可表示为

$$x_{n+1} = x_n - B(n, x_n)(K(x_n) - y). \tag{3.10.8}$$

很多经典的迭代格式都可以统一到式 (3.10.8) 的格式下. 为此设 $B(n, x)$ 有形式

$$B(n, x) = K'(x)^* C(n, x)^* C(n, x), \tag{3.10.9}$$

其中 $C(n, x) : n \in N_0, x \in X$ 是 Y 到 Hilbert 空间 Z 的一族线性有界算子, $C(n, x)^*$ 表示 $C(n, x)$ 的共扼算子.

Case 1：取 $C(n, x) = K'(x)^{-1}$, 式 (3.10.8) 变为 Newton 迭代格式

$$x_{n+1} = x_n - K'(x_n)^{-1}(K(x_n) - y). \tag{3.10.10}$$

Case 2：取 $C(n, x) = I$, 式 (3.10.8) 变为 Landweber 迭代格式

$$x_{n+1} = x_n - K'(x_n)^*(K(x_n) - y). \tag{3.10.11}$$

Case 3：取 $s_n = K'(x_n)^*(K(x_n) - y), \alpha_n = \dfrac{\|s_n\|^2}{\|K'(x_n)s_n\|^2}, C(n, x) = \sqrt{\alpha_n} I$, 式 (3.10.8) 变为最速下降迭代格式

$$x_{n+1} = x_n - \frac{\|s_n\|^2}{\|K'(x_n)s_n\|^2} K'(x_n)^*(K(x_n) - y). \tag{3.10.12}$$

Case 4：取 $s_n = K'(x_n)^*(K(x_n)-y), \alpha_n = \dfrac{\|K(x_n)-y\|^2}{\|s_n\|^2}, C(n,x)=\sqrt{\alpha_n}I$, 式 (3.10.8) 变为最小误差 (minimal error) 迭代格式

$$x_{n+1} = x_n - \frac{\|K(x_n)-y\|^2}{\|s_n\|^2} K'(x_n)^*(K(x_n)-y). \tag{3.10.13}$$

这些格式对适定的问题是标准的, 在一定条件下可以证明 $n\to\infty$ 时迭代序列的收敛性. 然而对不适定的问题, 上述迭代步骤就不能无限进行下去, 必须在扰动 (由于问题的不适定性) 放大到一定程度之前及时停止, 否则结果毫无意义. 尤其是对有扰动的输入数据, 必须研究迭代停止标准与数据误差水平 δ 的关系, 以保证 $\delta\to 0$ 时 $x^{n(\delta),\delta}\to x$. 另一方面, 在实际计算时, 只能利用无穷维算子的 $K'(x_n)^*, K(x_n)$ 近似, 这又进一步引进了新的误差. 为此就必须考虑这些算子的高维逼近. 从而我们最终的任务是必须综合考虑精度和计算量. 关于线性和非线性不适定问题在这方面的工作, 可见文献 [85]、[91].

最后再讨论一个介于 Tikhonov 正则化和迭代正则化之间的方法, 即迭代 Tikhonov 正则化方法. 该方法本质上仍然是 Tikhonov 正则化方法, 但应用迭代法来解正则化方程

$$(\alpha I + K^*K)x = K^*y^\delta,$$

由此得到的正则化近似解有可能高于 $O(\delta^{2/3})$ 的收敛性. 该迭代法的一般格式如下：

$$\begin{cases} x_0^{\alpha,\delta} = 0, \\ (\alpha I + K^*K)x_i^{\alpha,\delta} = K^*y^\delta + \alpha x_{i-1}^{\alpha,\delta}, \quad i=1,\cdots,n. \end{cases} \tag{3.10.14}$$

在实际计算中, 该格式对应于下面的算法 $(i=1,\cdots,n)$：

$$\begin{cases} z_0^{\alpha,\delta} = 0, \\ (\alpha I + KK^*)z_i^{\alpha,\delta} = y^\delta + \alpha z_{i-1}^{\alpha,\delta}, \\ x_i^{\alpha,\delta} = K^* z_i^{\alpha,\delta}. \end{cases} \tag{3.10.15}$$

当其中的正则化参数 α 的选取方法不同时, 正则化解对应于不同的收敛速度.

Case 1：当精确解 $x\in \mathrm{Range}((K^*K)^\nu), 0<\nu\leqslant n$ 时, 如用先验取法取 $\alpha = \alpha(\delta) = c\delta^{\frac{2}{2\nu+1}}, c>0$, 则由式 (3.10.15) 产生的序列 $\{x_i^{\alpha(\delta),\delta}\}$ 的收敛速度为 $\left\|x_i^{\alpha(\delta),\delta}-x\right\| = O\left(\dfrac{2\nu}{2\nu+1}\right)$, 且在 $\nu=n$ 时得到最优精度 $O\left(\dfrac{2\nu}{2\nu+1}\right)$.

Case 2：也可以讨论正则化参数的后验取法. 记 $Q: Y\to \overline{\mathrm{Range}(K)}$ 为正交投影算子, $c>1$ 为常数. 在扰动数据满足

$$\left\|y^\delta - y\right\|^2 \leqslant \delta^2 \leqslant \left\|Qy^\delta\right\|^2/c \tag{3.10.16}$$

的条件下, G. Frerer[25] 考虑了由下面的方程

$$f_n(\alpha, y^\delta) := \alpha^{2n+1}((\alpha I + KK^*)^{-(2n+1)}Qy^\delta, Qy^\delta) = c\delta^2 \tag{3.10.17}$$

来确定第 n 步的迭代 Tikhonov 正则化参数. 可以证明, 对任意给定的 n, 在条件 (3.10.16) 下方程 (3.10.17) 有唯一的零点 $\alpha_n(y^\delta, \delta)$. 以此零点作为第 n 步的迭代 Tikhonov 正则化参数, 由式 (3.10.15) 构造序列 $\{x_n^{\alpha_n,\delta}\}$, 有下列收敛性结果 [109, 25]:

定理 3.10.2　*设 $c \geqslant 1, n \in \mathbf{N}$ 给定, y^δ 满足条件 (3.10.16), $x_n^{\alpha_n,\delta}$ 是式 (3.10.15) 的第 n 次迭代点, 则有*

$$\lim_{\delta\to 0} x_n^{\alpha_n,\delta} = x.$$

另一方面, 如果精确解 $x \in \mathrm{Range}((K^*K)^\nu), \nu > 0$, 则收敛速度为

$$\begin{cases} \left\|x_n^{\alpha_n,\delta} - x\right\| = o(\delta^{\frac{2\nu}{2\nu+1}}), & \nu < n \\ \left\|x_n^{\alpha_n,\delta} - x\right\| = O(\delta^{\frac{2\nu}{2\nu+1}}), & \nu \geqslant n. \end{cases} \tag{3.10.18}$$

综上所述, Tikhonov 正则化方法和迭代正则化方法是处理不适定问题的两类方法, 他们各有优劣. 但是共同点都是先在无限维空间上处理问题的不适定性, 正则化参数的选取和迭代停止标准的选取分别是这两种方法得到稳定近似解的基本问题. 在下一章, 我们要介绍处理不适定问题的另一类方法.

第 4 章　离散化的正则化方法

求解无限维系统上的不适定问题, 从数值求解的角度来看, 总是要把它化为有限维的问题. 由于问题的不适定性, 又必须使用某种正则化方法. 根据这两个步骤的先后次序, 求解无限维系统上的不适定问题的离散数值方法, 可以分成两大类:

M1: 先对无限维系统上的不适定问题利用正则化方法, 得到的仍然是无限维系统上的正则化近似. 这是一个适定的近似问题. 再用标准的数值逼近方法求解该适定系统在有限维空间上的逼近问题. 我们前面介绍的 Tikhonov 正则化就是此类方法.

M2: 先直接离散无限维系统上的不适定问题, 得到有限维空间上的一个近似问题. 该有限维问题是一个病态系统, 再用正则化方法求解该有限维近似问题. 这就是本章要介绍的正则化方法.

从应用的角度而言, 求出方程的有意义的数值解比对方程解的性质的定性理论分析更为重要. 而在求数值解时, 必然要采用某种离散的近似方法在一个有限维的近似子空间上求解. 从第 1 章的例子可以看到, 对不适定的方程, 并不是任意离散方法都能得到有意义的近似数值解. 而由第 3 章的理论分析知, 对不适定问题, 必须引进正则化技术才能得到有意义的近似解. 因此本章对不适定的方程, 讨论能够构成正则化方法的离散的数值方法, 其中最重要的方法就是正则化的投影方法 (projection method). 首先介绍投影方法的一般思想, 然后讨论配置方法 (collocation method) 和伽辽金方法 (Galerkin method) 作为投影方法的两种特例. 最后介绍它们在数值求解第一类积分方程中的应用.

4.1　一般的投影方法

我们总是在解空间的某个子空间上求线性算子方程的近似解. 从数值计算的角度而言, 我们要求该子空间是有限维的.

定义 4.1.1　设 X 是赋范空间, $U \subset X$ 是一个非平凡的子空间. 如果有界线性算子 $P: X \to U$ 对一切的 $\phi \in U$ 成立 $P\phi = \phi$, 我们称 P 是由 X 到 U 上的投影算子.

定理 4.1.2　一个非平凡的有界线性算子 P 是投影算子 $\iff$ $P^2 = P$. 对非平凡的投影算子 P 成立 $\|P\| \geqslant 1$.

证明　如 P 是由 X 到 U 上的投影算子, 由定义对一切的 $\phi \in X, P\phi \in U$, 从

而 $P^2\phi = P(P\phi) = P\phi$, 即 $P^2 = P$. 反之, 如 $P^2 = P$, 定义 $U := P(X)$. 则对任意的 $\phi \in U$ 存在 $\psi \in X$ 使得 $\phi = P\psi$, 从而 $P\phi = \phi$.

对非平凡的投影算子 P, 由于 $P^2 = P, P \neq 0$, 故由 $\|P\| = \|P^2\| \leqslant \|P\|^2$ 即得 $\|P\| \geqslant 1$. 该结果也可由投影算子的定义直接得到:

$$\|P\| = \sup_{x \in X} \frac{\|Px\|}{\|x\|} \geqslant \left.\frac{\|Px\|}{\|x\|}\right|_{x \in U} = \frac{\|x\|}{\|x\|} = 1.$$

最重要的投影算子之一是正交投影 (orthogonal projection). 由定理 2.2.19 知, X 中的任一元素在 U 中存在一个唯一的最佳逼近, 由此就定义了 X 到 U 的一个特殊的投影算子: 正交投影. 我们有

定理 4.1.3 *设 U 是准 Hilbert 空间 X 的一个非平凡的完备的子空间. 把 X 中任一元素 ϕ 映为它在 U 上的最佳逼近的映射 P 是一个投影算子, 且 $\|P\| = 1$. 它称为 X 到 U 上的正交投影.*

证明 对一切 $\phi \in U$ 的显然有 $P\phi = \phi$. 对准 Hilbert 空间 X 中的元素在 U 上的最佳逼近, 由定理 2.2.18 中的正交条件知 P 是线性的且 (在定理 2.2.18 中取 $u = v = P\phi$) 对一切 $\phi \in X$,

$$\|\phi\|^2 = \|P\phi + (\phi - P\phi)\|^2 = \|P\phi\|^2 + \|\phi - P\phi\|^2 \geqslant \|P\phi\|^2,$$

从而 $\|P\| \leqslant 1$. 再由定理 4.1.2 得 $\|P\| = 1$.

另一个重要的投影算子是插值算子 (interpolation operator). 以 $C(G)$ 为模型, 先给出 $C(G)$ 上插值函数的性质.

定理 4.1.4 *设 $U_n \subset C(G)$ 是一个 n 维的子空间, $x_1, x_2, \cdots, x_n$ 是 G 中的 n 个点使得 U_n 关于 $x_1, x_2, \cdots, x_n$ 是唯一可解的. 即对 $f(x) \in U_n$, $f(x_1) = f(x_2) = \cdots = f(x_n) = 0$ 意味着 $f(x) = 0$, 则对给定的 n 个值 $g_1, g_2, \cdots, g_n$, 存在唯一的 $u \in U_n$ 满足插值性质*

$$u(x_j) = g_j, \quad j = 1, 2, \cdots, n.$$

证明 记 $u_1, u_2, \cdots, u_n$ 是 n 维空间 U_n 的一组基, 即 $U_n = \operatorname{span}\{u_1, u_2, \cdots, u_n\}$, 则对 $f(x) \in U_n$, 它可以展开为

$$f(x) = \sum_{k=1}^{n} \gamma_k u_k(x).$$

假定 $f(x)$ 满足 $f(x_1) = f(x_2) = \cdots = f(x_n) = 0$, 我们得到

$$\sum_{k=1}^{n} \gamma_k u_k(x_j) = 0, j = 1, \cdots, n.$$

另一方面, 由于 $f(x_1) = f(x_2) = \cdots = f(x_n) = 0$ 意味着 $f(x) \equiv 0$, 故只能有 $\gamma_k = 0, k = 1, \cdots, n$. 这说明上面关于 γ_k 的线性方程组只有零解, 从而矩阵 $(u_k(x_j))_{n\times n}$ 是可逆的.

于是对任意的 $u(x) = \sum\limits_{k=1}^{n} \gamma_k u_k(x) \in U_n$, 如果满足 $u(x_j) = g_j$, 则其对应的展开系数 $\gamma_1, \gamma_2, \cdots, \gamma_n$ 由线性方程组

$$\sum_{k=1}^{n} \gamma_k u_k(x_j) = g_j, \quad j = 1, 2, \cdots, n$$

唯一决定, 从而 $u \in U_n$ 是唯一确定的. 证毕.

记 $L_1, \cdots, L_n$ 是 U_n 的 Lagrange 基, 即具有插值性质

$$L_j(x_k) = \delta_{j,k}, \quad j, k = 1, \cdots, n,$$

从而由表示式

$$P_n g := \sum_{j=1}^{n} g(x_j) L_j$$

就得到了给定 $g(x)$ 的一个过节点 $\{(x_j, g(x_j))\}_{j=1}^{n}$ 的线性有界的插值算子 P_n.

下面给出插值算子的定义.

定义 4.1.5　对 $g(x) \in C(G)$, 记 $g_j = g(x_j), j = 1, 2, \cdots, n$. 上述插值函数 $g \to u$ 定义了一个有界线性算子 $P_n : C(G) \to U_n$, 称为插值算子.

注解 4.1.6　连续函数空间 $C(G)$ 的插值空间 U_n 可取为多项式插值或三角函数插值. 对多项式插值而言, $n+1$ 个插值点可以确定一个 n 次多项式. 一个显然的事实是, 插值点个数的增加并不能保证相应的插值多项式在所有点对被插函数的逼近性都提高 (Runge 现象和 Faber 定理)[38]. 然而对光滑的周期函数, 等距节点的三角函数插值具有最优的收敛精度.

例 4.1　考虑 $C[a, b]$ 上的线性样条插值 (linear splines). 记 $a = t_1 < \cdots < t_n = b$, 定义

$$U_n = S_1(t_1, \cdots, t_n) = \{x \in C[a, b] : x\big|_{[t_j, t_{j+1}]} \in \mathbf{P}_1, j = 1, 2, \cdots, n-1\},$$

其中 $\mathbf{P}_1$ 是次数不超过 1 的多项式空间. 从而插值算子 $P_n : C[a, b] \to S_1(t_1, \cdots, t_n)$ 为

$$P_n x = \sum_{j=1}^{n} x(t_j) \hat{y}_j,$$

其中基函数 $\hat{y}_j \in S_1(t_1, \cdots, t_n), j = 1, 2, \cdots n$ 是

$$\hat{y}_j(t) = \begin{cases} \dfrac{t - t_{j-1}}{t_j - t_{j-1}}, & t \in [t_{j-1}, t_j], j \geqslant 2, \\ \dfrac{t_{j+1} - t}{t_{j+1} - t_j}, & t \in [t_j, t_{j+1}], j \leqslant n - 1, \\ 0, & t \notin [t_{j-1}, t_{j+1}]. \end{cases} \tag{4.1.1}$$

显然, $P_n x$ 是分段线性插值函数. 对此例子可证明 $\|P_n\|_\infty = 1$, 且对 $x \in C^1[a, b]$ 有

$$\|P_n x - x\|_\infty \leqslant ch\|x'\|_\infty,$$

其中 $h = \max\{t_j - t_{j-1} : j = 2, \cdots, n\}$.

事实上, 由于 $\hat{y}_j(t) \geqslant 0$ 且 $\sum\limits_{j=1}^{n} \hat{y}_j(t) = 1$, 有

$$\begin{aligned} \|P_n x\|_\infty &= \max_{t \in [a,b]} \left| \sum_{j=1}^{n} x(t_j)\hat{y}_j(t) \right| \leqslant \sum_{j=1}^{n} \|x\|_\infty \max_{t \in [a,b]} |\hat{y}_j(t)| \\ &= \|x\|_\infty \max_{t \in [a,b]} \sum_{j=1}^{n} \hat{y}_j(t) = \|x\|_\infty, \end{aligned}$$

即 $\|P_n\| \leqslant 1$. 另一方面, 对 $x_0(t) \equiv 1 \in C[a, b]$, 有 $P_n x_0 \equiv 1$, $\|P_n x_0\| / \|x_0\| = 1$. 故 $\|P_n\| = 1$.

对 $x \in C^1[a, b]$, 由定义,

$$\|P_n x - x\|_\infty = \max_{t \in [a,b]} \left| \sum_{j=1}^{n} x(t_j)\hat{y}_j(t) - x(t) \right| = \max_{j=1,\cdots,n} \max_{t \in [t_{j-1}, t_j]} \left| \sum_{j=1}^{n} x(t_j)\hat{y}_j(t) - x(t) \right|.$$

当 $t \in [t_{j-1}, t_j]$ 时,

$$\begin{aligned} \sum_{j=1}^{n} x(t_j)\hat{y}_j(t) - x(t) &= \frac{t - t_{j-1}}{t_j - t_{j-1}} x(t_j) + \frac{t_j - t}{t_j - t_{j-1}} x(t_{j-1}) - x(t) \\ &= \frac{1}{t_j - t_{j-1}} [(t_j - t)(x(t_{j-1} - x(t))) + (t - t_{j-1})(x(t_j) - x(t))] \\ &= \frac{1}{t_j - t_{j-1}} [(t_j - t)x'(\xi_1)(t_{j-1} - t) + (t - t_{j-1})x'(\xi_2)(t_j - t)], \end{aligned}$$

其中 $\xi_1, \xi_2 \in (t_{j-1}, t_j)$, 从而

$$\left| \sum_{j=1}^{n} x(t_j)\hat{y}_j(t) - x(t) \right| \leqslant \frac{2\|x'\|_\infty}{t_j - t_{j-1}} (t_j - t)(t - t_{j-1}) \leqslant ch\|x'\|_\infty.$$

下面给出用投影方法解算子方程的一般方法.

定义 4.1.7 设 X,Y 是 Banach 空间, $K:X\to Y$ 是有界的一一对应的算子, $X_n\subset X, Y_n\subset Y$ 是有限维的子空间.$P_n:Y\to Y_n$ 是投影算子. 对给定的 $y\in Y$, 解方程 $Kx=Y$ 的投影方法就是解方程组

$$P_nKx_n=P_ny,\quad x_n\in X_n. \tag{4.1.2}$$

设 $\{\hat{x}_1,\cdots,\hat{x}_n\}$ 和 $\{\hat{y}_1,\cdots,\hat{y}_n\}$ 分别是 X_n,Y_n 的一组基, 则 $P_ny,P_nK\hat{x}_j\in Y_n$ 可表示为

$$P_ny=\sum_{i=1}^n\beta_i\hat{y}_i,\quad P_nK\hat{x}_j=\sum_{i=1}^nA_{ij}\hat{y}_i,\quad j=1,\cdots,n. \tag{4.1.3}$$

从而 $x_n=\sum\limits_{i=1}^n\alpha_i\hat{x}_i$ 是方程组 (4.1.2) 解的充分必要条件是 $\alpha=(\alpha_1,\cdots,\alpha_n)$ 满足有限维的线性方程组

$$\sum_{j=1}^nA_{ij}\alpha_j=\beta_i,\quad i=1,\cdots,n. \tag{4.1.4}$$

如果取该方法中的投影算子 $P_n:Y\to Y_n$ 是前述的正交投影或插值投影, 就得到如下的两个重要的投影方法. 假定 $K:X\to Y$ 是有界的一一对应的算子.

(1) (Galerkin 方法) 设 X,Y 是准 Hilbert 空间. 取 $P_n:Y\to Y_n$ 是前述的正交投影. 投影方程 (4.1.2) 可写为 $P_n(Kx_n-y)=\theta$(零向量). 对正交投影 P_n, 该式等价于 $Kx_n-y\perp Y_n$, 即 $\langle Kx_n-y,z\rangle=0$ 对一切的 $z\in Y_n$ 成立, 换言之,

$$\langle Kx_n,z\rangle=\langle y,z\rangle,\quad \forall z\in Y_n. \tag{4.1.5}$$

令 $x_n=\sum\limits_{j=1}^n\alpha_j\hat{x}_j$ 并取 $z=\hat{y}_j$ 把式 (4.1.5) 写成 (4.1.4) 的形式, 从而式 (4.1.4) 中的系数和右端项

$$A_{ij}=\langle K\hat{x}_j,\hat{y}_i\rangle,\quad \beta_i=\langle y,\hat{y}_i\rangle,\quad i,j=1,\cdots,n. \tag{4.1.6}$$

(2) (collocation 方法) 设 X 是 Banach 空间, $Y=C[a,b]$, $K:X\to C[a,b]$ 是有界算子. 记 $a=t_1<\cdots<t_n=b$ 是给定的配置点.$Y_n=S(t_1,\cdots,t_n)$ 是前面例子定义的线性样条空间, 则对 $y\in C[a,b]$, 插值算子 $P_n:Y\to Y_n$ 可表示为

$$P_ny=\sum_{j=1}^ny(t_j)\hat{y}_j.$$

记 X_n 是 X 的一个 n 维子空间, 式 (4.1.2) 等价于

$$(Kx_n)(t_i)=y(t_i),\quad i=1,\cdots,n, \tag{4.1.7}$$

而式 (4.1.4) 中的系数

$$A_{ij} = K\hat{x}_j(t_i), \quad \beta_i = y(t_i), \quad i,j = 1,\cdots,n. \tag{4.1.8}$$

不难写出上面两个方法对第一类积分方程

$$\int_a^b k(t,s)x(s)ds = y(t), \quad t \in [a,b] \tag{4.1.9}$$

在 $C[a,b]$ 或 $L^2(a,b)$ 上的形式, 其中 $k(t,s)$ 是连续的或者是弱奇性的. 对 Galerkin 方法,

$$A_{ij} = \int_a^b \int_a^b k(t,s)\hat{x}_j(s)\hat{y}_i(t)dsdt, \quad \beta_i = \int_a^b y(t)\hat{y}_i(t)dt, \quad i,j = 1,\cdots,n, \tag{4.1.10}$$

而对配置方法,

$$A_{ij} = \int_a^b k(t_i,s)\hat{x}_j(s)ds, \quad \beta_i = y(t_i), \quad i,j = 1,\cdots,n. \tag{4.1.11}$$

这两种方法各有优缺点. 比较式 (4.1.10) 和 (4.1.11) 不难看出, 求系数矩阵时, 配置方法的计算量要比 Galerkin 方法小, 因而易于数值实现, 然而 Galerkin 方法在弱模的意义下有高阶的收敛性, 因此在很多具体问题如求解边界值问题的边界元方法中也有很多应用. 注意, 对第一类积分方程 (4.1.9), 用直接离散求积分项的方法来求数值解是不稳定的.

下面引进投影方法收敛性的概念.

定义 4.1.8 投影方法称为对算子 K 是收敛的, 如果存在正整数 N 使得 $n > N$ 时对任意的 $y \in K(X)$ 方程 (4.1.2) 存在唯一解 $x_n \in X_n$, 并且在 $n \to \infty$ 时 x_n 收敛于 $Kx = y$ 的唯一解 x.

从算子的角度来看, 投影方法的收敛性意味着 $n > N$ 时 $K_n := P_nK : X_n \to Y_n$ 是可逆的且对每一个 $x \in X$, $x_n = K_n^{-1}P_nKx \to x, n \to \infty$. 一般说来, 只有在子空间 X_n 具有稠密性质

$$\inf_{\psi \in X_n} \|\psi - x\| \to 0, n \to \infty, \quad \forall x \in X \tag{4.1.12}$$

时才有收敛性. 因此我们下面假定

(H1) $\cup_{n\in N} X_n$ 在 X 中稠密, $P_nK|_{X_n} : X_n \to Y_n$ 是一一对应的因而是可逆的.

记 $x_n \in X_n$ 是式 (4.1.2) 的唯一解, 它可以表示为 $x_n = R_ny$, 其中 $R_n : Y \to X_n \subset X$ 由

$$R_n := (P_nK|_{X_n})^{-1}P_n : Y \to X_n \subset X \tag{4.1.13}$$

来定义. 于是投影方法收敛性意味着对 $y = Kx \in K(X)$ 有

$$R_n Kx = (P_n K|_{X_n})^{-1} P_n Kx \to x, \quad n \to \infty. \tag{4.1.14}$$

比较该表达式和定义 3.1.1 知, 该收敛性的定义和算子方程 $Kx = y$ 的正则化算子 R_α 取 $\alpha = 1/n$ 是一致的. 因此有

定理 4.1.9　投影方法是收敛的充分必要条件是 R_n 是方程 $Kx = y$ 的正则化算子.

如上所述, 如果 $\cup_{n\in N} X_n$ 在 X 中是稠密的且对一切的 $y \in K(X)$ 有 $P_n y \to y$, 可以期望得到 x_n 的收敛性, 即 (H1) 是收敛的必要条件. 但是, 如果 K 是紧算子, 该条件不能保证收敛性 (即不是充分条件). 必须再补充 R_n 的某种有界性以使得 R_n 成为正则化算子.

先引进算子收敛的一致有界性原理 (共鸣定理), 它建立了算子依范数收敛和逐点收敛的关系.

引理 4.1.10　设 X 是 Banach 空间, Y 是赋范空间.$A_n: X \to Y$ 是一个有界线性算子序列. 如果 A_n 是逐点有界的, 即对每一个 $x \in X$ 存在依赖于 x 的常数 C_x 使得

$$\|A_n x\| \leqslant C_x$$

对一切的 $n \in N$ 成立, 则序列 A_n 是一致有界的, 即存在常数 C 使得

$$\|A_n\| \leqslant C$$

对一切的 $n \in N$ 成立.

下面可以给出投影方法的收敛性结果.

定理 4.1.11　设 (H1) 成立. 式 (4.1.2) 的解 $x_n = R_n y \in X_n$ 对每一个 $y = Kx$ 收敛于 x 的充分必要条件是存在 $c > 0$ 使得

$$\|R_n K\| \leqslant c, \quad n \in N. \tag{4.1.15}$$

在条件 (4.1.15) 成立时有估计

$$\|x_n - x\| \leqslant (1 + c) \min_{z_n \in X_n} \|z_n - x\|. \tag{4.1.16}$$

证明　设投影方法是收敛的. 由定义 $R_n Kx \to x$ 对每个 $x \in X$ 成立, 从而 $R_n Kx$ 是有界的. 故由一致有界性原理, $\|R_n K\| \leqslant c, \quad n \in N$. 反之, 假定 $\|R_n K\|$ 是一致有界的. 由于对 $z_n \in X_n$ 有

$$R_n K z_n = (P_n K|_{X_n})^{-1} P_n K z_n = z_n,$$

因此 R_nK 是 X 到 X_n 上的一个投影算子. 注意到 $(R_nK-I)z_n=0$, 从而对一切的 $z_n\in X_n$ 有

$$x_n-x=(R_nK-I)x=(R_nK-I)(x-z_n),$$

由此得到

$$\|x_n-x\|\leqslant(1+c)\|z_n-x\|,\quad \forall z_n\in X_n,$$

式 (4.1.16) 得证. 由 $\cup_{n\in N}X_n$ 在 X 中的稠密性得到 $x_n\to x$.

该定理称为 Cea(1964) 引理. 它表明, 投影方法的误差是由精确解在子空间 X_n 上可达到的逼近程度决定的.

下面的结果表明, 若 $K=S-A$, 在一定条件下由投影方法对 S 的收敛性可导出投影方法对 K 的收敛性. 该定理建立在两个引理的基础上.

引理 4.1.12 设 X,Y 是 Banach 空间, $A:X\to Y$ 是有界线性算子且有有界逆 $A^{-1}:Y\to X$. 若有界线性算子序列 A_n 依范数收敛于 A, 则对满足

$$\|A^{-1}(A_n-A)\|<1$$

的 n, A_n^{-1} 存在且

$$\|A_n^{-1}\|\leqslant\frac{\|A^{-1}\|}{1-\|A^{-1}(A_n-A)\|}. \tag{4.1.17}$$

定义 4.1.13 设 X,Y 是赋范空间. 有界线性算子的集合 $\mathbf{A}=\{A:X\to Y\}$ 称为是集紧的 (collectively compact), 如果对任意的有界集 $U\subset X$, 其像集合

$$\mathbf{A}(U)=\{Ax:x\in U,A\in\mathbf{A}\}$$

是相对紧的.

引理 4.1.14 设 X,Z 是赋范空间, Y 是 Banach 空间. $\mathbf{A}$ 是把 X 映到 Y 的算子的集紧的集合, $L_n:Y\to Z$ 是逐点收敛于 $L:Y\to Z$ 的有界线性算子的序列, 则 $n\to\infty$ 时成立

$$\sup_{A\in\mathbf{A}}\|(L_n-L)A\|\to 0.$$

下面叙述投影方法对 K 的收敛性.

定理 4.1.15 设 $S:X\to Y$ 是一个有界线性算子, 它具有有界逆 $S^{-1}:Y\to X$. 假定投影算子 P_n 对 S 是收敛的. $A:X\to Y$ 是一个有界线性算子, 满足下面两条件之一:

(1) $\|A\|$ 充分小;

(2) A 是紧的, $K=S-A$ 是一一的.

则投影算子 P_n 对 $K=S-A$ 也是收敛的.

证明　由定理 4.1.11 知, $S_n := P_nS$ 是可逆的且对充分大的 n, $\|S_n^{-1}P_nS\| \leqslant C$($C$ 为常数)(把 $S_n^{-1}P_n$ 看成 R_n). 由于 S 有有界逆, 在 X 上 $S_n^{-1}P_nS$ 对 I 的逐点收敛性得到在 Y 上 $S_n^{-1}P_n$ 对 S^{-1} 的逐点收敛性 $(n \to \infty)$, 从而算子 $S_n^{-1}P_n$ 是逐点有界的. 下面来证明对充分大的 n, 如果 (1) 或者 (2) 成立, $I - S_n^{-1}P_nA : X \to X$ 的逆算子存在并且是一致有界的.

假如 (1) 成立. 把一致有界性原理 (引理 4.1.10) 应用于 $S_n^{-1}P_n$ 后得 $\|S_n^{-1}P_n\| \leqslant C$. 从而 $\|A\|$ 很小时, 有 $\sup_{n\in N} \|S_n^{-1}P_n\|\|A\| < 1$. 由定理 2.2.14 得, $(I - S_n^{-1}P_nA)^{-1}$ 存在并且对充分大的 n 是一致有界的.

假如 (2) 成立. 由于 $S^{-1}A$ 是紧的, 由 Riesz 定理, $I - S^{-1}A : X \to X$ 有有界逆. 由序列 $S_n^{-1}P_n$ 的逐点收敛性和 A 的紧性, 据引理 4.1.14 得 $n \to \infty$ 时 $\|S^{-1}A - S_n^{-1}P_nA\| \to 0$. 即 $S_n^{-1}P_nA$ 依范数收敛于 $S^{-1}A$. 最后由定理 2.2.14 得 $(I - S_n^{-1}P_nA)^{-1}$ 存在并且对充分大的 n 是一致有界的.

注意, $(I - S_n^{-1}P_nA)^{-1}$ 把 X_n 映到自身. 记 $K := S - A, K_n := P_nK$, 则 $K_n = S_n(I - S_n^{-1}P_nA) : X_n \to Y_n$ 对充分大的 n 是可逆的且逆算子

$$K_n^{-1} = (I - S_n^{-1}P_nA)^{-1}S_n^{-1}.$$

记

$$\hat{S}_n := S_n(I - S_n^{-1}P_nA) = S_n - P_nA = P_n(S-A)|_{X_n}\ ; \quad \hat{S} := S(I - S^{-1}A) = S - A = K.$$

则由 $\hat{S}_n^{-1}P_n\hat{S} = (I - S_n^{-1}P_nA)^{-1}S_n^{-1}P_nS(I - S^{-1}A)$ 得估计

$$\|\hat{S}_n^{-1}P_n\hat{S}\| \leqslant \|(I - S_n^{-1}P_nA)^{-1}\|\|I - S^{-1}A\|c \leqslant C.$$

因此式 (4.1.15) 对 $\hat{S}$ 是成立的. 证毕.

该定理本质上是一个扰动结果：研究投影方法对算子的收敛性时, 只要研究对算子主部的收敛性即可. 把算子分解为主部和扰动项. 当扰动项很小时 ($\|A\|$ 很小), 投影方法对算子主部的收敛性即可保证对算子的收敛性; 当 $\|A\|$ 不小但是 A 相对于主部 S 是紧的 (即 $S^{-1}A$ 是紧的) 时, 投影方法对算子主部 S 的收敛性也能保证它对算子的收敛性. 该结果也可叙述为

定理 4.1.16　设 $A : X \to Y$ 是一个有界线性算子, $A(X) \subset S(X)$ 且 $K = S - A$ 是一一的, $S^{-1}A$ 在 X 上是紧的. 如果投影方法对算子 S 是收敛的, 即对一切的 $x \in X$ 有 $R_nSx \to x$, 其中

$$R_n = (P_nS|_{X_n})^{-1}P_n,$$

则投影方法对算子 $S - A$ 也是收敛的.

上面讨论了投影方法的一些性质. 如前所述, 投影方法的收敛性等价于 R_n 是一种正则化算子, n 相当于离散的正则化参数. 因此我们还可以进一步考虑方程

$Kx = y$ 的右端项是误差数据 y^δ 的情况. 此时必须区分右端项的两种不同类型的误差.

第一种误差是用 Y 空间的模来度量的, 它就是第 3 章讨论正则化方法时的误差, 它反映了问题的实际的输入数据与精确的输入数据的误差 $\|y^\delta - y\| \leqslant \delta$, 即所论模型本身的不准确性, 我们把这种误差称为右端项的连续扰动. 此时, Y 上的模起着基本的作用. 对 $x_n^\delta := R_n y^\delta$, 由三角不等式,

$$\begin{aligned}\|x_n^\delta - x\| &\leqslant \|x_n^\delta - R_n y\| + \|R_n y - x\| \\ &\leqslant \|R_n\|\|y^\delta - y\| + \|R_n K x - x\|.\end{aligned} \tag{4.1.18}$$

该估计就是第 2 章的基本估计：第一项反映了问题的不适定性, 即输入数据的连续误差 δ 被 R_n 放大了. 第二项反映了用 R_n 近似 K^{-1} 时产生的误差.

第二种误差是在实际的数值计算中产生的. 在投影方法中, 人们求解的是离散的系统式 (4.1.4). 在实际计算时, 通常只能得到式 (4.1.4) 的右端向量 β 的扰动向量 β^ε, 它满足

$$|\beta^\varepsilon - \beta|^2 \leqslant \sum_{j=1}^n |\beta_j^\varepsilon - \beta_j|^2 \leqslant \varepsilon^2.$$

我们把这种误差称为右端项的离散扰动. 此时取代式 (4.1.4) 实际求解的方程是

$$\sum_{j=1}^n A_{ij}\alpha_j^\varepsilon = \beta_i^\varepsilon, \quad i = 1, \cdots, n. \tag{4.1.19}$$

相应得到的解是

$$x_n^\varepsilon = \sum_{j=1}^n \alpha_j^\varepsilon \hat{x}_j.$$

此时, 起基本作用的是基函数 $\hat{x}_j \in X, \hat{y}_j \in Y$ 的选取, 而不是 Y 上的模.

下面将讨论两个具体的投影方法对误差 δ 或者 ε 的收敛性质：Galerkin 方法和配置方法. 此时必须讨论投影空间的维数 n 与输入数据误差的关系, 以使得 $R_{n(\delta)}y^\delta$ 或者 $R_{n(\varepsilon)}y^\varepsilon$ 收敛于真解.

4.2 Galerkin 方法

Galerkin 方法的构造在式 (4.1.5) 和 (4.1.6) 中已经给出. 本节来讨论该方法的误差估计. 根据上一节最后的说明, 这里讨论两种类型的误差分析：分别由连续输入扰动和离散输入扰动造成的近似解的误差估计.

定理 4.2.1　设 $Kx=y$ 且 Galerkin 方程 (4.1.5) 对任意的右端项是可解的.

(1) 设 y^δ 是满足 $\|y^\delta-y\|\leqslant\delta$ 的误差数据, x_n^δ 是

$$\langle Kx_n^\delta, z_n\rangle=\langle y^\delta, z_n\rangle,\quad \forall z_n\in Y_n \tag{4.2.1}$$

的解, 则有误差估计

$$\|x_n^\delta-x\|\leqslant\delta\|R_n\|+\|R_nKx-x\|. \tag{4.2.2}$$

(2) 设 A_{ij},β_j 由式 (4.1.6) 给出.β^ε 是 β 的满足 $|\beta^\varepsilon-\beta|\leqslant\varepsilon$ 的误差数据, $|\cdot|$ 表示 Euclidean 模. 记 α^ε 是 $A\alpha^\varepsilon=\beta^\varepsilon$ 的解, 定义

$$x_n^\varepsilon=\sum_{j=1}^n\alpha_j^\varepsilon\hat{x}_j\in X_n, \tag{4.2.3}$$

则有误差估计

$$\|x_n^\varepsilon-x\|\leqslant\frac{a_n}{\lambda_n}\varepsilon+\|R_nKx-x\|, \tag{4.2.4}$$

$$\|x_n^\varepsilon-x\|\leqslant b_n\|R_n\|\varepsilon+\|R_nKx-x\|, \tag{4.2.5}$$

其中

$$a_n=\max\left\{\left\|\sum_{j=1}^n\rho_j\hat{x}_j\right\|:\sum_{j=1}^n|\rho_j|^2=1\right\},\quad b_n=\max\left\{\sqrt{\sum_{j=1}^n|\rho_j|^2}:\left\|\sum_{j=1}^n\rho_j\hat{y}_j\right\|=1\right\},$$

$\lambda_n>0$ 是矩阵 A 的最小的奇异值.

注解 4.2.2　估计式 (4.2.4) 和 (4.2.5) 分别给出了考虑右端项的离散误差时, 正则化解的误差对子空间 X_n,Y_n 基函数的依赖关系. 注意, 当 $\{\hat{x}_j:j=1,\cdots,n\}\subset X$ 或者 $\{\hat{y}_j:j=1,\cdots,n\}\subset Y$ 是正交系统时, 有 $a_n=1$ 或 $b_n=1$.

证明　(1) 是式 (4.1.18) 的一个直接结果.

(2) 由三角不等式 $\|x_n^\varepsilon-x\|\leqslant\|x_n^\varepsilon-R_ny\|+\|R_ny-x\|$, 只要估计第一项即可. 注意到 $R_ny=\sum\limits_{j=1}^n\alpha_j\hat{x}_j$, 其中 α_j 是式 (4.1.4) 的解, 因此有 $x_n^\varepsilon-R_ny=\sum\limits_{j=1}^n(\alpha_j^\varepsilon-\alpha_j)\hat{x}_j$, 据此得

$$\|x_n^\varepsilon-R_ny\|\leqslant a_n|\alpha^\varepsilon-\alpha|=a_n|A^{-1}(\beta^\varepsilon-\beta)|\leqslant a_n|A^{-1}|_2|\beta^\varepsilon-\beta|\leqslant\frac{a_n}{\lambda_n}\varepsilon,$$

其中 $|A^{-1}|_2$ 是 A^{-1} 的谱模, 即 A 的最小的奇异值. 式 (4.2.4) 证毕.

取 $y_n^\varepsilon\in Y_n$ 使得 $\langle y_n^\varepsilon,\hat{y}_i\rangle=\beta_i^\varepsilon$. 由 $x_n^\varepsilon=R_ny_n^\varepsilon$ 得 $\|x_n^\varepsilon-R_ny\|=\|R_ny_n^\varepsilon-R_ny\|$. 由于

$$R_ny=(P_nK|_{X_n})^{-1}P_ny$$

对一切的 $y \in Y$ 成立, 其中用 $P_n y \in Y_n \subset Y$ 代替 y 得到 (注意 P_n 是投影算子)

$$R_n P_n y = (P_n K|_{X_n})^{-1} P_n^2 y = (P_n K|_{X_n})^{-1} P_n y = R_n y,$$

从而得

$$\begin{aligned}
\|x_n^\varepsilon - R_n y\| &\leqslant \|R_n\| \|y_n^\varepsilon - P_n y\| = \|R_n\| \sup_{z_n \in Y_n} \frac{\langle y_n^\varepsilon - P_n y, z_n \rangle}{\|z_n\|} \\
&= \|R_n\| \sup_{\rho_j} \frac{\sum_{j=1}^n \rho_j \langle y_n^\varepsilon - P_n y, \hat{y}_j \rangle}{\left\| \sum_{j=1}^n \rho_j \hat{y}_j \right\|} = \|R_n\| \sup_{\rho_j} \frac{\sum_{j=1}^n \rho_j (\beta_j^\varepsilon - \beta_j)}{\left\| \sum_{j=1}^n \rho_j \hat{y}_j \right\|} \\
&\leqslant \|R_n\| |\beta^\varepsilon - \beta| \sup_{\rho_j} \frac{\sqrt{\sum_{j=1}^n \rho_j^2}}{\left\| \sum_{j=1}^n \rho_j \hat{y}_j \right\|} = \|R_n\| b_n \varepsilon.
\end{aligned}$$

式 (4.2.5) 证毕.

再次指出, 只有在定理 4.1.11 中的有界性条件 (4.1.15) 成立时才能得到 Galerkin 方法的收敛性.

当以特殊的方式选取有限维子空间 X_n 和 Y_n 时, 就得到 Galerkin 方法的一些特殊情形：

(1) 当取 $Y_n = K(X_n)$ 时导出的方法就是最小平方法 (least squares method);

(2) 当取 $X_n = K^*(Y_n)$ 时导出的方法称为对偶最小平方法 (dual least squares method), 其中 $K^* : Y \to X$ 是 K 的伴随算子.

下面分别加以介绍.

求解方程 $Kx = y$ 的一个明显的方法是在有限维子空间上求最小平方的近似解：对有限维子空间 $X_n \subset X$, 求 $x_n \in X_n$ 使得对一切的 $z_n \in X_n$ 成立

$$\|Kx_n - y\| \leqslant \|Kz_n - y\|. \tag{4.2.6}$$

由于 K 是一一对应的, X_n 是有限维的, $x_n \in X_n$ 显然存在唯一. 该最小平方问题的解 $x_n \in X_n$ 等价于

$$\langle Kx_n, Kz_n \rangle = \langle y, Kz_n \rangle, \qquad \forall z_n \in X_n. \tag{4.2.7}$$

据此可看出, 当 $Y_n = K(X_n)$ 时, 最小平方法就是 Galerkin 方法的一个特殊情形.

取 $\{\hat{x}_j : j = 1, \cdots, n\}$ 为 X_n 的一组基, 上式变为

$$\sum_{j=1}^n \alpha_j \langle K\hat{x}_j, K\hat{x}_i \rangle = \beta_i = \langle y, K\hat{x}_i \rangle, \qquad i = 1, \cdots, n. \tag{4.2.8}$$

再考虑右端项有扰动的情况. 对右端项的满足 $\|y^\delta - y\| \leqslant \delta$ 的连续扰动数据 y^δ, 记 $x_n^\delta \in X_n$ 满足

$$\langle Kx_n^\delta, Kz_n\rangle = \langle y^\delta, Kz_n\rangle, \qquad \forall z_n \in X_n. \tag{4.2.9}$$

对离散扰动数据, 设式 (4.2.8) 中的 β 被 β^δ 代替 (这里为了下面记号方便我们仍用 δ 来表示离散扰动的误差水平, 即 β^δ 对应于前面的 β^ε), 此时的 $x_n^\delta = \sum\limits_{j=1}^n \alpha_j^\delta \hat{x}_j$ 的系数满足

$$\sum_{j=1}^n \alpha_j^\delta \langle K\hat{x}_j, K\hat{x}_i\rangle = \beta_i^\delta, \quad i = 1, \cdots, n. \tag{4.2.10}$$

由于系数矩阵 $A = (\langle K\hat{x}_j, K\hat{x}_i\rangle)_{n\times n}$ 正定, 该方程组唯一可解. 对最小平方法, 有界性条件 (4.1.15) 需要给出附加条件才能满足. 然而有下列结果:

定理 4.2.3　设 X, Y 是 Hilbert 空间, $K: X \to Y$ 是一个有界的一一的线性算子, $X_n \subset X$ 是有限维的子空间且 $\cup_{n\in N} X_n$ 在 X 中稠密. 记 $x \in X$ 是 $Kx = y$ 的解, $x_n^\delta \in X_n$ 是式 (4.2.9) 或 (4.2.10) 的解. 定义

$$\sigma_n := \max\{\|z_n\| : z_n \in X_n, \|Kz_n\| = 1\}, \tag{4.2.11}$$

如果存在独立于 n 的常数 $c > 0$ 使得

$$\min_{z_n \in X_n} \{\|x - z_n\| + \sigma_n \|K(x - z_n)\|\} \leqslant c\|x\| \tag{4.2.12}$$

对一切的 $x \in X$ 成立, 则最小平方法是收敛的且 $\|R_n\| \leqslant \sigma_n$, 此时的误差估计为

$$\|x - x_n^\delta\| \leqslant r_n \sigma_n \delta + \hat{c} \min\{\|x - z_n\| : z_n \in X_n\}, \tag{4.2.13}$$

$\hat{c}$ 为某常数, r_n 如下定义:

(1) 如 δ 是右端连续扰动的度量, 即 $x_n^\delta \in X_n$ 是式 (4.2.9) 的解, 取 $r_n = 1$;

(2) 如 δ 是右端离散扰动的度量, 即 $x_n^\delta = \sum\limits_{j=1}^n \alpha_j^\delta \hat{x}_j \in X_n$, α_j^δ 满足式 (4.2.10), 取

$$r_n = \max\left\{\sqrt{\sum_{j=1}^n |\rho_j|^2} : \left\|K\left(\sum_{j=1}^n \rho_j \hat{x}_j\right)\right\| = 1\right\}. \tag{4.2.14}$$

证明　我们证明 $\|R_n K\|$ 关于 n 是一致有界的. 设 $x \in X$ 并记 $x_n := R_n Kx$, 则 x_n 对一切的 $z_n \in X_n$ 成立 $\langle Kx_n, Kz_n\rangle = \langle Kx, Kz_n\rangle$, 从而

$$\begin{aligned}\|K(x_n - z_n)\|^2 &= \langle K(x_n - z_n), K(x_n - z_n)\rangle \\ &= \langle K(x - z_n), K(x_n - z_n)\rangle \leqslant \|K(x - z_n)\|\|K(x_n - z_n)\|,\end{aligned}$$

从而对一切的 $z_n \in X_n$ 有 $\|K(x_n - z_n)\| \leqslant \|K(x - z_n)\|$. 据此和 σ_n 的定义得

$$\|x_n - z_n\| \leqslant \sigma_n \|K(x_n - z_n)\| \leqslant \sigma_n \|K(x - z_n)\|,$$

因此对一切的 $z_n \in X_n$ 成立估计

$$\|x_n\| \leqslant \|x_n - z_n\| + \|z_n - x\| + \|x\| \leqslant \|x\| + [\|z_n - x\| + \sigma_n \|K(x - z_n)\|].$$

此式对一切的 $z_n \in X_n$ 在 X_n 上取极小值, 由式 (4.2.12) 得 $\|x_n\| \leqslant (1 + c)\|x\|$. 故有界性条件 (4.1.15) 成立. 由定理 4.1.11 得到收敛性.

类似证明 $\|R_n\|$ 的估计. 设 $y \in Y$, 记 $x_n = R_n y$. 由式 (4.2.7) 得

$$\|Kx_n\|^2 = \langle Kx_n, Kx_n \rangle = \langle y, Kx_n \rangle \leqslant \|y\| \|Kx_n\|$$

因此由 σ_n 的定义, $\|x_n\| \leqslant \sigma_n \|Kx_n\| \leqslant \sigma_n \|y\|$, 从而 $\|R_n\| \leqslant \sigma_n$.

误差估计 (4.2.13) 由定理 4.2.1 和式 (4.2.2) 或 (4.2.5)(对 $\hat{y}_j = K\hat{x}_j$) 得到, 证毕.

下面介绍对偶最小平方法. 我们将看到有界性条件 (4.1.15) 总是成立的. 对给定的有限维子空间 $Y_n \subset Y$, 定义 $u_n \in Y_n$ 使得

$$\langle KK^* u_n, z_n \rangle = \langle y, z_n \rangle \tag{4.2.15}$$

对一切 $z_n \in Y_n$ 成立, 其中 K^* 是 K 的伴随算子.$x_n := K^* u_n$ 称为对偶最小平方解, 它是 Galerkin 方法取 $X_n = K^*(Y_n)$ 的一种特例. 对 $y = Kx$, 上式为

$$\langle K^* u_n, K^* z_n \rangle = \langle x, K^* z_n \rangle.$$

由此可看出, 方程 $Kx = y$ 的对偶最小平方法就是 $K^* y = x$ 的最小平方法, 这也正是该名称的由来.

再次考虑右端项有扰动的情况. 记 $y^\delta \in Y$ 满足 $\|y^\delta - y\| \leqslant \delta$. 对应于式 (4.2.15), 由

$$\langle K^* u_n, K^* z_n \rangle = \langle y^\delta, z_n \rangle \tag{4.2.16}$$

来决定 $x_n^\delta = K^* u_n^\delta \in X_n$. 对离散扰动, 选取 $\{\hat{y}_j, j = 1, 2, \cdots, n\}$ 为 Y_n 的基. 假定 Galerkin 方程的右端 $\beta_i = \langle y, \hat{y}_i \rangle (i = 1, \cdots, n)$ 的扰动向量为 β^δ, $|\beta^\delta - \beta| \leqslant \delta$. 对应于式 (4.2.15), 由

$$x_n^\delta = K^* u_n^\delta = \sum_{j=1}^{n} \alpha_j^\delta K^* \hat{y}_j$$

来决定 x_n^δ, 其中 α^δ 满足

$$\sum_{j=1}^{n} \alpha_j^\delta \langle K^* \hat{y}_j, K^* \hat{y}_i \rangle = \beta_i^\delta, \quad i = 1, \cdots, n. \tag{4.2.17}$$

下面说明式 (4.2.16) 和 (4.2.17) 的唯一可解性. 由于 $K(X)$ 在 Y 中是稠密的, $K^*: Y \to X$ 是一一对应的. 从而 X_n 和 Y_n 的维数一致, 且 K^* 是 Y_n 到 X_n 上的一个同构 (isomorphism). 故只要证明式 (4.2.16) 解的唯一性即可. 如果 $u_n \in Y_n$ 使得 $\langle K^*u_n, K^*z_n\rangle=0$ 对一切的 $z_n \in Y_n$ 成立, 取 $z_n = u_n$ 得 $\|K^*u_n\|^2 = 0$, 即 $K^*u_n = 0$ 或 $u_n = 0$.

收敛性和误差估计由下面的结果给出.

定理 4.2.4　设 X, Y 是 Hilbert 空间, $K : X \to Y$ 是一一对应的线性有界算子, 且 $K(X)$ 在 Y 中稠密. 记 $Y_n \subset Y$ 是有限维的子空间且 $\cup_{n\in N}Y_n$ 在 Y 中稠密. 记 $x \in X$ 是 $Kx = y$ 的解, 则

(1) Galerkin 方程 (4.2.16) 和 (4.2.17) 对任意的右端项和任意 $n \in N$ 的是唯一可解的.

(2) 对偶最小平方法是收敛的, 且

$$\|R_n\| \leqslant \sigma_n := \max\{\|z_n\| : z_n \in Y_n, \|K^*z_n\| = 1\}. \tag{4.2.18}$$

(3) 存在 $c > 0$, 使得误差估计为

$$\|x - x_n^\delta\| \leqslant r_n\sigma_n\delta + c\min\{\|x - z_n\| : z_n \in K^*(Y_n)\}, \tag{4.2.19}$$

这里当 x_n^δ 满足式 (4.2.16) 时取 $r_n = 1$; 当 $x_n^\delta = \sum\limits_{j=1}^{n} \alpha_j^\delta K^*\hat{y}_j \in X_n, \alpha^\delta$ 满足式 (4.2.17) 时取

$$r_n = \max\left\{\sqrt{\sum_{j=1}^{n}|\rho_j|^2} : \left\|\sum_{j=1}^{n}\rho_j\hat{y}_j\right\| = 1\right\}. \tag{4.2.20}$$

注意, 当 $\{\hat{y}_j : j = 1, \cdots, n\}$ 是 Y 中的正交基时, $r_n = 1$.

证明　(1) 已证.

(2) 先证明 $\|R_nK\| \leqslant 1$. 对 $x \in X$ 记 $x_n := R_nKx \in X_n$, 则 $x_n = K^*u_n$, 其中 $u_n \in Y_n$ 满足

$$\langle K^*u_n, K^*z_n\rangle = \langle Kx, z_n\rangle, \quad \forall z_n \in Y_n.$$

取 $z_n = u_n$, 即得

$$\|x_n\|^2 = \|K^*u_n\|^2 = \langle Kx, u_n\rangle = \langle x, K^*u_n\rangle \leqslant \|x\|\|x_n\|.$$

上述论证中的 Kx 用 y 代替并注意 $\left\|K^*\dfrac{u_n}{\|K^*u_n\|}\right\| = 1$ 得

$$\|x_n\|^2 \leqslant \|y\|\|u_n\| \leqslant \sigma_n\|y\|\|K^*u_n\| = \sigma_n\|y\|\|x_n\|,$$

即 $\|R_ny\| = \|R_nKx\| = \|x_n\| \leqslant \sigma_n \|y\|$, (2) 得证.

(3) 先证 $\cup_{n\in N}X_n$ 在 X 中稠密. 记 $x\in X,\varepsilon>0$. 由于 $K^*(Y)$ 在 X 中稠密, 存在 $y\in Y$ 使得 $\|x-K^*y\|\leqslant\varepsilon/2$. 由于 $\cup_{n\in N}Y_n$ 在 Y 中稠密, 存在 $y_n\in Y_n$ 使得 $\|y-y_n\|\leqslant\varepsilon/(2\|K\|)$. 故对 $x_n:=K^*y_n\in X_n$, 由三角不等式得

$$\|x-x_n\|\leqslant\|x-K^*y\|+\|K^*(y-y_n)\|\leqslant\varepsilon.$$

应用定理 4.2.1, 定理 4.1.11 和式 (4.2.2), (4.2.5) 即得 (4.2.19).

4.3 配置方法

如前所述, 配置方法通过插值算子构成了一种特殊的投影方法. 它要求 Y 是一个具有再生核的 Hilbert 空间, 即其上所有的取值函数 $y\to y(t)$ 对 $y\in Y,t\in[a,b]$ 是有界的.

这里不讨论具有再生核的 Hilbert 空间的一般介绍, 只考虑配置方法的一种特殊的然而是重要的情况: 最小模配置方法. 我们将看到, 该方法是最小平方解的一种特例, 因而可以用前节的方法求解.

现在我们再简述一下一般的配置方法, 并且在右端项有离散扰动的情况下导出误差估计.

设 X 是 Hilbert 空间, $X_n\subset X$ 是维数为 n 的有限维子空间.$a\leqslant t_1<\cdots<t_n\leqslant b$ 是配置点. 设 $K:X\to C[a,b]$ 是有界的一一对应的, $Kx=y$. 假定配置方程

$$Kx_n(t_i)=y(t_i),\quad i=1,\cdots,n \tag{4.3.1}$$

对任一右端项在 X_n 上是唯一可解的. 取 $\{\hat{x}_j:j=1,\cdots,n\}$ 为 X_n 的基函数, 记 $x_n=\sum\limits_{j=1}^{n}\alpha_j\hat{x}_j$, 把上述方程写为 $A\alpha=\beta$, 系数矩阵 A 和右端项 β 的元素为

$$A_{ij}=K\hat{x}_j(t_i),\quad \beta_i=y(t_i). \tag{4.3.2}$$

下面对配置方法的主要结果类似于定理 4.2.1, 但仅限于右端项的离散扰动的情况. 当然也可以考虑右端项的连续扰动的情况, 但是意义不是很大, 因为右端项的扰动用 L^2 模度量时, 逐点取值没有意义.

先引进矩阵 A 的谱范数:

$$\|A\|_2=\sqrt{\lambda_{\max}(A^TA)},$$

其中 $\lambda_{\max}(A^TA)$ 表示矩阵 A^TA 的最大特征值. 由该定义, 对可逆阵 A 显然有

$$\|A^{-1}\|_2=\sqrt{\lambda_{\max}((AA^T)^{-1})}=\sqrt{\frac{1}{\lambda_{\min}(AA^T)}}=\frac{1}{\sqrt{\lambda_{\min}(AA^T)}}=\frac{1}{\lambda_n},$$

其中 λ_n 表示 A 的最小奇异值.

定理 4.3.1　设 $\{t_1^{(n)},\cdots,t_n^{(n)}\}\subset[a,b],n\in N$ 是配置点序列, $\cup_{n\in N}X_n$ 在 X 中稠密. 假定配置方法是收敛的. 记 $x_n^\delta=\sum\limits_{j=1}^n\alpha_j^\delta\hat{x}_j\in X_n$, 其中 α^δ 满足 $A\alpha^\delta=\beta^\delta$, β^δ 满足 $|\beta^\delta-\beta|\leqslant\delta$, 则有下列误差估计

$$\|x_n^\delta-x\|_{L^2}\leqslant c\left(\frac{a_n}{\lambda_n}\delta+\inf\{\|x-z_n\|:z_n\in X_n\}\right), \tag{4.3.3}$$

其中

$$a_n=\max\left\{\left\|\sum_{j=1}^n\rho_j\hat{x}_j\right\|:\sum_{j=1}^n|\rho_j|^2=1\right\}, \tag{4.3.4}$$

λ_n 是 A 的最小奇异值.

证明　记 $x_n:=R_ny$ 是配置方程的解 (用 β 代替 β^δ), 在 $\|x_n^\delta-x\|\leqslant\|x_n^\delta-x_n\|+\|x_n-x\|$ 中, 第二项由定理 4.1.11 给出估计, 第一项由

$$\|x_n^\delta-x_n\|\leqslant a_n|\alpha^\delta-\alpha|=a_n|A^{-1}(\beta^\delta-\beta)|\leqslant a_n\left\|A^{-1}\right\|_2|\beta^\delta-\beta|\leqslant\frac{a_n}{\lambda_n}\delta$$

给出估计. 注意, 如果 $\{\hat{x}_j:j=1,\cdots,n\}$ 是 X 中的正交系统, $a_n=1$. 证毕.

下面介绍最小模的配置方法.

设 K 是由 Hilbert 空间 X 到 $[a,b]$ 的上的连续函数空间 $C[a,b]$ 一个一一的有界线性算子. 假定方程 $Kx=y$ 存在唯一解, $a\leqslant t_1<\cdots<t_n\leqslant b$ 是配置点. 如果在 X 上直接求解配置方程 $(Kx)(t_i)=y(t_i)$, 而不是像式 (4.3.1) 那样限制在有限维空间 X_n 上 (此时 $x_n(t)\in X_n$ 是唯一的), 则此时解出的 x 是不唯一的. 一个明显的选择方法是从式 (4.3.1) 在 X 中的解集合中确定具有最小 L^2 模的解.

定义 4.3.2　$x_n\in X$ 称为是式 (4.3.1) 关于配置点 $a\leqslant t_1<\cdots<t_n\leqslant b$ 的矩解 (moment solution), 如果 x_n 满足式 (4.3.1) 且

$$\|x_n\|_{L^2}=\min\{\|z_n\|_{L^2}:z_n\in X\text{满足式}(4.3.1)\}.$$

我们可以把矩解解释为一种最小平方解. 由于映射 $z(t)\to Kz(t_i)$ 在 Hilbert 空间 X 上是有界的, 由 Riesz 表现定理, 存在 $k_i\in X$ 使得对一切的 $z\in X$ 和 $i=1,\cdots,n$ 有 $Kz(t_i)=\langle k_i,z\rangle$. 例如, 如果 K 是有实值核函数 $k(t,s)$ 的积分算子

$$Kz(t)=\int_a^b k(t,s)z(s)ds,\quad t\in[a,b],z\in L^2(a,b),$$

则 $k_i\in L^2(a,b)$ 显然由 $k_i(s)=k(t_i,s)$ 给出. 把矩方程 (4.3.1) 重写为

$$\langle k_i,x_n\rangle=y(t_i)=\langle k_i,x\rangle,\quad i=1,\cdots,n.$$

由投影定理, 该方程组的最小模解 x_n 是 x 在 $X_n = \text{span}\{k_j : j = 1, \cdots, n\}$ 上的最佳逼近.

定义 Hilbert 空间 $Y := K(X)$, 其上内积为

$$\langle y, z\rangle_Y = \langle K^{-1}y, K^{-1}z\rangle, \quad y, z \in K(X).$$

对此空间, 有下述简单的引理.

引理 4.3.3 Y 是连续嵌入到 $C[a,b]$ 的 Hilbert 空间, 并且 K 是 X 到 Y 上的一个同构.

现在可以把方程 (4.3.1) 重写为

$$\langle Kk_i, Kx_n\rangle_Y = \langle Kk_i, y\rangle_Y, \quad i = 1, \cdots, n.$$

把此方程和式 (4.2.9) 比较知道, 方程 (4.3.1) 是最小平方法在 X_n 上的 Galerkin 方程. 因此我们已经证明了矩解可以解释为算子 $K : X \to Y$ 的最小平方解. 由定理 4.2.3 得到

定理 4.3.4 设 K 是一一对应的, $\{k_j : k_j \in X, j = 1, \cdots, n\}$ 是线性无关的且使得 $Kz(t_j) = \langle k_j, z\rangle$ 对一切的 $z \in X, j = 1, \cdots, n$ 成立, 则方程 (4.3.1) 存在唯一的矩解 x_n, 它可表为

$$x_n = \sum_{j=1}^{n} \alpha_j k_j, \tag{4.3.5}$$

其中 $\alpha = (\alpha_j)$ 满足 $A\alpha = \beta$,

$$A_{ij} = Kk_j(t_i) = \langle k_i, k_j\rangle, \quad \beta_i = y(t_i). \tag{4.3.6}$$

记 $\{t_1^{(n)}, \cdots, t_n^{(n)}\} \subset [a,b], n \in N$ 是配置点序列使得 $\cup_{n\in N} X_n$ 在 X 中稠密, 其中

$$X_n = \text{span}\{k_j^{(n)} : j = 1, \cdots, n\},$$

则方程 (4.3.1) 的矩解 $x_n \in X_n$ 在 X 上收敛于 $x \in L^2(a,b)$.

如果 $x_n^\delta = \sum\limits_{j=1}^{n} \alpha_j^\delta k_j^{(n)}$, 其中 α^δ 满足 $A\alpha^\delta = \beta^\delta, |\beta - \beta^\delta| < \delta$, 则有下列估计

$$\|x_n^\delta - x\| \leqslant \frac{a_n}{\lambda_n}\delta + c\min\{\|x - z_n\|_{L^2} : z_n \in X_n\}, \tag{4.3.7}$$

其中

$$a_n = \max\left\{\left\|\sum_{j=1}^{n} \rho_j k_j^{(n)}\right\|_{L^2} : \sum_{j=1}^{n} |\rho_j|^2 = 1\right\}, \tag{4.3.8}$$

λ_n 是 A 的最小奇异值.

证明　$\|\cdot\|_Y$ 的定义意味着 $\|z_n\| = \|Kz_n\|$, 从而 $\sigma_n = 1$, 其中 σ_n 由式 (4.2.11) 给出. 由于

$$\min_{z_n \in X_n} \{\|x - z_n\| + \sigma_n \|K(x - z_n)\|_Y\} \leqslant \|x\| + \sigma_n \|Kx\|_Y = \|x\| + \sigma_n \|x\| = 2\|x\|$$

(其中第一个估计由取 $z_n = \theta$(零向量) 得到), 最小平方法的收敛性条件 (4.2.12) 显然满足, 从而由定理 4.2.3 完成证明.

考虑数值微分的例子. 定义算子 K 为

$$(Kx)(t) = \int_0^t x(s)ds = \int_0^1 k(t,s)x(s)ds,$$

其中核函数

$$k(t,s) = \begin{cases} 1, & s \leqslant t, \\ 0, & s > t. \end{cases}$$

取等距节点 $t_j = j/n, j = 0, \cdots, n$, 则矩方法就是在约束条件

$$\int_0^{t_j} x(s)ds = y(t_j), \quad j = 1, \cdots, n \tag{4.3.9}$$

下极小化 $\|x\|_{L^2}^2$. 由于解 x_n 是分片常值函数 $k(t_j, \cdot)$ 的线性组合 (见定理 4.3.4 中的 (4.3.5)), 故也是分片常数. 因此有限维空间 X_n 为

$$X_n = \{z_n \in L^2(0,1), z_n\,\big|_{(t_{j-1},t_j)} \text{ constant}, j = 1, \cdots, n\}. \tag{4.3.10}$$

对 X_n 的基函数, 可取为 $\hat{x}_j(s) = k(t_j, s)$, 从而 $x_n = \sum\limits_{j=1}^{n} \alpha_j k(t_j, \cdot)$ 就是矩解, 其中 α 满足 $A\alpha = \beta$,

$$A_{ij} = \int_0^1 k(t_i,s)k(t_j,s)ds = \frac{1}{n}\min\{i,j\}, \quad \beta_i = y(t_i).$$

不难看出矩解就是取 $h = 1/n$ 时的单边差商

$$x_n(t_1) = \frac{1}{h}y(t_1), \quad x_n(t_j) = \frac{1}{h}[y(t_j) - y(t_{j-1})], \quad j = 2, \cdots, n.$$

检查定理 4.3.4 中的条件. 首先, K 是一一对应的, $\{k(t_j, \cdot) : j = 1, \cdots, n\}$ 是线性独立的, 且可以证明 $\cup_{n\in N} X_n$ 在 $L^2(0,1)$ 中稠密. 下面要由式 (4.3.9) 来估计 a_n, 估计 A 的最小奇异值 λ_n, 估计 $\min\{\|x - z_n\|_{L^2} : z_n \in X_n\}$.

设 $\rho \in \mathbf{R}^n$ 满足 $\sum\limits_{j=1}^{n} \rho_j^2 = 1$. 由 Cauchy-Schwarz 不等式得

$$\int_0^1 \left| \sum_{j=1}^{n} \rho_j k(t_j, s) \right|^2 ds \leqslant \int_0^1 \sum_{j=1}^{n} k(t_j, s)^2 ds = \sum_{j=1}^{n} t_j = \frac{n+1}{2},$$

因此 $a_n \leqslant \sqrt{(n+1)/2}$. 通过直接计算可知矩阵 A 的逆矩阵是三对角的, 即

$$A^{-1} = n \begin{bmatrix} 2 & -1 & 0 & \cdots & 0 & 0 & 0 \\ -1 & 2 & -1 & \cdots & 0 & 0 & 0 \\ 0 & -1 & 2 & \cdots & 0 & 0 & 0 \\ \vdots & \vdots & \vdots & & \vdots & \vdots & \vdots \\ 0 & 0 & 0 & \cdots & -1 & 2 & -1 \\ 0 & 0 & 0 & \cdots & 0 & -1 & 1 \end{bmatrix}.$$

A^{-1} 的最大特征值 $\mu_{\max}$ 可以用 A^{-1} 的每一行的元素的绝对值的和的最大值来估计, 即 $\mu_{\max} \leqslant 4n$. 我们可以用迹公式给出 $\mu_{\max}$ 的下界, 该估计几乎是最优的, 即

$$n\mu_{\max} \geqslant \operatorname{trace}(A^{-1}) = \sum_{j=1}^{n} (A^{-1})_{jj} = (2n-1)n,$$

注意到 $A^T = A$, 由定义,

$$\lambda_n = \sqrt{\lambda_{\min}(AA^T)} = \sqrt{\lambda_{\min}(A^2)} = \sqrt{(\lambda_{\min}(A))^2} = \frac{1}{\lambda_{\max}(A^{-1})} = \frac{1}{\mu_{\max}},$$

从而 λ_n 的估计为

$$\frac{1}{4n} \leqslant \lambda_n \leqslant \frac{1}{2n-1}.$$

另一方面, 可以证明

$$\min\{\|x - z_n\|_{L^2} : z_n \in X_n\} \leqslant \frac{1}{n} \|x'\|_{L^2}.$$

因此对上述数值微分的例子, 我们已经证明了下面的定理

定理 4.3.5 约束条件 (4.3.9) 下的矩方法是收敛的. 如果 $x \in H^1(0,1)$, 则有下列误差估计

$$\|x_n^\delta - x\|_{L^2} \leqslant \sqrt{\frac{n+1}{2}}\delta + \frac{c}{n}\|x'\|_{L^2},$$

δ 是右端项的离散误差.

利用该估计, 可以得出正则化参数 n(有限维投影空间的维数) 与输入数据误差 δ 的依赖关系 $n=n(\delta)$ 以使得 $\delta\to 0$ 时 $\|x^{\delta}_{n(\delta)}-x\|_{L^2}\to 0$. 但是我们注意这种正则化参数的先验取法是对数值微分这样一个不适定性很弱的问题进行的. 对于其他弱不适定性的问题, 这种正则化方法也已经有了大量的研究. 关于不适定性强弱的描述, 前面我们已经给出了介绍. 但是, 如果所论的问题是强不适定的, 则这种投影正则化方法的研究还不多, 一个近期的工作见文献 [6].

4.4 投影方法的应用

前面我们介绍了两类投影方法：Galerkin 方法和配置方法, 它们可用于解第一类的不适定方程, 投影方法中有限维空间的维数起着正则化参数的作用. 本节介绍这两个方法在一个具体问题中的应用. 分三部分来讲. 首先介绍问题的背景及对应的积分方程的性质, 然后介绍 Galerkin 方法的应用, 最后介绍配置方法对该问题的处理, 并比较两种方法的优劣.

4.4.1 Laplace 方程边值问题的势函数解法

考虑二维 Laplace 方程的 Dirichlet 边值问题

$$\begin{cases}\Delta u=0 & \text{in } \Omega,\\ u=f & \text{on } \partial\Omega,\end{cases} \tag{4.4.1}$$

其中 $\Omega\subset\mathbf{R}^2$ 是一个具有解析边界 $\partial\Omega$ 的单连通有界区域, $f\in C(\partial\Omega)$ 是已知函数. 求解问题 (4.4.1) 的单层势函数方法是将 $u(x)$ 表示为

$$u(x)=-\frac{1}{\pi}\int_{\partial\Omega}\phi(y)\ln|x-y|ds(y),\quad x\in\Omega, \tag{4.4.2}$$

$u(x)$ 是问题 (4.4.1) 的解的充分必要条件是 $\phi\in C(\partial\Omega)$ 满足 Symm 方程

$$-\frac{1}{\pi}\int_{\partial\Omega}\phi(y)\ln|x-y|ds(y)=f(x),\quad x\in\partial\Omega. \tag{4.4.3}$$

这是一个第一类的积分方程. 对给定的区域 Ω, 一般说来, 由 ϕ 到 f 的映射不是一一对应的. 为了保证该方程解的唯一性, 需要对 Ω 加上条件. 在该条件下, 方程 (4.4.3) 有唯一解, 从而问题 (4.4.1) 的解可由式 (4.4.2) 表出. 我们直接给出下面的结果 [47].

定理 4.4.1 设存在 $z_0\in\Omega$, 使得对一切的 $x\in\partial\Omega$ 成立 $|x-z_0|\neq 1$, 则 $f=0$ 时方程 (4.4.3) 的唯一解 $\phi\in C(\partial\Omega)$ 是 $\phi=0$, 即上述积分算子是一一的 (one-to-one).

注意, 对 Ω 所加的条件是由于采用势函数方法求解问题 (4.4.1) 时所要求的, 不是原问题 (4.4.1) 本身的要求. 假定 $\partial\Omega$ 有参数表示

$$x=\gamma(s),\quad s\in[0,2\pi],$$

其中 $\gamma:[0,2\pi]\to\mathbf{R}^2$ 是以 2π 为周期的解析函数, 且满足 $|\gamma'(s)|>0, s\in[0,2\pi]$. 此时 Symm 方程 (4.4.3) 变为

$$-\frac{1}{\pi}\int_0^{2\pi}\psi(s)\ln|\gamma(t)-\gamma(s)|ds=f(\gamma(t)),\quad t\in[0,2\pi],\tag{4.4.4}$$

其中 $\psi(s):=\phi(\gamma(s))|\gamma'(s)|, s\in[0,2\pi]$.

在 $\Omega=B(0,a)$ 的特殊情况下, $\gamma_a(s)=a(\cos s,\sin s)$, 从而

$$\ln|\gamma_a(t)-\gamma_a(s)|=\ln a+\frac{1}{2}\ln\left(4\sin^2\frac{t-s}{2}\right);\tag{4.4.5}$$

而对一般的区域 Ω, 方程 (4.4.3) 中的核函数变为

$$-\frac{1}{\pi}\ln|\gamma(t)-\gamma(s)|=-\frac{1}{2\pi}\ln\left(4\sin^2\frac{t-s}{2}\right)+k(t,s),\quad t\neq s,\tag{4.4.6}$$

其中 $k(t,s)$ 在 $t\neq s$ 时是解析函数. 直接求极限可得

$$\lim_{s\to t}k(t,s)=-\frac{1}{\pi}\ln|\gamma'(s)|.$$

这意味着 $k(t,s)$ 可以解析延拓到 $[0,2\pi]\times[0,2\pi]$ 上. 据此分解, 方程 (4.4.3) 变为

$$-\frac{1}{2\pi}\int_0^{2\pi}\psi(s)\ln\left(4\sin^2\frac{t-s}{2}\right)ds+\int_0^{2\pi}\psi(s)k(t,s)ds=f(\gamma(t)),\quad t\in[0,2\pi].\tag{4.4.7}$$

该方程是我们讨论投影方法的模型方程. 它是一个无限维空间上的第一类积分方程, 且第一积分项有弱奇性. 为此引进空间 $X=L^2(0,2\pi)$ 和定义于其上的算子 K,K_0,C:

$$K\cdot\psi(t)=-\frac{1}{\pi}\int_0^{2\pi}\psi(s)\ln|\gamma(t)-\gamma(s)|ds,\quad t\in[0,2\pi],\tag{4.4.8}$$

$$K_0\cdot\psi(t)=-\frac{1}{2\pi}\int_0^{2\pi}\psi(s)\left[\ln\left(4\sin^2\frac{t-s}{2}\right)-1\right]ds,\quad t\in[0,2\pi],\tag{4.4.9}$$

$$C\cdot\psi=K\cdot\psi-K_0\cdot\psi,\quad t\in[0,2\pi].\tag{4.4.10}$$

由于 K,K_0 的核函数是弱奇性的, 算子 K,K_0(从而算子 C) 是 $X=L^2(0,2\pi)$ 上的紧算子, 并且是 $X=L^2(0,2\pi)$ 上的自伴算子. 再用 Fourier 级数的截断来定义有限维子空间 X_n,Y_n, 即

$$X_n=Y_n=\left\{\sum_{j=-n}^{n}\alpha_je^{ijt}:\alpha_j\ \text{是复数}\right\},\tag{4.4.11}$$

这里 $i=\sqrt{-1}$ 表示虚数单位. 为讨论算子 K,K_0 的性质, 需下面的技术性结果和明显的线性算子延拓定理及 Sobolev 空间嵌入定理.

引理 4.4.2

$$\frac{1}{2\pi}\int_0^{2\pi} e^{ins}\ln\left(4\sin^2\frac{s}{2}\right)ds = \begin{cases} -1/|n|, & n\in Z, n\neq 0, \\ 0, & n=0. \end{cases} \tag{4.4.12}$$

该引理表明, 函数

$$\hat{\psi}_n(t) := e^{int}, \quad t\in[0,2\pi], \quad n\in Z \tag{4.4.13}$$

是算子 K_0 的特征函数:

$$K_0\hat{\psi}_n = \frac{1}{|n|}\hat{\psi}_n, \quad n\neq 0; \quad K_0\hat{\psi}_0 = \hat{\psi}_0. \tag{4.4.14}$$

下面的保范延拓定理是标准的.

引理 4.4.3　设 $\hat{X},\hat{Y}$ 是 Banach 空间, $X\subset\hat{X}$ 是稠密的子空间.$A: X\to\hat{Y}$ 是有界线性算子, 则存在唯一的有界线性算子 $\hat{A}:\hat{X}\to\hat{Y}$ 使得

(1) 对一切的 $x\in X$ 成立 $\hat{A}x = Ax$, 即 A 可以延拓到 $\hat{X}$ 上;

(2) $\|\hat{A}\| = \|A\|$.

引理 4.4.4　Sobolev 嵌入定理

(1) 对 $r>s$, Sobolev 空间 $H^r(0,2\pi)$ 是 $H^s(0,2\pi)$ 的稠密子空间; 由 $H^r(0,2\pi)$ 到 $H^s(0,2\pi)$ 的嵌入算子是紧的.

(2) 对一切的 $r\geqslant 0, x\in H^r(0,2\pi), y\in L^2(0,2\pi)$ 成立

$$\left|\int_0^{2\pi} x(s)y(s)ds\right| \leqslant 2\pi\|x\|_{H^r}\|y\|_{H^{-r}}.$$

由此引理可得

引理 4.4.5　设 $r\in N$, $k(t,s)\in C^r([0,2\pi]\times[0,2\pi])$ 是关于两个变量的以 2π 为周期的函数, 则对任意的 $-r\leqslant s\leqslant r$, 由

$$\tilde{K}x(t) = \int_0^{2\pi} k(t,\tau)x(\tau)d\tau, \quad t\in(0,2\pi)$$

定义的积分算子 $\tilde{K}$ 可以延拓为由 $H^s(0,2\pi)$ 到 $H^r(0,2\pi)$ 的一个有界算子.

证明　设 $x\in L^2(0,2\pi)$. 由

$$\frac{d^j}{dt^j}\tilde{K}x(t) = \int_0^{2\pi}\frac{\partial^j k(t,\tau)}{\partial t^j}x(\tau)d\tau, \quad j=0,\cdots,r$$

和引理 4.4.4(2) 知对 $x\in L^2(0,2\pi)$ 有

$$\left|\frac{d^j}{dt^j}\tilde{K}x(t)\right| \leqslant 2\pi\left\|\frac{\partial^j k(t,\cdot)}{\partial t^j}\right\|_{H^r}\|x\|_{H^{-r}}, \tag{4.4.15}$$

从而对一切的 $x \in L^2(0,2\pi)$ 成立

$$\|\tilde{K}x\|_{H^r} \leqslant c_1\|\tilde{K}x\|_{C^r} \leqslant c_2\|x\|_{H^{-r}}.$$

这表明 $\tilde{K}$ 是 $L^2 \to H^r$ 的有界线性算子. 由于 $L^2(0,2\pi)$ 在 $H^{-r}(0,2\pi)$ 中是稠密的 (引理 4.4.4(1)), 由引理 4.4.3 知 $\tilde{K}$ 可以等距延拓为 $H^{-r} \to H^r$ 的有界线性算子, 而 $s \in [-r,r]$ 时有 $H^s \subset H^{-r}$, 即完成证明.

下面的结果给出了算子 K, K_0, C 的性质.

定理 4.4.6　设区域 Ω 满足定理 4.4.1 的条件, K, K_0 如上给定, 则

(1) 对任意的 $s \in \mathbf{R}$, K, K_0 都可以延拓为由 $H^{s-1}(0,2\pi)$ 到 $H^s(0,2\pi)$ 上的一个同构映射 (isomorphisms);

(2) K_0 是由 $H^{-1/2}(0,2\pi)$ 到 $H^{1/2}(0,2\pi)$ 的一个强制映射;

(3) 对任意的 $s \in \mathbf{R}$, $C = K - K_0$ 是由 $H^{s-1}(0,2\pi)$ 到 $H^s(0,2\pi)$ 的紧算子.

证明　设 $\psi \in L^2(0,2\pi)$, 则 ψ 有表示式

$$\psi(t) = \sum_{n\in Z} \alpha_n e^{int},$$

其中 $\sum\limits_{n\in Z} |\alpha_n|^2 < \infty$. 由式 (4.4.14) 得

$$K_0\psi(t) = \alpha_0 + \sum_{n\neq 0} \frac{1}{|n|}\alpha_n e^{int},$$

从而由 H^s 范数的定义, 对任意的 $s \in \mathbf{R}$ 成立

$$\|K_0\psi\|_{H^s}^2 = |\alpha_0|^2 + \sum_{n\neq 0}(1+n^2)^s \frac{1}{n^2}|\alpha_n|^2,$$

$$\langle \psi, K_0\psi\rangle = |\alpha_0|^2 + \sum_{n\neq 0}\frac{1}{|n|}|\alpha_n|^2 \geqslant \sum_{n\in Z}(1+n^2)^{-1/2}|\alpha_n|^2 = \|\psi\|_{H^{-1/2}}^2.$$

由初等估计

$$(1+n^2)^{s-1} \leqslant \frac{(1+n^2)^s}{n^2} \leqslant \frac{(1+n^2)^s}{(1+n^2)/2} = 2(1+n^2)^{s-1}, \quad n \neq 0$$

知 K_0 可以延拓为由 $H^{s-1}(0,2\pi)$ 到 $H^s(0,2\pi)$ 上的一个同构映射, 且 $s = 1/2$ 时 K_0 是强制的.

另一方面, 对任意的 $s, r \in \mathbf{R}$, 由引理 4.4.5 知, C 是由 $H^r(0,2\pi)$ 到 $H^s(0,2\pi)$ 的一个有界算子. 这就证明了 (3) 及 $K = K_0 + C$ 是 $H^{s-1}(0,2\pi)$ 到 $H^s(0,2\pi)$ 上的一个有界算子. 下面只要证明 K 还是 $H^{s-1}(0,2\pi)$ 到 $H^s(0,2\pi)$ 上的一个同构. 由

Riesz 定理 (定理 2.3.4), 只要证明 K 是一一的. 设 $\psi \in H^{s-1}(0,2\pi)$ 满足 $K\psi = 0$. 由 $K_0\psi = -C\psi$ 及算子 C 的性质知对一切的 $r \in \mathbf{R}$, $K_0\psi \in H^r(0,2\pi)$, 即对一切的 $r \in \mathbf{R}$, $\psi \in H^r(0,2\pi)$. 特别地, 这意味着 ψ 是连续的且 $\phi(\gamma(t)) = \psi(t)/|\gamma'(t)|$ 对 $f = 0$ 满足 Symm 方程. 由定理 4.4.1 得 $\phi = 0$, 证毕.

应用上述理论结果, 下面可以讨论求解 Symm 方程的 Galerkin 方法.

4.4.2 Galerkin 方法解 Symm 方程

由 Galerkin 方法的一般结果, 该方法的收敛性依赖于算子 K 在有限维空间 X_n 上的条件数的估计, 该估计也称为稳定性性质.

引理 4.4.7 设 $r \geqslant s$. 存在 $c > 0$ 使得对一切 $n \in N$ 成立

$$\|\psi_n\|_{L^2} \leqslant cn\|K\psi_n\|_{L^2}, \quad \forall \psi_n \in X_n, \tag{4.4.16}$$

$$\|\psi_n\|_{H^r} \leqslant cn^{r-s}\|\psi_n\|_{H^s}, \quad \forall \psi_n \in X_n. \tag{4.4.17}$$

证明 设 $\psi_n(t) = \sum\limits_{|j|\leqslant n} \alpha_j e^{ijt} \in X_n$, 则

$$\|K_0\psi_n\|_{L^2}^2 = 2\pi\left[|\alpha_0|^2 + \sum_{|j|\leqslant n, j\neq 0} \frac{1}{j^2}|\alpha_j|^2\right] \geqslant \frac{1}{n^2}\|\psi_n\|_{L^2}^2, \tag{4.4.18}$$

此即 $K = K_0$ 时的第一个估计式. 由于 $K = (KK_0^{-1})K_0$, 且由定理 4.4.6(1) 知 KK_0^{-1} 是 $L^2(0,2\pi)$ 上的一个同构, 故第一个估计式对 K 也成立. 另一方面, 由于 $|j| \leqslant n$ 时 $(1+j^2)^{r-s} \leqslant (2n^2)^{r-s}$, 从而

$$\|\psi_n\|_{H^r}^2 = \sum_{|j|\leqslant n}(1+j^2)^r|\alpha_j|^2 = \sum_{|j|\leqslant n}(1+j^2)^{r-s}(1+j^2)^s|\alpha_j|^2 = (2n^2)^{r-s}\|\psi_n\|_{H^s}^2,$$

故式 (4.4.17) 得证.

利用算子的该估计及前述 Galerkin 方法的收敛性结果, 即得

定理 4.4.8 设 $\psi \in H^r(0,2\pi)$ 是式 (4.4.4) 的唯一解, 即对某 $g \in H^{r+1}(0,2\pi), r \geqslant 0$ 成立

$$K\psi(t) := -\frac{1}{\pi}\int_0^{2\pi} \psi(s)\ln|\gamma(t)-\gamma(s)|ds = g(t) := f(\gamma(t)), \quad t \in [0,2\pi].$$

记 $g^\delta \in L^2(0,2\pi)$ 满足 $\|g^\delta - g\|_{L^2} \leqslant \delta$, X_n 如式 (4.4.11) 定义. 如果

(1) $\psi_n^\delta \in X_n$ 是最小平方解, 即 ψ_n^δ 满足

$$\langle K\psi_n^\delta, K\phi_n\rangle = \langle g^\delta, K\phi_n\rangle, \quad \forall \phi_n \in X_n, \tag{4.4.19}$$

或者

(2) $\psi_n^\delta = K\hat{\psi}_n^\delta(\hat{\psi}_n^\delta \in X_n)$ 是对偶最小平方解, 即 $\hat{\psi}_n^\delta$ 满足

$$\langle K\hat{\psi}_n^\delta, K\phi_n\rangle = \langle g^\delta, \phi_n\rangle, \quad \forall \phi_n \in X_n, \tag{4.4.20}$$

则存在 $c>0$ 使得对一切 $n\in N$ 成立

$$\|\psi_n^\delta - \psi\|_{L^2} \leqslant c\left(n\delta + \frac{1}{n^r}\|\psi\|_{H^r}\right). \tag{4.4.21}$$

证明　由引理 4.4.7 的估计得

$$\sigma_n = \max\{\|\phi_n\|_{L^2} : \phi_n \in X_n, \|K\phi_n\|_{L^2} = 1\} \leqslant cn,$$

$$\rho_n = \max\{\|\phi_n\|_{L^2} : \phi_n \in X_n, \|\phi_n\|_{H^{-1/2}} = 1\} \leqslant c\sqrt{n}.$$

另一方面, 由于

$$\min\{\|\psi - \phi_n\|_{L^2} : \phi_n \in X_n\} \leqslant \|\psi - P_n\psi\|_{L^2} \leqslant \frac{1}{n^r}\|\psi\|_{H^r},$$

其中 $P_n\psi = \sum\limits_{|j|\leqslant n} \alpha_j\psi_j$ 是 $\psi = \sum\limits_{j\in Z}\alpha_j\psi_j$ 在 X_n 上的正交投影, 从而由定理 4.2.3, 定理 4.2.4 得到所要的结果, 这里最后一个估计源于下面对 $r\geqslant s$ 的一般估计:

$$\begin{aligned}\|P_n\psi - \psi\|_{H^s}^2 &= \sum_{|j|\geqslant n+1}(1+j^2)^s|\alpha_j|^2 = \sum_{|j|\geqslant n+1}(1+j^2)^{s-r}(1+j^2)^r|\alpha_j|^2\\ &\leqslant \frac{1}{n^{2(r-s)}}\sum_{|j|\geqslant n+1}(1+j^2)^r|\alpha_j|^2 \leqslant \frac{1}{n^{2(r-s)}}\|\psi\|_{H^r}^2.\end{aligned}$$

该定理给出了 Galerkin 方法处理 Symm 方程时对右端项的连续误差的解的误差估计. 根据定理 4.2.3, 定理 4.2.4 的第二部分的结果, 同样可以考虑该方法对右端项的离散误差的解的误差估计. 此时需要给出 r_n 的估计. 记 $\phi_k(t) = e^{ikt}$ 时式 (4.4.19) 或 (4.4.20) 的右端项为 β_k, $\beta = (\beta_k)$. 记 β 的扰动向量为 β^δ 满足 $|\beta^\delta - \beta| \leqslant \delta$. 由于 $\{e^{ikt}, k=-n,\cdots,n\}$ 是正交的, 对最小平方法, 据式 (4.2.14) 有

$$\begin{aligned}r_n^2 &= \max\left\{\sum_{j=-n}^n|\rho_j|^2 : \left\|\sum_{j=-n}^n\rho_jK_0e^{ij\cdot}\right\|_{L^2} = 1\right\}\\ &= \max\left\{\sum_{j=-n}^n|\rho_j|^2 : 2\pi\left(|\rho_0|^2 + \sum_{j\neq 0}\frac{1}{j^2}|\rho_j|^2\right) = 1\right\} = \frac{n^2}{2\pi};\end{aligned}$$

而对对偶最小平方法, 据式 (4.2.20) 有

$$r_n^2 = \max\left\{\sum_{j=-n}^n|\rho_j|^2 : \left\|\sum_{j=-n}^n\rho_je^{ij\cdot}\right\|_{L^2} = 1\right\} = \frac{1}{2\pi}.$$

4.4.3 配置方法解 Symm 方程

前述算子 K 是有定义的, 并且是由 $L^2(0,2\pi)$ 到 $H^1(0,2\pi)$ 的一个有界算子. 假定 K 是一一的 (如在定理 4.4.1 的条件下), 由定理 4.4.6, 方程

$$K\psi(t) := -\frac{1}{\pi}\int_0^{2\pi} \psi(s)\ln|\gamma(t)-\gamma(s)|ds = g(t), \quad t\in[0,2\pi]$$

对任意 $g\in H^1(0,2\pi)$ 在 $L^2(0,2\pi)$ 上存在唯一解. 用 $t_k = k\pi/n(k=0,\cdots,2n-1)$ 定义等距配置点. 对 $X_n\subset L^2(0,2\pi)$ 的基函数, 有各种不同的取法. 在考虑确定的取法以前, 先看一般的情况. 记 $X_n = \mathrm{span}\{\hat{x}_j : j\in J\}\subset L^2(0,2\pi)$, $J\subset Z$ 是有 $2n$ 个元素的指标集. 假定 $\{\hat{x}_j, j\in J\}$ 是 $L^2(0,2\pi)$ 中的正交集.

对 Symm 方程, 配置方程 (4.3.1) 的形式为

$$-\frac{1}{\pi}\int_0^{2\pi} \psi_n(s)\ln|\gamma(t_k)-\gamma(s)|ds = g(t_k), \quad k=0,\cdots,2n-1, \tag{4.4.22}$$

其中 $\psi_n\in X_n$. 记 $Q_n : H^1(0,2\pi)\to Y_n$ 是到 $2n$ 维空间

$$Y_n := \left\{\sum_{m=-n}^{n-1} a_m e^{imt} : a_m\in\mathbf{C}\right\}$$

的三角插值算子. 先给出 Q_n 的一个性质.

引理 4.4.9 设 $P_n : L^2(0,2\pi)\to Y_n\subset L^2(0,2\pi)$ 是一个正交投影算子, 则 P_n 有表达式

$$P_n x(t) = \sum_{k=-n}^{n-1} a_k e^{ikt}, \quad x\in L^2(0,2\pi), \tag{4.4.23}$$

其中系数

$$a_k = \frac{1}{2\pi}\int_0^{2\pi} x(s)e^{-iks}ds, \quad k\in Z,$$

并且对一切的 $x\in H^r(0,2\pi)$ 和 $r\geqslant s$ 成立

$$\|x-P_n x\|_{H^s} \leqslant \frac{1}{n^{r-s}}\|x\|_{H^r}.$$

证明 对 $x(t) = \sum\limits_{k\in Z} a_k e^{ikt}\in L^2(0,2\pi)$, 记 $z(t) = \sum\limits_{k=-n}^{n-1} a_k e^{ikt}\in Y_n$ 是式 (4.2.23) 的右端. e^{ikt} 的正交性表明 $x-z$ 垂直于 Y_n, 因此 z 就是 $P_n x$. 对 $x\in H^r(0,2\pi)$, 由于

$$\begin{aligned}\|x-P_n x\|_{H^s}^2 &\leqslant \sum_{|k|\geqslant n}(1+k^2)^s|a_k|^2 \leqslant \sum_{|k|\geqslant n}(1+k^2)^{-(r-s)}[(1+k^2)^r|a_k|^2]\\ &\leqslant (1+n^2)^{s-r}\|x\|_{H^r}^2 \leqslant n^{2(s-r)}\|x\|_{H^r}^2.\end{aligned}$$

命题证毕.

首先容易验证 Q_n 可利用 Lagrange 基

$$\hat{y}_k(t) = \frac{1}{2n} \sum_{m=-n}^{n-1} e^{im(t-t_k)}, \quad k = 0, \cdots, 2n-1 \tag{4.4.24}$$

表示为

$$Q_n \psi = \sum_{k=0}^{2n-1} \psi(t_k) \hat{y}_k.$$

由引理 4.4.9 知

$$\|\psi - Q_n \psi\|_{L^2} \leqslant \frac{c}{n} \|\psi\|_{H^1}, \quad \forall \psi \in H^1(0, 2\pi), \tag{4.4.25}$$

$$\|Q_n \psi\|_{H^1} \leqslant c \|\psi\|_{H^1}, \qquad \forall \psi \in H^1(0, 2\pi). \tag{4.4.26}$$

现在将配置方程 (4.4.22) 写为

$$Q_n K \psi_n = Q_n g, \quad \psi_n \in X_n. \tag{4.4.27}$$

下面将利用定理 4.1.16 的扰动结果并将 K 分裂为 $K_0 + C$, 其中 K_0 见式 (4.4.9).

考虑 X_n 的基函数的具体选取方法. 我们将讨论两种选取方式. 第一种方法取三角多项式为基函数, 这种基函数适用于边界数据充分光滑的情况; 第二种方法取分片常数的函数为基函数, 这种基函数适用于 $\partial\Omega$ 或者 $f(x)$ 不光滑的情况.

第一种方法:

$$\hat{x}_j(t) = \frac{1}{\sqrt{2\pi}} e^{ijt}, \quad j = -n, \cdots, n-1. \tag{4.4.28}$$

对由这种基函数构成的子空间, 有下列收敛性结果:

定理 4.4.10　设 $X_n = \text{span}\left\{\frac{1}{\sqrt{2\pi}} e^{ijt}, j = -n, \cdots, n-1\right\}$, 则配置方法是收敛的, 即式 (4.4.22) 的解 $\psi_n \in X_n$ 在 $L^2(0, 2\pi)$ 中收敛于 Symm 方程 $K\psi = g$ 的解 $\psi \in L^2(0, 2\pi)$.

如果式 (4.4.22) 的右端用 $\beta^\delta \in \mathbf{C}^{2n}$ 代替, β^δ 满足

$$\sum_{k=0}^{2n-1} |\beta_k^\delta - g(t_k)|^2 \leqslant \delta^2,$$

记 $\alpha^\delta \in \mathbf{C}^{2n}$ 是 $A\alpha^\delta = \beta^\delta$ 的解, $A_{kj} = K\hat{x}_j(t_k)$, 则有误差估计

$$\|\psi_n^\delta - \psi\|_{L^2} \leqslant c[\sqrt{n}\delta + \min\{\|\psi - \phi_n\|_{L^2} : \phi_n \in X_n\}], \tag{4.4.29}$$

其中

$$\psi_n^\delta(t) = \frac{1}{\sqrt{2\pi}} \sum_{j=-n}^{n-1} \alpha_j^\delta e^{ijt}.$$

证明　由定理 4.1.16 的扰动结果, 只要对算子 K_0 证明即可. 由式 (4.4.14), K_0 把 X_n 映为 $Y_n = X_n$, 因此关于 K_0 的配置方程为

$$K_0\psi_n = Q_n g.$$

为了应用定理 4.1.11, 必须估计 R_nK_0. 现在 $R_n = (K_0|_{X_n})^{-1}Q_n$. 由于 $K_0 : L^2(0,2\pi) \to H^1(0,2\pi)$ 是可逆的, 对一切的 $g \in H^1(0,2\pi)$ 有估计

$$\|R_ng\|_{L^2} = \|\psi_n\|_{L^2} \leqslant c_1\|K_0\psi_n\|_{H^1} = c_1\|Q_ng\|_{H^1} \leqslant c_2\|g\|_{H^1},$$

从而对一切的 $\psi \in L^2(0,2\pi)$ 有估计

$$\|R_nK\psi\|_{L^2} \leqslant c_2\|K\psi\|_{H^1} \leqslant c_3\|\psi\|_{L^2},$$

应用定理 4.1.11 就得到收敛性的估计.

为了得到误差估计, 我们利用定理 4.3.1. 为此必须估计矩阵

$$B = (B_{kj}) = (K_0\hat{x}_j(t_k))$$

的奇异值, $\hat{x}_j$ 由式 (4.4.28) 定义. 由式 (4.4.14),

$$B_{kj} = \frac{1}{\sqrt{2\pi}}\frac{1}{|j|}e^{ijk\pi/n}, \quad k,j = -n,\cdots,n-1,$$

其中 $j=0$ 时 $B_{kj} = \dfrac{1}{\sqrt{2\pi}}$. 由于 B 的奇异值就是 B^*B 的特征值的平方根, 而 B^*B 的元素是

$$(B^*B)_{lj} = \sum_{k=-n}^{n-1}\overline{B}_{kl}B_{kj} = \frac{1}{2\pi}\frac{1}{|l||j|}\sum_{k=-n}^{n-1}e^{ik(j-l)\pi/n} = \frac{n}{\pi}\frac{1}{l^2}\delta_{lj},$$

其中规定 $l=0$ 时 $(B^*B)_{lj} = \dfrac{n}{\pi}\delta_{lj}$. 由此得到 B 的奇异值是 $\sqrt{n/(\pi l^2)}, l = 1,\cdots,n$, B 的最小的奇异值是 $1/\sqrt{n\pi}$. 由定理 4.3.1 的估计 (4.3.3) 给出式 (4.4.29). 定理证毕.

据此定理, 我们可以对配置方法和 Galerkin 方法分别比较连续扰动 $\|y-y^\delta\|_{L^2}$ 和离散扰动. 为此必须把离散的向量 β^δ 扩充为一个函数 $y_n^\delta \in X_n$.

对配置方法, 利用插值算子 Q_n 并用 $y_n^\delta = \sum\limits_{j=1}^{2n-1}\beta_j^\delta\hat{y}_j$ 来定义 $y_n^\delta \in X_n$, 其中 $\hat{y}_j$ 是 Lagrange 基函数 (4.4.24), 从而 $y_n^\delta(t_k) = \beta_k^\delta$ 且有估计

$$\|y_n^\delta - y\|_{L^2} \leqslant \|y_n^\delta - Q_ny\|_{L^2} + \|Q_ny - y\|_{L^2}.$$

注意到 $y_n^\delta(t)-Q_ny(t)=\sum\limits_{j=-n}^{n-1}\rho_je^{ijt}$, 简单的计算知

$$\begin{aligned}\sum_{k=0}^{n-1}|\beta_k^\delta-y(t_k)|^2&=\sum_{k=0}^{n-1}|\beta_k^\delta-Q_ny(t_k)|^2=\sum_{k=0}^{n-1}\left|\sum_{j=-n}^{n-1}\rho_je^{ikj\pi/n}\right|^2\\&=2n\sum_{j=-n}^{n-1}|\rho_j|^2=\frac{n}{\pi}\|y_n^\delta-Q_ny\|_{L^2}^2.\end{aligned}\tag{4.4.30}$$

因此对配置方法, 连续误差为 δ 时, 离散误差为 $\delta\sqrt{n/\pi}$, 因此在用连续输入数据的误差来描述计算结果时, 估计 (4.4.29) 的第一项应该加上一个因子 $\sqrt{n}$.

对 Galerkin 方法, 定义 $y_n^\delta(t)=\dfrac{1}{2\pi}\sum\limits_{j=-n}^{n}\beta_j^\delta e^{ijt}$, 从而 $\langle y_n^\delta,e^{ij\cdot}\rangle_{L^2}=\beta_j^\delta$. 记 P_n 是到 X_n 上的正交投影, 在 $\|y_n^\delta-y\|_{L^2}\leqslant\|y_n^\delta-P_ny\|_{L^2}+\|P_ny-y\|_{L^2}$ 中, 第一项的估计为

$$\|y_n^\delta-P_ny\|_{L^2}^2=\frac{1}{2\pi}\sum_{j=-n}^{n}|\beta_j^\delta-\langle y,e^{ij\cdot}\rangle|^2,$$

此时连续误差与离散误差有相同的阶 (比较式 (4.4.30)).

第二种方法:

$$\hat{x}_0(t)=\begin{cases}\sqrt{\dfrac{n}{\pi}}, & t<\dfrac{\pi}{2n}\text{ 或 }t>2\pi-\dfrac{\pi}{2n},\\ 0, & \dfrac{\pi}{2n}<t<2\pi-\dfrac{\pi}{2n},\end{cases}\tag{4.4.31}$$

$$\hat{x}_j(t)=\begin{cases}\sqrt{\dfrac{n}{\pi}}, & |t-t_j|<\dfrac{\pi}{2n},\\ 0, & |t-t_j|>\dfrac{\pi}{2n},\end{cases}\quad j=1,\cdots,2n-1.\tag{4.4.32}$$

从而 $\hat{x}_j,j=0,1,\cdots,2n-1$ 在 $L^2(0,2\pi)$ 中是正交的. 对由这样的基函数张成的空间 $X_n=\text{span}\{\hat{x}_0,\hat{x}_1,\cdots,\hat{x}_{2n-1}\}$, 有下列结果:

引理 4.4.11 设 P_n 是 $L^2(0,2\pi)$ 到 X_n 的正交投影算子, 则 $\cup_{n\in N}X_n$ 在 $L^2(0,2\pi)$ 中是稠密的, 且存在常数 $c>0$ 使得

$$\|\psi-P_n\psi\|_{L^2}\leqslant\frac{c}{n}\|\psi\|_{H^1},\qquad\forall\psi\in H^1(0,2\pi),\tag{4.4.33}$$

$$\|K(\psi-P_n\psi)\|_{L^2}\leqslant\frac{c}{n}\|\psi\|_{L^2},\quad\forall\psi\in H^1(0,2\pi).\tag{4.4.34}$$

证明　第一个估计留着练习. 第二个估计由下式得到.

$$\begin{aligned}\|K(\psi-P_n\psi)\|_{L^2} &= \sup_{\phi\neq 0}\frac{\langle K(\psi-P_n\psi),\phi\rangle_{L^2}}{\|\phi\|_{L^2}}=\sup_{\phi\neq 0}\frac{\langle \psi-P_n\psi,K\phi\rangle_{L^2}}{\|\phi\|_{L^2}}\\ &=\sup_{\phi\neq 0}\frac{\langle \psi,(I-P_n)K\phi\rangle_{L^2}}{\|\phi\|_{L^2}}\leqslant \|\psi\|_{L^2}\sup_{\phi\neq 0}\frac{\|(I-P_n)K\phi\|_{L^2}}{\|\phi\|_{L^2}}\\ &\leqslant \frac{c}{n}\|\psi\|_{L^2}\sup_{\phi\neq 0}\frac{\|K\phi\|_{H^1}}{\|\phi\|_{L^2}}\leqslant \frac{c}{n}\|\psi\|_{L^2}.\end{aligned}$$

为了证明配置方法在 X_n 上的收敛性, 需要估计矩阵 $B=(B_{kj})$ 的奇异值, 其中

$$B_{kj}=K_0\hat{x}_j(t_k)=-\frac{1}{2\pi}\int_0^{2\pi}\hat{x}_j(s)\left[\ln\left(4\sin^2\frac{t_k-s}{2}\right)-1\right]ds. \tag{4.4.35}$$

对此有下列结果:

引理 4.4.12　矩阵 B 是正定对称的, B 的奇异值就是 B 的特征值, 其大小为

$$\mu_0=\sqrt{\frac{n}{\pi}},\quad \mu_m=\sqrt{\frac{n}{\pi}\frac{\sin\dfrac{m\pi}{2n}}{2n\pi}\sum_{j\in Z}\frac{1}{\left(\dfrac{m}{2n}+j\right)^2}},\quad m=1,\cdots,2n-1, \tag{4.4.36}$$

并且存在存在常数 $c>0$ 使得

$$\frac{1}{\sqrt{n\pi}}\leqslant \mu_m\leqslant c\sqrt{n},\quad m=0,\cdots,2n-1. \tag{4.4.37}$$

该结果的证明完全是技术性的, 我们略去其过程. 由此结果可知, 矩阵 B 的条件数 (最大奇异值和最小奇异值的比) 是用 n 界住的.

下面讨论配置方法在 X_n 上的收敛性.

定理 4.4.13　设 $\hat{x}_j$ 由式 (4.4.31), (4.4.32) 定义, $X_n=\mathrm{span}\{\hat{x}_0,\hat{x}_1,\cdots,\hat{x}_{2n-1}\}$, 则配置方法是收敛的, 即式 (4.4.22) 的解 $\psi_n\in X_n$ 在 $L^2(0,2\pi)$ 上收敛于 $K\psi=g$ 的解 $\psi\in L^2(0,2\pi)$.

如果式 (4.4.22) 的右端被满足

$$\sum_{j=0}^{2n-1}|\beta_j^\delta-g(t_j)|^2\leqslant\delta^2$$

的 $\beta^\delta\in\mathbf{C}^{2n}$ 代替, $\alpha^\delta\in\mathbf{C}^{2n}$ 是 $A\alpha^\delta=\beta^\delta$ 的解, $A_{kj}=K\hat{x}_j(t_k)$, 则有误差估计

$$\|\psi_n^\delta-\psi\|_{L^2}\leqslant c[\sqrt{n}\delta+\min\{\|\psi-\phi_n\|_{L^2}:\phi_n\in X_n\}], \tag{4.4.38}$$

其中 $\psi_n^\delta=\sum\limits_{j=0}^{2n-1}\alpha_j^\delta\hat{x}_j$. 如果 $\psi\in H^1(0,2\pi)$, 还有估计

$$\|\psi_n^\delta-\psi\|_{L^2}\leqslant c\left[\sqrt{n}\delta+\frac{1}{n}\|\psi\|_{H^1}\right]. \tag{4.4.39}$$

证明　由定理 4.1.16 的扰动结果, 只要对算子 K_0 证明即可. 再记

$$R_n = [Q_n K_0|_{X_n}]^{-1} Q_n : H^1(0,2\pi) \to X_n \subset L^2(0,2\pi).$$

对 $\psi \in H^1(0,2\pi)$, 记 $\psi_n = R_n\psi = \sum\limits_{j=0}^{2n-1} \alpha_j \hat{x}_j$, 则 $\alpha \in \mathbf{C}^{2n}$ 满足 $B\alpha = \beta, \beta_k = \psi(t_k)$. 因此由式 (4.4.37) 得

$$\|\psi_n\|_{L^2} = |\alpha| \leqslant |B^{-1}|_2 |\beta| \leqslant \sqrt{n\pi} \left[\sum_{k=0}^{2n-1} |\psi(t_k)|^2\right]^{1/2},$$

其中 $|\cdot|$ 表示 $\mathbf{C}^n$ 中的 Euclidean 模. 据此估计和 $\beta_k^\delta = 0$ 时的式 (4.4.30) 得到

$$\|R_n\psi\|_{L^2} = \|\psi_n\|_{L^2} \leqslant n\|Q_n\psi\|_{L^2}, \quad \forall \psi \in H^1(0,2\pi). \tag{4.4.40}$$

因此对一切的 $\psi \in L^2(0,2\pi)$ 有估计

$$\|R_n K_0 \psi\|_{L^2} \leqslant n\|Q_n K_0 \psi\|_{L^2}.$$

下面用 ψ 的 L^2 模来估计 $\|R_n K_0\psi\|_{L^2}$. 记 $\hat{\psi}_n = P_n\psi \in X_n$ 是 $\psi \in L^2(0,2\pi)$ 在 X_n 上的正交投影, 则有 $R_n K_0 \hat{\psi}_n = \hat{\psi}_n$ 和 $\|\hat{\psi}_n\|_{L^2} \leqslant \|\psi\|_{L^2}$, 从而

$$\begin{aligned}\|R_n K_0\psi - \hat{\psi}_n\|_{L^2} &= \|R_n K_0(\psi - \hat{\psi}_n)\|_{L^2} \leqslant n\|Q_n K_0(\psi - \hat{\psi}_n)\|_{L^2} \\ &\leqslant n[\|Q_n K_0\psi - K_0\psi\|_{L^2} + \|K_0\psi - K_0\hat{\psi}_n\|_{L^2} \\ &\quad + \|K_0\hat{\psi}_n - Q_n K_0\hat{\psi}_n\|_{L^2}].\end{aligned}$$

现在由式 (4.4.25) 和定理 4.4.11 得

$$\begin{aligned}\|R_n K_0\psi - \hat{\psi}_n\|_{L^2} &\leqslant c_1[\|K_0\psi\|_{H^1} + \|\psi\|_{L^2} + \|K_0\hat{\psi}_n\|_{H^1}] \\ &\leqslant c_2[\|\psi\|_{L^2} + \|\hat{\psi}_n\|_{L^2}] \leqslant c_3\|\psi\|_{L^2},\end{aligned}$$

即对一切的 $\psi \in L^2(0,2\pi)$ 有 $\|R_n K_0\psi\|_{L^2} \leqslant c_4\|\psi\|_{L^2}$. 因此定理 4.1.11 中的条件是满足的. 由定理 4.3.1 得到式 (4.4.39). 证毕.

4.4.4　解 Symm 方程的数值实验

本小节给出用前述的投影方法解 Symm 方程的若干数值结果, 更一般的细节见文献 [47].

在模型方程

$$K\cdot\psi(t) := -\frac{1}{\pi}\int_0^{2\pi} \psi(s)\ln|\gamma(t) - \gamma(s)|ds = g(t), \quad 0 \leqslant t \leqslant 2\pi \tag{4.4.41}$$

中, 我们取

$$\gamma(t) = (\cos t, 2\sin t),\ \psi(t) = \exp(3\sin t), \quad t \in [0, 2\pi].$$

数值实验的步骤是先通过计算左端积分产生右端数据 $g = K \cdot \psi$. 然后以右端已知数据为输入, 用前面的投影方法解 ψ, 并和精确值 $\exp(3\sin t)$ 比较以检验投影方法的效果.

当 $\gamma(t)$ 是一般的光滑闭曲线时, 由式 (4.4.7) 的推导, 有

$$K \cdot \psi(t) = -\frac{1}{2\pi}\int_0^{2\pi} \psi(s) \ln\left(4\sin^2\frac{t-s}{2}\right) ds + \int_0^{2\pi} \psi(s) k(t,s) ds, \tag{4.4.42}$$

其中核函数

$$k(t,s) = \begin{cases} -\dfrac{1}{2\pi} \ln \dfrac{|\gamma(t) - \gamma(s)|^2}{4\sin^2\left(\dfrac{t-s}{2}\right)}, & t \neq s, \\ -\dfrac{1}{\pi} \ln |\gamma'(t)|, & t = s \end{cases} \tag{4.4.43}$$

用节点 $t_j = j\pi/n,\ j = 0, 1, \cdots, 2n-1$ 离散区间 $[0, 2\pi]$ 以后, 再用三角插值公式计算式 (4.4.42) 的第一个弱奇性的积分项, 用矩形公式计算第二个光滑积分项, 可得算子 K 的近似为

$$K_n\psi(t) := \sum_{j=0}^{2n-1} \psi(t_j) \left[R_j(t) + \frac{\pi}{n} k(t, t_j)\right], \quad t \in [0, 2\pi], \tag{4.4.44}$$

其中的权函数为

$$R_j(t) = \frac{1}{n}\left[\frac{1}{2n}\cos n(t - t_j) + \sum_{m=1}^{n-1} \frac{1}{m} \cos m(t - t_j)\right].$$

该逼近的详细推导见文献 [48]、[70]. 对任意的 2π 周期连续函数 ψ, $K_n \cdot \psi$ 一致收敛于 $K \cdot \psi$. 简单的计算得到

$$K_n\psi(t_k) = \sum_{j=0}^{2n-1} \left[R_{|k-j|} + \frac{\pi}{n} k(t_k, t_j)\right] \psi(t_j) := \sum_{j=0}^{2n-1} A_{k,j} \psi(t_j),$$

其中

$$R_l = \frac{1}{n}\left[\frac{(-1)^l}{2n} + \sum_{m=1}^{n-1} \frac{1}{m} \cos \frac{ml\pi}{n}\right].$$

利用上述公式, 就可以由 $\psi(t)$ 的离散值 $\tilde{\psi}(t_j) = \exp(3\sin t_j)$ 来计算 $g(t)$ 的离散值 $\tilde{g} = A \cdot \tilde{\psi}$, 算子 A 由上述的系数 $A_{k,j}$ 定义.

在正演产生右端项时取 $n=60$ 以得到 $\tilde{g}=A\cdot\tilde{\psi}$.

在 $\tilde{g}$ 上加上一致分布的随机扰动数据, δ 为扰动数据的振幅. 下面的所有结果都是在十次扰动数据的基础上计算平均值得到的. 误差的测量用离散的二范数表示：

$$|z|_2^2:=\frac{1}{2n}\sum_{j=0}^{2n-1}|z_j|^2,\quad z\in\mathbf{C}^{2n}.$$

先给出用定理 4.4.8 的最小平方法求 $\psi(t)$ 时对不同输入误差水平 δ 的计算误差分布, m 表示插值空间的维数.

表 4.1　最小平方法解 Symm 方程时的误差分布

m	$\delta=0.1$	$\delta=0.01$	$\delta=0.001$	$\delta=0$
1	38.190	38.190	38.190	38.190
2	15.772	15.769	15.768	15.768
3	5.2791	5.2514	5.2511	5.2511
4	1.6209	1.4562	1.4541	1.4541
5	1.0365	0.3551	3.433×10^{-1}	3.432×10^{-1}
6	1.1954	0.1571	7.190×10^{-2}	7.045×10^{-2}
10	2.7944	0.2358	2.742×10^{-2}	4.075×10^{-5}
12	3.7602	0.3561	3.187×10^{-2}	5.713×10^{-7}
15	4.9815	0.4871	4.977×10^{-2}	5.570×10^{-10}
20	7.4111	0.7270	7.300×10^{-2}	3.530×10^{-12}

从该误差分布可以看出, 当 $\delta=0$ 时, 误差随着逼近子空间的维数 m 的增加是单调减少的. 然而, 如果 $\delta\neq0$, 则解不适定的 Symm 方程得到的数值解的精度并非 m 越大越好, 例如在 $\delta=0.1,0.01,0.001$ 时最小误差对应的 m 分别是 $5,6,10$, 这正是不适定问题正则化参数 m 的选取特点, 和我们前面的理论分析是一致的.

下面再来看用配置方法解 Symm 方程的数值解. 由 4.4.3 节的结果, 配置方法的基函数有式 (4.4.28) 和 (4.4.31/32) 两种选取方法. 为此需要计算下面两个积分：

$$-\frac{1}{\pi}\int_0^{2\pi}e^{ijs}\ln|\gamma(t_k)-\gamma(s)|ds,\quad j=-m,\cdots,m-1,\quad k=0,1,\cdots,2m-1. \tag{4.4.45}$$

$$-\frac{1}{\pi}\int_0^{2\pi}\hat{x}_j(s)\ln|\gamma(t_k)-\gamma(s)|ds,\quad j,k=0,1,\cdots,2m-1. \tag{4.4.46}$$

式 (4.4.45) 中的积分可以借助于引理 4.4.2 表示为

$$-\frac{1}{\pi}\int_0^{2\pi}e^{ijs}\ln|\gamma(t_k)-\gamma(s)|ds=\varepsilon_je^{ijt_k}-\frac{1}{2\pi}\int_0^{2\pi}e^{ijs}\ln\frac{|\gamma(t_k)-\gamma(s)|^2}{4\sin^2(t_k-s)/2}ds,$$

其中 $\varepsilon_0=0,\varepsilon_j=1/|j|,j\neq0$, 而后一个积分可以用复合梯形公式计算.

由 $\hat{x}_j(s)$ 的定义, 式 (4.4.46) 中的积分化为计算

$$\int_{t_j-\pi/(2m)}^{t_j+\pi/(2m)} \ln|\gamma(t_k)-\gamma(s)|^2 ds = \int_{-\pi/(2m)}^{\pi/(2m)} \ln|\gamma(t_k)-\gamma(s+t_j)|^2 ds.$$

$j \neq k$ 时, 右边的被积函数是解析的, 我们用 100 个节点的 Simpson 公式来计算此积分. 当 $j = k$ 时, 被积函数在 $s = 0$ 有弱奇性. 注意到 $\int_0^\pi \ln(4\sin^2(s/2))ds = 0$, 可将其分裂为

$$\begin{aligned}
&\int_{-\pi/(2m)}^{\pi/(2m)} \ln(4\sin^2(s/2))ds + \int_{-\pi/(2m)}^{\pi/(2m)} \ln\frac{|\gamma(t_k)-\gamma(s+t_k)|^2}{4\sin^2(s/2)}ds \\
=& -2\int_{\pi/(2m)}^{\pi} \ln(4\sin^2(s/2))ds + \int_{-\pi/(2m)}^{\pi/(2m)} \ln\frac{|\gamma(t_k)-\gamma(s+t_k)|^2}{4\sin^2(s/2)}ds.
\end{aligned}$$

这两个积分同样通过 100 个节点的 Simpson 公式来计算.

利用上面的计算方案, 对本节的例子用配置方法分别取两种基函数 (4.4.28) 和 (4.4.31/32) 加以计算, 对不同的 δ, 计算误差分布如下.

这两个数值结果同样反映了 m 作为正则化参数的特点, 即在输入数据有误差时 ($\delta \neq 0$), m 不是越大越好. 并且请注意, 在 $\delta = 0$ 的情形, 以三角函数为基函数的配置方法 (表 4.2) 误差趋于零的速度是指数型的, 而以分片常数为基函数的配置方法 (表 4.3) 误差趋于零的速度只是 $1/m$.

在本章我们介绍了投影方法解算子方程的一般思想, 及用于解线性不适定问题时有限维投影空间维数作为正则化参数的选取方法：只要适当选择投影空间维数, 有效的投影方法就可以对线性不适定问题产生正则化的效果, 不再需要对问题采用另外的正则化技术, 这种现象有时也称为自正则化 (self-regularization) 或投影正则化 (regularization by projection). 该现象的一般的描述和证明可见文献 [81]. 关于投影空间维数的先验取法的进一步分析, 可见文献 [4]、[5]、[75]、[84]. 尤其是文献

表 4.2　配置方法解 Symm 方程时的误差, 基函数为式 (4.4.28)

m	$\delta = 0.1$	$\delta = 0.01$	$\delta = 0.001$	$\delta = 0$
1	6.7451	6.7590	6.7573	6.7578
2	1.4133	1.3877	1.3880	1.3879
3	0.3556	2.791×10^{-1}	2.770×10^{-1}	2.769×10^{-1}
4	0.2525	5.979×10^{-2}	5.752×10^{-2}	5.758×10^{-2}
5	0.3096	3.103×10^{-2}	1.110×10^{-2}	1.099×10^{-2}
6	0.3404	3.486×10^{-2}	3.753×10^{-3}	1.905×10^{-3}
10	0.5600	5.782×10^{-2}	5.783×10^{-3}	6.885×10^{-7}
12	0.6974	6.766×10^{-2}	6.752×10^{-3}	8.135×10^{-9}
15	0.8017	8.371×10^{-2}	8.586×10^{-3}	6.436×10^{-12}
20	1.1539	1.163×10^{-1}	1.182×10^{-2}	1.806×10^{-13}

表 4.3　配置方法解 Symm 方程时的误差, 基函数为 (4.4.31/32)

m	$\delta = 0.1$	$\delta = 0.01$	$\delta = 0.001$	$\delta = 0$
1	6.7461	6.7679	6.7626	6.7625
2	1.3829	1.3562	1.3599	1.3600
3	0.4944	4.874×10^{-1}	4.909×10^{-1}	4.906×10^{-1}
4	0.3225	1.971×10^{-1}	2.000×10^{-1}	2.004×10^{-1}
5	0.3373	1.649×10^{-1}	1.615×10^{-1}	1.617×10^{-1}
6	0.3516	1.341×10^{-1}	1.291×10^{-1}	1.291×10^{-1}
10	0.5558	8.386×10^{-2}	6.140×10^{-2}	6.107×10^{-2}
12	0.6216	7.716×10^{-2}	4.516×10^{-2}	4.498×10^{-2}
15	0.8664	9.091×10^{-2}	3.137×10^{-2}	3.044×10^{-2}
20	1.0959	1.168×10^{-1}	2.121×10^{-2}	1.809×10^{-2}
30	1.7121	1.688×10^{-1}	1.862×10^{-2}	8.669×10^{-3}

[84], 它给出了我们介绍过的求解 Symm 方程的一个更一般的分析; 而投影空间维数的后验取法的分析, 见文献 [44].

第 5 章 正则化方法应用

在前面几章, 我们已经介绍了处理不适定问题的有关理论和算法. 作为不适定问题的一个重要的研究课题, 数学物理方程的反问题一直是和不适定问题联系在一起的. 不适定问题求解理论的重要性之一就在于它可以用于求解很多由微分方程描述的反问题. 此时不适定问题中对算子的假定条件对应于微分方程正问题的性态. 作为前面介绍的求解不适定问题的理论和方法的应用, 本章介绍几类重要的数理方程反问题的求解方法, 包括热传导方程逆时问题, 数值微分问题, 逆散射问题等. 这些反问题既具有本身的重要性, 同时也揭示了求解不适定问题的一般的正则化方法应用于具体问题时, 必须针对问题的特殊性, 具体考虑正则化参数的选取标准和方法.

5.1 逆时热传导问题

对有界区域 $\Omega \subset \mathbf{R}^n$ 上的热传导问题, 给定 $t=0$ 时的初始温度分布和相应的边界条件, 确定在 $t>0$ 时介质中的温度场分布是经典的正问题. 该类问题的特点是, 对任意给定的初始温度分布, 总可以在产生相应的温度场, 且该温度场连续依赖于初始温度. 用数学语言来讲, 热传导方程的正问题总存在连续依赖于初值的解.

所谓逆时热传导问题, 是由介质在某一时刻 $T>0$ 的温度场分布 $u(x,T):=f(x)$ 来求 $t<T$ 时的温度. 包含两种情况：求 $t=0$ 的初始温度 $g(x)$ 和 $0<t<T$ 的温度. 并且一般而言, 求初始温度的问题更为困难. 和正向热传导问题相比, 该问题有两个特点. 首先该问题不是对任意给定的函数 $f(x)$ 都存在解. 由于热传导问题的时间不可逆性, 这里的 $f(x)$ 必须确实是某一个正向热传导问题产生的温度场, 才能保证逆时问题解在经典意义下的存在性. 在具体问题中, 我们通常得到的是真实温度场 $f(x)$ 的测量数据 $f^{\delta}(x)$. 由于测量误差 δ 的存在, $f^{\delta}(x)$ 即使对很小的 δ 也有可能不是由任意初始温度场产生的 T 时刻的温度分布. 由此数据当然不可能求出任何有物理意义的精确的初始温度场. 另一方面, 初始温度场的数据对 $t=T$ 的温度场不具有连续依赖性, 即 $u(x,T)$ 的小的改变有可能对应于初始温度场的很大的改变. 因此需要讨论确定近似解的稳定的数值反演方法.

本节首先讨论逆时热传导问题的上述不适定性, 进而给出正则化方法在求解该类问题中的应用并给出了一些数值结果. 我们的结果分别讨论了一维和二维空间变量的问题. 这部分的结果包含了作者和其学生近年来的有关工作 [58, 59, 60, 61, 62].

5.1.1 逆时热传导问题不适定性

本节仅以最简单的一维逆时热传导问题的模型来分析问题的不适定性, 所用的基本工具是对数凸性方法. 关于在更一般的方程和边界条件下的问题及高维逆时问题的不适定性分析, 所用的工具基本类似, 见文献 [59]、[60]、[61]、[62].

考虑由

$$\begin{cases} u_t = a^2 u_{xx}, & (x,t) \in (0,\pi) \times (0,T) \\ u(0,t) = 0, u(\pi,t) = 0, & 0 < t < T \\ u(x,0) = g(x), & x \in (0,\pi) \end{cases} \tag{5.1.1}$$

产生的逆时问题, 我们的任务是由

$$u(x,T) = f(x) \tag{5.1.2}$$

的扰动值来求初始温度分布 $g(x)$ 的近似值, 或者求 $0 < t < T$ 上的 $u(x,t)$.

定义

$$\phi(t) = \|u(\cdot,t)\|_{L^2(0,\pi)}^2 = \int_0^\pi u^2(x,t)dx.$$

利用式 (5.1.1) 中的方程和边界条件易得

$$\phi'(t) = 2\int_0^\pi u(x,t)u_t(x,t)dx,\ \phi''(t) = 4\int_0^\pi u_t^2(x,t)dx.$$

从而由 Cauchy 不等式得

$$\frac{d^2}{dt^2}\ln\phi(t) = \frac{\phi''(t)\phi(t) - (\phi'(t))^2}{\phi^2(t)} \geqslant 0, \quad t \in [0,T]. \tag{5.1.3}$$

故 $\ln\phi(t)$ 是 $[0,T]$ 上的下凸函数. 故对 $0 \leqslant t_1 < t_2 \leqslant T$ 成立

$$\ln\phi(\theta t_1 + (1-\theta)t_2) \leqslant \theta\ln\phi(t_1) + (1-\theta)\ln\phi(t_2), \quad \forall\theta \in [0,1].$$

对任意 $t \in [0,T]$, 取 $\theta = 1 - t/T, t_1 = 0, t_2 = T$ 上式变为

$$\ln\phi(t) \leqslant \left(1 - \frac{t}{T}\right)\ln\phi(0) + \frac{t}{T}\ln\phi(T), \quad t \in [0,T].$$

此式等价于

$$\phi(t) \leqslant \phi(0)^{1-t/T}\phi(T)^{t/T}. \tag{5.1.4}$$

另一方面, 式 (5.1.3) 意味着 $(\ln\phi(t))'$ 是单调增函数, 即

$$\frac{\ln\phi(T) - \ln\phi(0)}{T} \leqslant \left.\frac{d\ln\phi(t)}{dt}\right|_{t=T}.$$

由此可见

$$\phi(0) \geqslant \phi(T)\exp\left(-T\frac{\phi'(T)}{\phi(T)}\right). \tag{5.1.5}$$

再由直接计算得到

$$\phi'(t) = 2\int_0^\pi u(x,t)u_t(x,t)dx = 2a^2\int_0^\pi u(x,t)u_{xx}(x,t)dx = -2a^2\int_0^\pi (u_x(x,t))^2dx,$$

从而式 (5.1.5) 变为

$$\phi(0) \geqslant \phi(T)\exp\left(\frac{2Ta^2\int_0^\pi (u_x(x,T))^2dx}{\phi(T)}\right). \tag{5.1.6}$$

式 (5.1.4) 和 (5.1.6) 是反映逆时问题不适定性的两个基本估计. 式 (5.1.6) 提示我们, 对适当选择的初值, 有可能 $\phi(T)\to 0$ 但是 $\phi(0)\to\infty$; 而式 (5.1.4) 则揭示了以 $u(x,T)$ 为输入数据时逆时问题的条件稳定性. 具体地说, 有下述

定理 5.1.1　*对由式(5.1.1), (5.1.2)描述的逆时问题, 由 $u(x,T)=f(x)$ 确定 $u(x,0)=g(x)$ 的问题是不稳定的, 但是在对初始温度 $u(x,0)$ 先验条件假定*

$$\|u(\cdot,0)\|_{L^2} = \|g\|_{L^2} \leqslant M \tag{5.1.7}$$

下(M 是已知的正常数), 由 $u(x,T)=f(x)$ 确定 $u(x,t), 0<t<T$ 的逆时问题是稳定的.

证明　取特殊的初始温度场 $g_k(x)=k\sin(kx)$, $k=1,2,\cdots$. 易知

$$u_k(x,t)=\exp(-a^2k^2t)k\sin(kx)$$

是式 (5.1.1) 的解, 从而 $f_k(x)=\exp(-a^2k^2T)k\sin(kx)$. 对这样构造的问题, 很容易验证当 $k\to\infty$ 时有

$$\|u_k(\cdot,T)\|_{L^2}=\|f_k\|_{L^2}\to 0, \quad \|u_k(\cdot,0)\|_{L^2}=\|g_k\|_{L^2}\to\infty.$$

这就证明了在 L^2 意义下求初始温度场的逆时问题的不稳定性. 事实上, 对这样的 g_k, f_k, 当 $k\to\infty$ 时

$$\|f_k\|_{C(0,\pi)}\to 0, \quad \|g_k\|_{C^p(0,\pi)}\to\infty$$

仍成立 (p 是任意给定的正整数), 即该逆时问题在 $C(0,\pi)\times C^p(0,\pi)$ 的度量拓扑下也是不稳定的.

对 $0<t<T$, 式 (5.1.4) 和 (5.1.7) 得到

$$\|u(\cdot,t)\|_{L^2} \leqslant M^{1-t/T}\|u(\cdot,T)\|_{L^2}^{t/T} \leqslant M\|u(\cdot,T)\|_{L^2}^{t/T}. \tag{5.1.8}$$

该式表明, 在关于初始温度的先验条件下, 求 $u(x,t), 0<t<T$ 的逆时问题关于终值 $u(x,T)$ 是稳定的 (Holder 连续性). 证毕.

注解 5.1.2 由此定理可以看出，由终值求初始 $t=0$ 温度分布的逆时问题即使在条件 (5.1.7) 下也不能得到稳定性((5.1.8)对 $t=0$ 成立但是无任何意义). 但是如果仅考虑 $0<t<T$, 则逆时问题可以建立条件稳定性. 要想对 $t=0$ 建立逆时问题的稳定性, 必须对 $u(x,t)$ 加上更强的先验条件 (例如 $\|u_t(\cdot,t)\|_{L^2}\leqslant M, t\in(0,T)$), 此时一般我们只能得到双对数型的连续性, 见文献 [41]、[63].

可以给出在 $t>0$ 时上面结果中条件稳定性的一个更深刻的数学解释[19]. 记满足条件 (5.1.7) 的函数集合为

$$U:=\{u(x,0):\|u(\cdot,0)\|_{L^2}\leqslant M\}\subset L^2(0,\pi),$$

它是 $L^2(0,\pi)$ 中的有界集. 逆时问题在 $t>0$ 时的解当然也可以看成由 $t=0$ 的某个初始温度场 $u(x,0)$ 对应的正问题. 由分离变量法, 不难求出式 (5.1.1) 的解是

$$(\mathbf{K_1^t}\cdot u(\cdot,0))(x):=\int_0^\pi K_1(x,\xi;t)u(\xi,0)d\xi=u(x,t),\quad 0<t<T,$$

其中核函数

$$K_1(x,\xi;t)=\frac{2}{\pi}\sum_{n=1}^{\infty}\sin(nx)\sin(n\xi)\exp(-a^2n^2t).$$

由于 $K_1(x,\xi,t)$ 在 $0\leqslant x,\xi\leqslant\pi$ 上是连续的, $\mathbf{K_1^t}$ 是 $L^2(0,\pi)$ 到 $L^2(0,\pi)$ 的一个全连续算子. 因此在 $u(x,0)\in U$ 的限制下求 $t>0$ 的逆时问题, 相当于在 $L^2(0,\pi)$ 的紧子集 $\mathbf{K_1^t}U$ 上求解

$$\int_0^\pi K_1(x,\xi,T-t)u(\xi,t)d\xi=u(x,T),$$

$K_1(x,\xi,T-t)$ 仍然是连续的. 很显然, 当在 L^2 的紧子集 $\mathbf{K_1^t}U$ 上求解该方程时, 稳定性得到了恢复.

下面来讨论逆时问题不适定性的另一方面, 即解的存在性和唯一性. 前已说明, 并不是任意给定一个函数 $f(x)$, 由式 (5.1.1) 和 (5.1.2) 构成的逆时问题都有解 $g(x)$, $f(x)$ 必须确实是某一个初始温度场产生的温度场. 下面的结果给出了解的存在性的一个必要条件, 及解的唯一性. 为记号简单, 记

$$\psi_k(x)=\sqrt{2/\pi}\sin(kx),\ k=1,2\cdots.$$

显然 $\{\psi_k(x)\}_{k=1}^{\infty}$ 构成 $L^2(0,\pi)$ 的一个完备的正交标准函数基. $\langle\cdot,\cdot\rangle$ 表示 $L^2(0,\pi)$ 上的内积.

定理 5.1.3 设给定终值 $f(x)\in L^2(0,\pi)$. 由式 (5.1.1) 和 (5.1.2) 构成的逆时问题有解 $g(x)\in L^2(0,\pi)$ 的充分必要条件是

$$\sum_{k=1}^{\infty}\langle f,\psi_k\rangle^2\exp(2k^2a^2T)<\infty. \tag{5.1.9}$$

如果有解 $g(x) \in L^2(0,\pi)$, 则解必唯一.

证明　假定原逆时问题有解 $g(x) \in L^2(0,\pi)$. 由分离变量法得满足式 (5.1.1) 中方程和边界条件的 $u(x,t)$ 有形式

$$u(x,t) = \sum_{n=1}^{\infty} C_n \exp(-n^2a^2t)\sin nx. \tag{5.1.10}$$

分别用 $t=0$ 和 $t=T$ 的温度分布来确定该式中的系数得

$$u(x,t) = \sum_{n=1}^{\infty}\left(\frac{2}{\pi}\int_0^{\pi} g(\xi)\sin n\xi d\xi\right)\exp(-n^2a^2t)\sin nx,$$

$$u(x,t) = \sum_{n=1}^{\infty}\left(\frac{2}{\pi}\int_0^{\pi} f(\xi)\sin n\xi d\xi\right)\exp(n^2a^2(T-t))\sin nx.$$

此两式中分别取 $t=T$ 和 $t=0$ 得

$$f(x) = \sum_{n=1}^{\infty}\exp(-n^2a^2T)\langle g,\psi_n\rangle\psi_n(x), \tag{5.1.11}$$

$$g(x) = \sum_{n=1}^{\infty}\exp(n^2a^2T)\langle f,\psi_n\rangle\psi_n(x). \tag{5.1.12}$$

式 (5.1.12) 是 $g(x) \in L^2(0,\pi)$ 的 Fourier 级数展开. 由 Parseval 等式得

$$\sum_{n=1}^{\infty}\exp(2n^2a^2T)\langle\psi_n,f\rangle^2 = \|g\|^2_{L^2(0,\pi)} < \infty.$$

此即必要性. 条件的充分性是显然的. 当式 (5.1.9) 成立时, 以 $\exp(n^2a^2T)\langle f,\psi_n\rangle$ 为 Fourier 系数构造的 $g(x)$ 就是所求的解. 解的存在性得证. 为得到解的唯一性, 只要证明 $f=0$ 意味着 $g=0$ 即可. 在式 (5.1.11) 中取 $f=0$, 同样由 $\{\psi_k(x)\}_{k=1}^{\infty}$ 在 $L^2(0,\pi)$ 中的完备性得 $\langle g,\psi_n\rangle\exp(-n^2a^2T)=0$, $n=1,2,\cdots$. 此即 $\langle g,\psi_n\rangle=0$, $n=1,2,\cdots$. 由此最后得到 $g=0$. 证毕.

一般而言, 在具体反问题中对解的存在性的讨论不是特别的关注. 我们更关心的是对精确输入数据 (假定它已经保证了解的存在性) 的扰动值, 如何由此来求出精确解的近似值, 包括近似值的稳定的求解方法和近似值的收敛速度. 这就要用到我们前面介绍过的有关正则化解的有关理论.

5.1.2　逆时问题的正则化方法

假定我们给定的是精确数据 f 的扰动数据 f^{δ}, 满足

$$\left\|f^{\delta}-f\right\|_{L^2(0,\pi)} \leqslant \delta. \tag{5.1.13}$$

下面考虑求解逆时问题 (5.1.1), (5.1.2) 的正则化方法. 我们这里介绍构造正则化解的三种方法.

方法 1：等价于第一类 Fredholm 积分方程的方法.

对精确的数据 $u(x,T)=f(x)$, 由前述知逆时问题的精确解 $u(x,t)$ 满足第一类 Fredholm 积分方程

$$(\mathbf{K_1^{T-t}}\cdot u(\cdot,t))(x):=\int_0^\pi K_1(x,\xi;T-t)u(\xi,t)d\xi=u(x,T)=f(x),\ 0\leqslant t<T, \tag{5.1.14}$$

其中核函数

$$K_1(x,\xi;t)=\frac{2}{\pi}\sum_{n=1}^\infty \sin nx\sin n\xi\exp(-a^2n^2t). \tag{5.1.15}$$

当 $t=0$ 时就是求初始温度 $g(x)$ 的逆时问题; 当 $0<t<T$ 时是求区域 $(x,t)\in(0,\pi)\times(0,T)$ 上温度分布的逆时问题, 它具有条件稳定性.

对给定的 f 的扰动数据 f^δ, 无论 δ 多小它也有可能不满足式 (5.1.9), 因此 $u(x,t)$ 的近似 $u^\delta(x,t)$ 不能用式 (5.1.14) 右端换为 f^δ 的解来定义, 因为该方程可能无解.

由 f 的近似数据 f^δ 求式 (5.1.14) 的近似解的正则化方法是解第二类的积分方程 (正则化方程)

$$(\alpha I+(\mathbf{K_1^{T-t}})^*\mathbf{K_1^{T-t}})u^{\alpha,\delta}(\cdot,t)=(\mathbf{K_1^{T-t}})^*f^\delta,\ \alpha>0. \tag{5.1.16}$$

对给定的 $\alpha>0$, 该方程存在唯一解 $u^{\alpha,\delta}(\cdot,t)$, $0\leqslant t<T$. 当 $\alpha,\delta\to 0$ 时, $u^{\alpha,\delta}(\cdot,t)\to u(\cdot,t)$. 特别地, 对 $t>0$, 由于可以建立条件稳定性, 可以用 3.7 节的方法给出 $\alpha=\alpha(\delta)$ 的选取策略并估计出该正则化解的收敛速度. 对 $t=0$ 的逆时问题, 在 $\alpha=\alpha(\delta)$ 的适当取法下, $u^{\alpha,\delta}(\cdot,0)\to u(\cdot,0)$ 的依赖于 α,δ 的理论的双对数型速度估计可见文献 [63], 对不同 α,δ 的数值试验也表明该方法确实能较好地近似 $u(\cdot,0)$. 此时正则化参数 $\alpha=\alpha(\delta)$ 也可以用标准的方法如相容性原理来确定, 但此时的收敛速度估计还需要进一步的工作. 式 (5.1.16) 的数值解可以用任何标准的求解方法得到.

方法 2：拟逆方法 (quasi-reversibility method).

前面利用第一类积分方程的正则化解法求解逆时问题, 是一个比较一般的方法. 该方法也可以用于解决其他的线性不适定问题, 例如我们将要讲到的由散射波的远场形式求近场的问题. 但是如果考虑到逆时问题的具体特点, 我们还可以用拟逆的方法来解该问题. 关于拟逆方法的起源, 可参看文献 [54]、[76]、[98]; 关于该方法在逆时问题中更一般的应用, 见文献 [19]、[83].

拟逆方法的基本思想如下. 对所讨论的不适定问题的微分方程 (也可能是边界条件) 加上一个小的扰动, 使得扰动后的定解问题变为适定的. 进而用扰动问题的解

来构造原不适定问题的近似解. 这里小扰动的参数就是正则化参数, 它直接进入了原不适定问题, 从而改变了问题的结构. 当然, 构造小扰动的方法是不唯一的. 注意, 拟逆方法事实上有很长的历史背景. 例如, 它和流体力学和气体动力学中添加人工黏性项的处理方法有异曲同工之妙. 在计算流体力学中, 添加人工黏性项的目的也是使得扰动问题的解稳定.

仍然以模型问题 (5.1.1), (5.1.2) 来介绍近似求初始温度 $g(x)$ 拟逆方法. 作变量代换 $\tau = T - t$ 并记 $\tilde{u}(x,\tau) = u(x, T-t)$, 原反问题等价于由

$$\begin{cases} \tilde{u}_\tau = -a^2\tilde{u}_{xx}, & (x,\tau) \in (0,\pi)\times(0,T) \\ \tilde{u}(0,\tau) = 0, \tilde{u}(\pi,\tau) = 0, & 0 < \tau < T \\ \tilde{u}(x,0) = f(x), & x \in (0,\pi) \end{cases}$$

来求 $\tilde{u}(x,T) = g(x)$. 给定 $\alpha > 0$, 考虑此问题的下述扰动问题:

$$\begin{cases} v_\tau = -a^2 v_{xx} - \alpha a^4 v_{xxxx}, & (x,\tau) \in (0,\pi)\times(0,T) \\ v(0,\tau) = 0, v(\pi,\tau) = 0, & 0 < \tau < T \\ v_{xx}(0,\tau) = 0, v_{xx}(\pi,\tau) = 0, & 0 < \tau < T \\ v(x,0) = f(x), & x \in (0,\pi). \end{cases} \tag{5.1.17}$$

易知该问题的解有级数表达式

$$\begin{aligned} v(x,\tau) &= \frac{2}{\pi}\sum_{n=1}^{\infty}\int_0^\pi f(\xi)\sin n\xi d\xi\ \exp\left(a^2n^2\tau(1-\alpha a^2n^2)\right)\sin nx \\ &= \sum_{n=1}^{\infty}\langle f, \psi_n\rangle \exp\left(a^2n^2\tau(1-\alpha a^2n^2)\right)\psi_n(x). \end{aligned} \tag{5.1.18}$$

当 $\alpha = 0$ 时, 该问题在 $\tau = T$ 的解 $v(x,T) = g(x)$ 就是原反问题 (5.1.1), (5.1.2) 的解 (5.1.12). 对小的扰动项 $\alpha > 0$, 式 (5.1.18) 在 $\tau = T$ 可以看成是 $g(x)$ 的一个近似. 另一方面, 只要 $\alpha > 0$, 级数 (5.1.18) 对任意的 $f \in L^2(0,\pi)$ 都是收敛的, 因此对精确的 f 扰动数据 f^δ(它可能不是任何初始温度对应的终值温度), 可以用式 (5.1.18) 来定义逆时问题温度的近似值. 定义

$$R_\alpha f := \sum_{n=1}^{\infty}\langle f, \psi_n\rangle \exp\left(a^2n^2T(1-\alpha a^2n^2)\right)\psi_n(x). \tag{5.1.19}$$

下面的任务是来讨论 $R_\alpha f^\delta$ 对 g 的收敛性, 其中 f^δ 是 f 的满足式 (5.1.13) 的误差数据.

定理 5.1.4　如果正则化参数 $\alpha = \alpha(\delta) > 0$ 在 $\delta \to 0$ 时满足

$$\alpha(\delta) \to 0, \quad \exp\left(\frac{T}{4\alpha(\delta)}\right)\delta \to 0,$$

则对扰动数据 f^δ, 成立

$$\left\|R_{\alpha(\delta)}f^\delta - g\right\|_{L^2(0,\pi)} \to 0, \quad \delta \to 0,$$

其中 g 是对应于精确温度场 f 的初始温度.

证明　由标准的估计和式 (5.1.13) 有

$$\left\|R_\alpha f^\delta - g\right\| \leqslant \left\|R_\alpha f^\delta - R_\alpha f\right\| + \|R_\alpha f - g\| \leqslant \|R_\alpha\|\,\delta + \|R_\alpha f - g\|. \tag{5.1.20}$$

由式 (5.1.19) 和 $\{\psi_n\}$ 在 L^2 上的正交完备性知

$$\|R_\alpha f\|^2 = \sum_{n=1}^{\infty} |\langle f, \psi_n\rangle|^2 \exp\left(2a^2n^2T(1-\alpha a^2n^2)\right).$$

对任意的 n, 显然有 $2a^2n^2T(1-\alpha a^2n^2) \leqslant T/(2\alpha)$, 从而上式变为

$$\|R_\alpha f\|^2 \leqslant \exp(T/(2\alpha)) \sum_{n=1}^{\infty} |\langle f, \psi_n\rangle|^2 = \exp(T/(2\alpha))\,\|f\|^2.$$

由此得到

$$\|R_\alpha\| \leqslant \exp(T/(4\alpha)). \tag{5.1.21}$$

另一方面, 由式 (5.1.12), (5.1.19) 知

$$\begin{aligned}\|R_\alpha f - g\|^2 &= \sum_{n=1}^{\infty}[1-e^{-\alpha a^4n^4T}]^2 e^{2a^2n^2T}|\langle f, \psi_n\rangle|^2 \\ &\leqslant \sum_{n=1}^{N}[1-e^{-\alpha a^4n^4T}]^2 e^{2a^2n^2T}|\langle f, \psi_n\rangle|^2 + \sum_{n=N+1}^{\infty} e^{2a^2n^2T}|\langle f, \psi_n\rangle|^2.\end{aligned}$$

由于 $g \in L^2$, 由定理 5.1.3 知, $\forall \varepsilon > 0$, 存在一个整数 N 充分大, 使得

$$\sum_{n=N+1}^{\infty} e^{2a^2n^2T}|\langle f, \psi_n\rangle|^2 \leqslant \varepsilon^2/2.$$

对此有限 N, 当 $\alpha > 0$ 很小时,

$$\sum_{n=1}^{N}[1-e^{-\alpha a^4n^4T}]^2 e^{2a^2n^2T}|\langle f, \psi_n\rangle|^2 \leqslant \varepsilon^2/2.$$

综上所述, 由 ε 的任意性得

$$\|R_\alpha f - g\| \to 0, \quad \alpha \to 0. \tag{5.1.22}$$

最后式 (5.1.20), (5.1.21), (5.1.22) 完成了定理的证明.

注解 5.1.5　该结果只是证明了 $\delta \to 0$ 时 $R_{\alpha(\delta)}f^\delta - g \to 0$. 在关于 g(或者是 f) 的更强的先验条件下, 可以进一步得到收敛速度的估计, 具体的处理技术可参见下面的定理 5.1.6.

如果我们只要求重建 $0 < t < T$ 时的逆时问题的解, 而不去求解 $t = 0$ 的初始温度, 则我们还可以在给定的终值数据上加上小扰动而构造正则化近似解, 它可以看成是拟逆方法的另一种形式 (如果把时间 $t = T$ 看成边界)[2].

方法 3: 终值数据扰动正则化方法.

考虑由

$$\begin{cases} u_t = a^2 u_{xx}, & (x,t) \in (0,\pi) \times (0,T) \\ u(0,t) = 0, u(\pi,t) = 0, & 0 < t < T \\ u(x,T) = f(x), & x \in (0,\pi) \end{cases} \tag{5.1.23}$$

求 $0 < t < T$ 上的 $u(x,t)$ 的逆时问题. 如前所述, 当给定的终值数据 $f(x)$ 满足式 (5.1.9) 时, 该逆时问题存在唯一解.

对 $\alpha > 0$, 引进对应的扰动问题

$$\begin{cases} u_t^\alpha = a^2 u_{xx}^\alpha, & (x,t) \in (0,\pi) \times (0,T) \\ u^\alpha(0,t) = 0, u^\alpha(\pi,t) = 0, & 0 < t < T \\ \alpha u^\alpha(x,0) + u^\alpha(x,T) = f(x), & x \in (0,\pi), \end{cases} \tag{5.1.24}$$

下面对精确的输入数据来讨论正则化近似解 $u^\alpha(x,t)$ 和精确解 $u(x,t)$ 的误差.

对给定的 $u^\alpha(x,0)$, 易知满足式 (5.1.24) 前两式的 $u^\alpha(x,t)$ 有表达式

$$u^\alpha(x,t) = \sum_{n=1}^{\infty} \langle u^\alpha(\cdot,0), \psi_n \rangle e^{-a^2 n^2 t} \psi_n(x) := \mathbf{K_1^t} u^\alpha(\cdot,0), \quad t \in [0,T], \tag{5.1.25}$$

其中有界线性算子 $\mathbf{K_1^t}$ 由式 (5.1.14), (5.1.15) 的定义. 将此表达式代入式 (5.1.24) 的第三个条件得

$$u^\alpha(x,0) = (\alpha I + \mathbf{K_1^T})^{-1} f.$$

从而由式 (5.1.25) 得 $u^\alpha(x,t) = \mathbf{K_1^t}(\alpha I + \mathbf{K_1^T})^{-1} f$. 注意到 $\mathbf{K_1^t}(\alpha I + \mathbf{K_1^T})^{-1} = (\alpha I + \mathbf{K_1^T})^{-1}\mathbf{K_1^t}$, 得 $u^\alpha(x,t)$ 满足

$$\alpha u^\alpha(x,t) + (\mathbf{K_1^T} u^\alpha(\cdot,t))(x) = (\mathbf{K_1^t} f)(x), \quad t \in [0,T]. \tag{5.1.26}$$

这是一个关于 $u^\alpha(x,t)$ 的第二类积分方程. 请将此式和式 (5.1.16) 比较 (取 $\delta = 0$), 可以看到这里方程的结构要比那里简单, 但是两种方法中正则化参数的意义有所不同. 由算子 $\mathbf{K_1^t}$ 的表达式, 不难证明

$$\lim_{\alpha \to 0} \|u^\alpha(\cdot,t) - u(\cdot,t)\| = 0, \quad t \in [0,T].$$

下面进一步估计收敛速度 (仅是对正则化参数 α, 未讨论输入数据的误差 δ). 如果对终值数据加上更进一步的限制 (除了定理 5.1.3 的有解的条件), 有下面的收敛速度.

定理 5.1.6　假定存在 $\varepsilon \in (0,1)$, 使得终值数据 $f(x)$ 满足

$$\sum_{k=1}^{\infty}\langle f,\psi_k\rangle^2 \exp(2k^2a^2(1+\varepsilon)T) := M(\varepsilon)^2 < \infty, \tag{5.1.27}$$

则正则化解 $u^\alpha(\cdot,t)$ 满足下面的误差估计

$$\|u^\alpha(\cdot,t)-u(\cdot,t)\| \leqslant \alpha^\varepsilon M(\varepsilon), \quad t\in[0,T].$$

如果 $0<\varepsilon\leqslant t/T$, 还有估计

$$\|u^\alpha(\cdot,t)-u(\cdot,t)\| \leqslant \alpha^\varepsilon \|u(\cdot,0)\|.$$

注解 5.1.7　如果 $\varepsilon=0$(即 f 的条件只要保证原逆时问题有解), 该结果不能给出任何收敛速度. 关于 f 的条件 (5.1.27), 本质上是对原不适定问题解 u 的先验假定条件. 另一方面, 条件 (5.1.27) 也可以用于定理 5.1.4 中收敛速度关于输入数据误差 δ 的进一步分析, 即在正则化参数 $\alpha=\alpha(\delta)$ 的适当的取法下, $u^{\alpha(\delta)}(\cdot,t)-u(\cdot,t)$ 关于 δ 的收敛性.

证明　条件 (5.1.27) 显然意味着条件 (5.1.9). 故由定理 5.1.3, 逆时问题有解, 并且可表为 $u(x,t)=\mathbf{K_1^t}(\mathbf{K_1^T})^{-1}f$, 从而有

$$u(x,t)-u^\alpha(x,t)=\mathbf{K_1^t}((\mathbf{K_1^T})^{-1}-(\alpha I+\mathbf{K_1^T})^{-1})f.$$

记 $\phi_\alpha(x) := (\alpha I+\mathbf{K_1^T})^{-1}f$, 由 $(\alpha I+\mathbf{K_1^T})\phi_\alpha = f(x)$ 及 $\mathbf{K_1^T}$ 的定义, 不难解出 $\phi_\alpha(x)=\sum\limits_{l=1}^{\infty} c_l\psi_l(x)$ 中的系数

$$c_l=(\alpha+e^{-a^2l^2T})^{-1}\langle f,\psi_l\rangle.$$

据此得到

$$\begin{aligned}
u(x,t)-u^\alpha(x,t) &= \sum_{l=1}^{\infty}[e^{a^2l^2T}-(\alpha+e^{-a^2l^2T})^{-1}]\langle f,\psi_l\rangle(\mathbf{K_1^t}\psi_l)(x)\\
&= \alpha\sum_{l=1}^{\infty} e^{a^2l^2T}(\alpha+e^{-a^2l^2T})^{-1}\langle f,\psi_l\rangle\sum_{n=1}^{\infty}e^{-a^2n^2t}\psi_n(x)\delta_{l,n}\\
&= \alpha\sum_{n=1}^{\infty} e^{a^2n^2(T-t)}(\alpha+e^{-a^2n^2T})^{-1}\langle f,\psi_n\rangle\psi_n(x),
\end{aligned}$$

从而对 $\varepsilon\in(0,1)$, 有下列估计

$$\begin{aligned}\|u(\cdot,t)-u^\alpha(\cdot,t)\|^2&=\alpha^2\sum_{n=1}^{\infty}e^{2a^2n^2(T-t)}|\langle f,\psi_n\rangle|^2[(\alpha+e^{-a^2n^2T})^\varepsilon(\alpha+e^{-a^2n^2T})^{1-\varepsilon}]^{-2}\\&\leqslant\alpha^2\sum_{n=1}^{\infty}e^{2a^2n^2(T-t)}|\langle f,\psi_n\rangle|^2(e^{2a^2n^2T})^\varepsilon(\alpha^{1-\varepsilon})^{-2}\\&\leqslant\alpha^{2\varepsilon}\sum_{n=1}^{\infty}e^{2a^2n^2((1+\varepsilon)T-t)}|\langle f,\psi_n\rangle|^2.\end{aligned}\tag{5.1.28}$$

由此完成定理的证明.

注解 5.1.8　该定理类似于文献 [3] 中的 Theorem 2.6, 它由经典的对数凸性的方法 (参见 5.1.1 节) 得到. 关于此方法的数值实验, 见文献 [2]. 另一方面, 如果 $\varepsilon>1$, 由于

$$[(\alpha+e^{-a^2n^2T})^\varepsilon(\alpha+e^{-a^2n^2T})^{1-\varepsilon}]^{-2}\leqslant e^{2\varepsilon a^2n^2T}(\alpha+e^{-a^2T})^{2\varepsilon-2},$$

可以得到一个更好的估计

$$\|u(\cdot,t)-u^\alpha(\cdot,t)\|\leqslant\frac{\alpha}{(\alpha+e^{-a^2T})^{\varepsilon-1}}M(\varepsilon),$$

它是 $\alpha\to0$ 时的一个更快的收敛性估计.

关于更一般的变系数的 1-D 逆时问题的适定性分析, 可见文献 [61]、[62].

5.1.3　二维逆时问题数值结果

记 $\Omega=[0,\pi]\times[0,\pi]\subset\mathbf{R}^2$. 考虑二维热传导方程的初边值问题

$$\begin{cases}u_t=\Delta u, & (x,t)\in\Omega\times(0,T)\\ u|_{\partial\Omega}=0, & 0<t<T\\ u|_{t=0}=g(x), & x\in\Omega.\end{cases}\tag{5.1.29}$$

类似于前述一维问题, 正问题的解可以用 Laplace 算子的特征系统 $\{u_n(x),\lambda_n\}$ 表示为 ($\|u_n\|=1$)

$$u(x,t)=\sum_{n=1}^{\infty}G_nu_n(x)e^{-\lambda_nt},\tag{5.1.30}$$

其中系数 $G_n=\int_\Omega g(x)u_n(x)dx$. 这里讨论的逆时问题是要由某时刻 $t_0>0$ 的温度场 $u(x,t_0)$ 决定 $t=0$ 初始温度 $g(x)$(详见文献 [59]), 它是不适定的. 由前一节的分析可知, 该问题要比考虑 $0<t<t_0$ 上的逆时问题更为困难, 一般而言得不到 Holder 型的稳定性估计. 本小节的重点是用数值结果来说明正则化参数的引进对数值结果稳定性的作用.

给定 $g(x)\in L^2(\Omega)$, 据正问题 (5.1.29) 定义算子 A:

$$Ag(x)=u(x,t_0), \tag{5.1.31}$$

则由正问题的解的表达式知

$$Ag(x)=\sum_{n=1}^{\infty}G_nu_n(x)e^{-\lambda_nt_0}:=\int_\Omega K(x,y;t_0)g(y)dy, \tag{5.1.32}$$

其中核函数 $K(x,y,t_0)=\sum\limits_{n=1}^{\infty}u_n(x)u_n(y)e^{-\lambda_nt_0}$, 易知 A 是自伴的紧算子. 另一方面, 同样容易写出

$$g(x)=A^{-1}u(x,t_0)=\sum_{n=1}^{\infty}D_nu_n(x), \tag{5.1.33}$$

$$D_n=\exp[\lambda_nt_0]\int_\Omega u(y,t_0)u_n(y)dy.$$

A^{-1} 是无界的, 即当 $u(x,t_0)$ 的误差数据为 $u^\delta(x,t_0)$ 时, 不能由 $A^{-1}u^\delta(x,t_0)$ 来定义 $g(x)$ 的近似值 $g^\delta(x)$.

引进 $L^2(\Omega)$ 上的 Tikhonov 正则化泛函

$$F(g,\alpha)=\|Ag-u^\delta\|^2_{L^2(\Omega)}+\alpha\|g\|^2_{L^2(\Omega)}, \tag{5.1.34}$$

该泛函在 $g(x)\in L^2(\Omega)$ 上的极小元 $g^\delta_\alpha(x)$ 为 $g(x)$ 的正则化近似解. 由前述结果 (5.1.1 节, 方法 1), g^δ_α 由第二类线性方程

$$\alpha g^\delta_\alpha+A^2g^\delta_\alpha=Au^\delta \tag{5.1.35}$$

唯一确定. 对给定的 $\alpha>0$, 方程 (5.1.35) 有多种数值解法. 由于算子 A 本身是二重积分, 故减少计算量是数值求解该方程的关键. 下面用 SOR 迭代法解方程 (5.1.35) 以得到 g^δ_α 的数值近似解. 即求相应的函数列 $(g_n)^\infty_{n=1}$ 及误差函数 $(r_n)^\infty_{n=1}$

$$r_n=Au^\delta(x,t_0)-(\alpha g_n+A^2g_n).$$

用误差校正的办法来得到序列 $(g_n)^\infty_{n=1}$. 在 SOR 迭代法中, $\{g_n\}$ 如下定义:

$g_0(x)$ 任意,

$$g_n=g_{n-1}+\beta_nr_{n-1},\qquad n\geqslant 1,$$

$$\beta_n=\frac{\langle r_{n-1},(\alpha+A^2)r_{n-1}\rangle}{\|(\alpha+A^2)r_{n-1}\|^2},$$

$\langle\cdot,\cdot\rangle$ 是 $L^2(\Omega)$ 内积. β_n 是根据 $\|r_n\|$ 极小化来取的, 因为

$$r_n=Au^\delta(x,t_0)-(\alpha+A^2)(g_{n-1}+\beta_nr_{n-1})=r_{n-1}-\beta_n(\alpha+A^2)r_{n-1}.$$

对精确初始温度 $g(x_1,x_2)=\sin x_1\sin x_2$, 用三层隐式差分方法解正问题得到 $u(x,t_0)$ 在 $t_0=0.005$ 时的解作为模拟的反演输入数据, 该方法的构造和分析见文献 [64].

在反问题中, 取正则化参数 $\alpha = 0.0001$. 用

$$g_0(x_1, x_2) = -0.5x_1(\pi - x_1)x_2(\pi - x_2)$$

作为用 SOR 方法求解正则化方程的迭代初值. 精确解和猜测解见图 5.1 和图 5.2, 可见此时的误差很大.

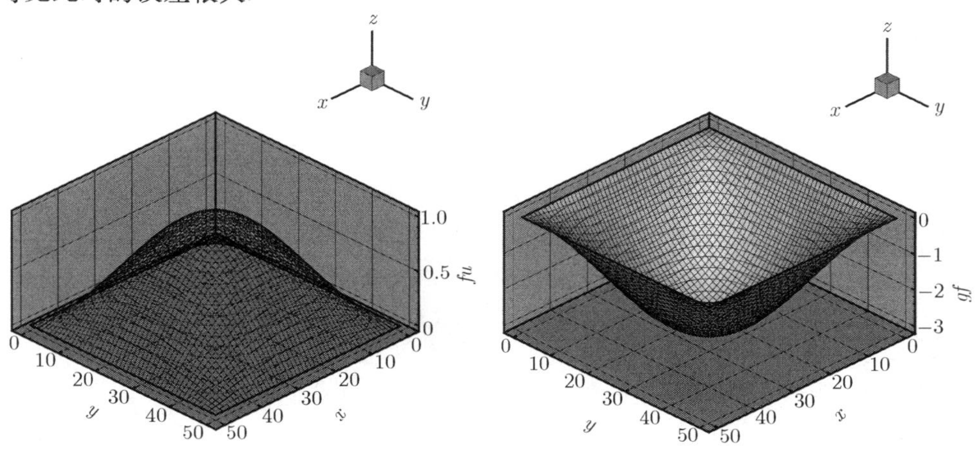

图 5.1　精确初始温度场　　　图 5.2　猜测初始温度场

为检验算法的稳定性, 给 $u(x_1, x_2, t_0)$ 在节点 $(x_1^i, x_2^j) = (ih, jh)$ 的扰动为

$$u^\delta(x_1^i, x_2^j, t_0) = u(x_1^i, x_2^j, t_0) + (-1)^{i+j}\delta,$$

对应于不同的参数, 50 次迭代的结果见表 5.1~5.3, 其中表 5.1 是用三层隐式差分方法求解正问题的数值结果.

表 5.1　模拟正问题的解, $(\tau, M, \theta_2, f_2) = (1E-04, 50, -0.5, 0.0)$

	$u(10,10,50)$	$u(20,20,50)$	$u(30,30,50)$	$u(40,40,50)$	$u(50,50,50)$
exa	3.4205382E-1	8.9550850E-1	8.9550845E-1	3.4205373E-1	0.0000000E+00
num	3.4205383E-1	8.9550853E-1	8.9550848E-1	3.4205375E-1	0.0000000E+00

表 5.2　反演结果, $(\tau, M, \theta_2, f_2, \alpha) = (1E-04, 50, -0.5, 0.0, 1E-04), n = 50$

	$g(10,10)$	$g(20,20)$	$g(30,30)$	$g(40,40)$	$g(50,50)$
exact	3.45491E-1	9.04508E-1	9.04508E-1	3.45491E-1	0.00000E+00
$\delta = 0.0$	3.45374E-1	9.04407E-1	9.04407E-1	3.45372E-1	0.00000E+00
$\delta = 0.1$	3.45325E-1	9.04407E-1	9.04407E-1	3.45325E-1	0.00000E+00
$\delta = 0.3$	3.45227E-1	9.04406E-1	9.04406E-1	3.45227E-1	0.00000E+00
guess	−1.24683	−2.80538	−2.80538	−1.24683	0.00000E+00

表 5.3 对不同 n, δ 的相对反演误差

rel. err.(%)	$\delta = 0.0$	$\delta = 0.1$	$\delta = 0.3$
$n = 5$	1.35722E-01	1.35885E-01	1.46904E-01
$n = 10$	9.11435E-02	9.89342E-02	1.57957E-01
$n = 30$	5.92728E-02	1.25784E-01	3.47691E-01
$n = 50$	5.05045E-02	1.74660E-01	5.12384E-01

由表 5.2 可知, 正则化方法对不同的 δ 是很稳定的. 特别地, 在 $\delta = 0.3$ 时, 扰动数据的最大误差达到 30%. 50 次迭代对应于 $\delta = 0.0$ 和 $\delta = 0.3$ 的结果见图 5.3 和 5.4.

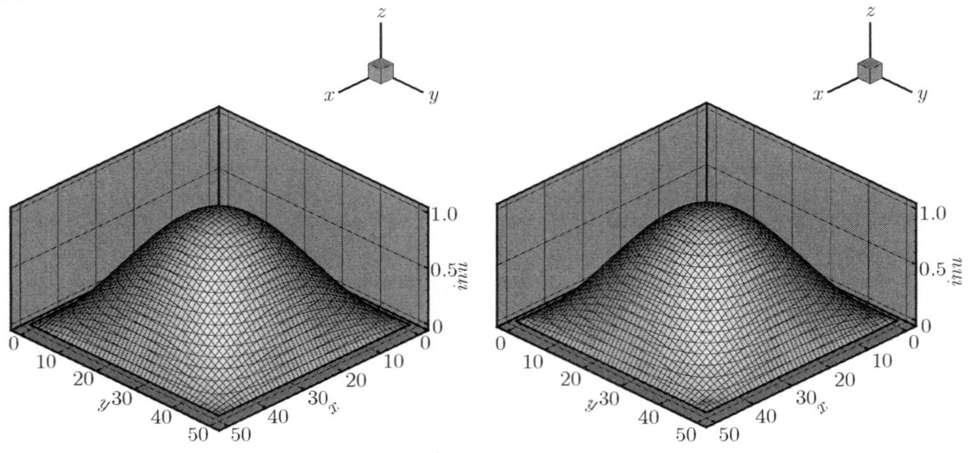

图 5.3 $\delta = 0.0$ 时的反演结果　　图 5.4 $\delta = 0.3$ 时的反演结果

然而由表 5.3 可看出反演方法对不同 n, δ 的效果不同. 相对误差曲线见图 5.5~5.7.

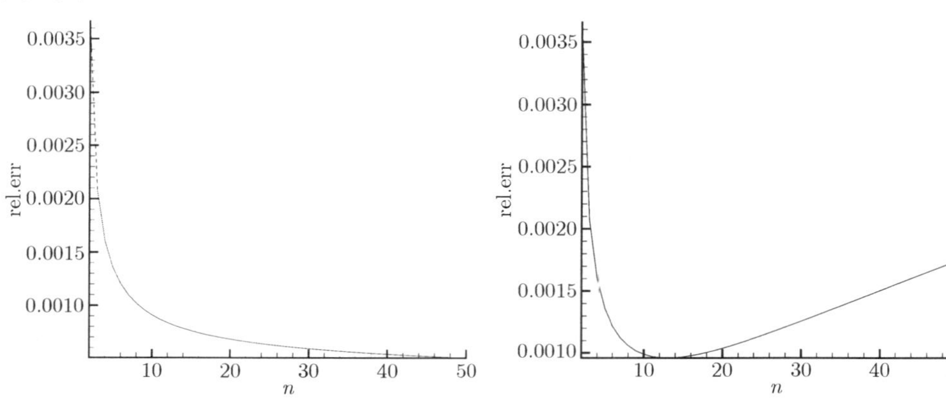

图 5.5 δ=0.0 时的误差曲线　　图 5.6 δ=0.1 时的误差曲线

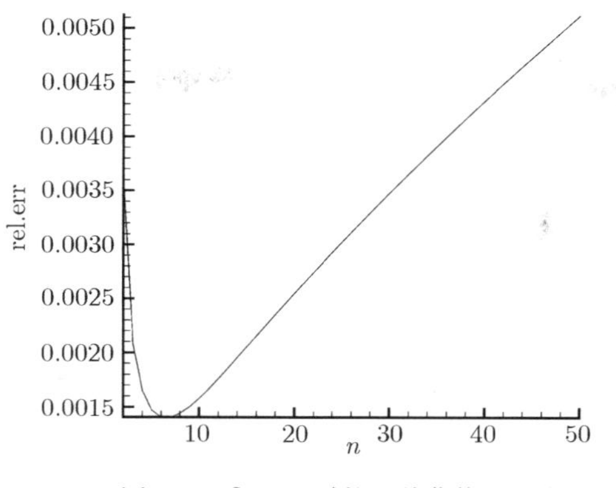

图 5.7　δ=0.3 时的误差曲线

我们把上述求解方程 (5.1.31) 的数值方法称为正则化的 SOR 反演方法. 如不引进正则化参数 α, 而是直接用 SOR 迭代法解 $Ag(x)=u(x,t_0)$, 即 $g(x_1,x_2)$ 由迭代过程：$g_0(x_1,x_2)$ 任意,

$$r_n=u(x,y,t_0)-Ag_n,$$

$$g_n=g_{n-1}+\alpha_n r_{n-1},\qquad n\geqslant 1,$$

$$\alpha_n=\frac{\langle r_{n-1},Ar_{n-1}\rangle_\Omega}{\|Ar_{n-1}\|^2}.$$

求解 (Method B), 对 $\delta=0$, $\delta=0.0001$ 和 $\delta=0.001$ 的结果及相对误差见表 5.4 和表 5.5.

表 5.4　对不同扰动 Method B 的数值结果

	$g(10,10)$	$g(20,20)$	$g(30,30)$	$g(40,40)$	$g(50,50)$
exa	3.45491E-01	9.04508E-1	9.04508E-1	3.45491E-1	0.00000E+00
$\delta=0.0000$	3.45481E-1	9.04508E-1	9.04508E-1	3.45481E-1	0.00000E+00
$\delta=0.0001$	3.54771E-1	9.13798E-1	9.13798E-1	3.54771E-1	0.00000E+00
$\delta=0.001$	4.40246E-1	9.99274E-1	9.99274E-1	4.40246E-1	0.00000E+00

表 5.5　对不同 n,δ, Method B 的相对误差

rel. err.(%)	$\delta=0.0000$	$\delta=0.0001$	$\delta=0.001$
$n=5$	6.62779E-2	1.20028E-1	1.00304
$n=10$	3.65036E-2	2.73355E-1	2.71260
$n=30$	1.91908E-2	1.03886	10.59637
$n=50$	1.48037E-2	1.82078	18.57355

与正则化方法比较, 该方法不稳定, 迭代过程在 $\delta\neq 0$ 时是发散的. $\delta=0.0001$ 和 $\delta=0.001$ 的结果见图 5.8 和图 5.9. 这里的二维数值例子给出了正则化参数对稳

定的反演结果的重要作用. 注意这里的 α 完全是先验选取的, 没有考虑它与误差水平 δ 的关系, 在下一小节将通过一维的数值例子来表明 $\alpha=\alpha(\delta)$ 的取法.

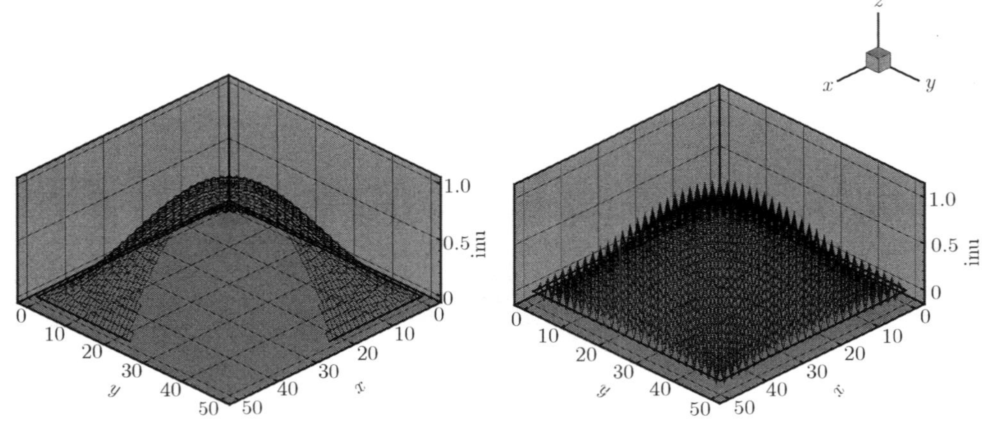

图 5.8　δ=0.0001 时 Method B 的反演结果　　图 5.9　δ=0.001 时 Method B 的反演结果

5.1.4　一维逆时问题数值结果

讨论描述长杆温度变化的数学模型

$$\begin{cases} \dfrac{\partial u}{\partial t}=\dfrac{\partial}{\partial x}\Big(k(x)\dfrac{\partial u}{\partial x}\Big), & (x,t)\in(a,b)\times(0,T], \\ u_x(a,t)-h(a)u(a,t)=0, & t\in(0,T), \\ u_x(b,t)+h(b)u(b,t)=0, & t\in(0,T), \\ u(x,0)=g(x), & x\in(a,b), \end{cases} \tag{5.1.36}$$

其中 $h(a),h(b)\geqslant 0$. 该模型表示在长杆内无热源或热汇, 且在两端与外界有热交换. 所论的反问题是初始温度 $u(x,0)=g(x)$ 未知, 而某个时刻 $T>0$ 的温度场 $u(x,T)$ 已知, 要确定 $t\in[0,T)$ 的温度场 $u(x,t)$.

逆时热传导问题的难点 (问题的强不适定性) 来源于正向热传导问题温度场随时间的指数衰减性质. 时间越长, 初始温度的特性就越难体现, 从而由测量数据反演初始温度难度就越大. 对此 1-D 模型, 问题的难点可以从下面的简单结果中反映出来. 取 $(a,b)=(0,\pi),k(x)=1,h(0)=0,h(\pi)=1$, 初始温度 $g(x)=\cos 5x$. 正问题温度 $u(x,t)$ 在不同时刻的分布见图 5.10. 从图中可以看出初始温度的较强振荡性, 在 $t=1$ 后已很难体现. 这说明对于热传导方程逆时问题, 使用的观测时刻相对说来不能取得太大.

同样考虑由式 (5.1.36) 定义的算子方程

$$(Ag)(x)=u(x,T). \tag{5.1.37}$$

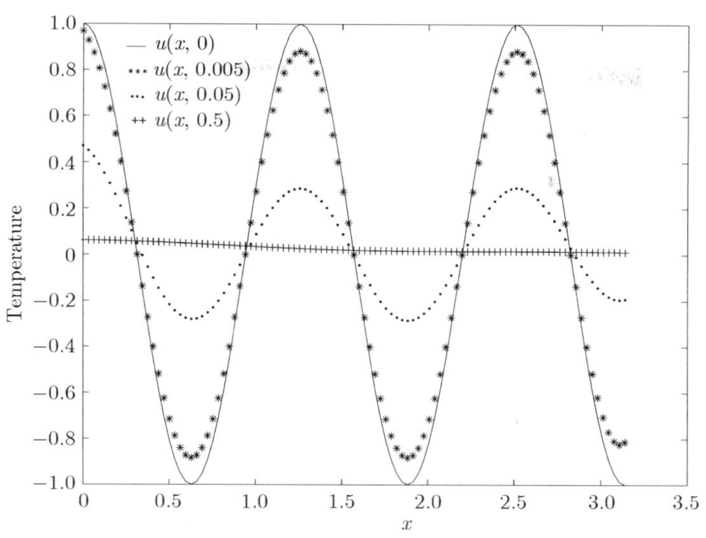

图 5.10　正问题不同时刻温度场的迅速衰减

显然, A 是自伴算子. 对有误差的右端项 $u^\delta(x,T)$, 假定扰动数据 $u^\delta(x,T)$ 满足

$$\left\|u^\delta(\cdot,T)-u(\cdot,T)\right\|_{L^2}\leqslant\delta.$$

下面我们由 $u^\delta(x,T)$ 来求 $g(x)$ 的近似值 $g^\delta(x)$. 从前面的分析我们知道 $g^\delta(x)$ 不能由 $A^{-1}u^\delta(x,T)$ 直接确定. 给定正则化参数 $\alpha>0$, 我们用下面的 Tikhonov 泛函

$$F_\alpha^\delta(g)=\|Ag-u^\delta\|^2_{L^2(a,b)}+\alpha\|g\|^2_{L^2(a,b)} \tag{5.1.38}$$

在 $L^2(a,b)$ 上的极小元 $g_\alpha^\delta(x)$ 来作为 $g(x)$ 的近似, 它满足正则化方程

$$\alpha g_\alpha^\delta+A^2g_\alpha^\delta=Au^\delta. \tag{5.1.39}$$

记 $R_\alpha=(\alpha I+A^2)^{-1}A$, 由前面给出的正则化解和精确解的经典误差分析

$$\|g_\alpha^\delta-g\|\leqslant\|R_\alpha\|\|u^\delta-u\|+\|R_\alpha Ag-g\|\leqslant\delta\|R_\alpha\|+\|R_\alpha Ag-g\|$$

可知, α 的选取应保持某种平衡. 这样就产生了一个问题: 正则化参数 α 如何选取, 使得 $\delta\|R_\alpha\|+\|R_\alpha Ag-g\|$ 极小.

前面已经解释过, 由 $u(x,T)$ 求解 $[0,T)$ 上的 $u(x,t)$ 在 $t=0$ 和 $0<t<T$ 两种情形有点不同. 这里我们用不同的选取 α 的方法来解这两个问题: (1) 在由 $u(x,T)$ 反演初值 $g(x)$ 时 (即求解 (5.1.39) 时), 利用 Morozov 偏差原理决定 α; (2) 在由 $u(x,T)$ 反演初值 $u(x,t_0), 0<t_0<T$ 时, 采用先验方法选取正则化参数 α, 在对初

始值 $g(x)$ 做一些限制时, 可以建立解的条件稳定性, 进而得到正则化解 u_α^δ 的收敛速度估计.

1. 由 $u(x,T)$ 反演初值 $g(x)$

我们采用 Morozov 偏差原理确定正则化参数 α. 该原理要求参数 α 的选取应使得正则化解的误差应该与原始输入数据的误差相匹配. 即选取参数 α 使得偏差函数满足

$$\|Ag_\alpha^\delta - u^\delta\| = \delta,$$

把此式重写为

$$G(\alpha) := \|Ag_\alpha^\delta - u^\delta\|^2 - \delta^2 = 0. \tag{5.1.40}$$

Morozov 偏差原理实际上是对给定的 $\delta > 0$, 在偏差的约束条件 $\|Ag - u^\delta\| \leqslant \delta$ 下, 极小化解的模 $\|g\|$; 或者说在满足 $\|Ag - u^\delta\| = \delta$ 的函数集中确定 g, 使得 $\|g\|$ 尽可能的小. 这样的解 g 称为最小模解. 如前所述, 在一定条件下, 存在唯一的最小模解, 并且最小模解连续地依赖于右端项.

在实际计算中, 求式 (5.1.37) 的最小模解时, 首先要通过式 (5.1.40) 确定 α 的取值, 在得到 α 的确定值后, 代回式 (5.1.39) 求解, 这就是所谓的正则化参数 α 的后验策略. 一般情况下, 总认为原始输入数据的大小比误差水平大得多, 即 $\| u^\delta \| > \delta$, 否则原始输入数据就会完全被噪音覆盖, 因而没有意义. 在这种情况下, 一般可通过 Newton 方法来数值求解式 (5.1.40) 的根.

下面利用文献 [109] 中提出的一个迭代格式来确定 α 的值. 通过简单计算可得

$$G'(\alpha) = -2\Big(\frac{dg_\alpha^\delta}{d\alpha}, g_\alpha^\delta\Big), \quad G''(\alpha) = -2\Big(\frac{dg_\alpha^\delta}{d\alpha}, g_\alpha^\delta\Big) - 2\alpha\left[\left\|\frac{dg_\alpha^\delta}{d\alpha}\right\|^2 + \Big(g_\alpha^\delta, \frac{d^2g_\alpha^\delta}{d\alpha^2}\Big)\right],$$

其中 $g_\alpha^\delta, \dfrac{dg_\alpha^\delta}{d\alpha}, \dfrac{d^2g_\alpha^\delta}{d\alpha^2}$ 分别由下列三式确定:

$$(\alpha I + A^2)g_\alpha^\delta = Au^\delta, \quad (\alpha I + A^2)\frac{dg_\alpha^\delta}{d\alpha} = -g_\alpha^\delta, \quad (\alpha I + A^2)\frac{d^2g_\alpha^\delta}{d\alpha^2} = -2\frac{dg_\alpha^\delta}{d\alpha}.$$

文献 [109] 中提出的迭代格式如下:

$$\alpha_{k+1} = \alpha_k - \frac{G(\alpha_k)G'(\alpha_k)}{G'(\alpha_k)^2 - \frac{1}{2}G(\alpha_k)G''(\alpha_k)}, \tag{5.1.41}$$

并且可以证明该格式是至少局部三阶收敛的 [58]. 关于收敛阶的定义如下.

定义 5.1.9　设序列 $\{x_k\}$ 收敛于 x^*, 并记 $e_k = x^* - x_k, k = 0, 1, 2 \cdots$. 如果存在常数 $p \geqslant 1$ 及非零常数 C, 使得

$$\lim_{k\to\infty} \frac{e_{k+1}}{e_k^p} = C,$$

则称序列 $\{x_k\}$ 是 p 阶收敛的.

引理 5.1.10　设迭代格式为 $x_{k+1}=\varphi(x_k), k=1,2,3\cdots$. 若 $\varphi(x)$ 在 x^* 附近的某个邻域内有 $p(p\geqslant 1)$ 阶导数, 且

$$\varphi^{(k)}(x^*)=0\quad (k=1,2,3,\cdots,p-1),\qquad \varphi^{(p)}(x^*)\neq 0,$$

则迭代格式在 x^* 附近是 p 阶局部收敛的.

利用该 p 阶收敛定理 (文献 [100], 定理 2.4), 就可以证明格式 (5.1.41) 的局部三阶收敛性. 事实上, $Au^\delta\neq 0$, 否则式 (5.1.39) 只有零解. 我们可以知道 $G(\alpha)$ 在区间 $(0,1)$ 中有单根. $G'(\alpha)>0$(文献 [47], Theorem 2.16).

设 α^* 为 $G(\alpha)$ 在 $(0,1)$ 内的单根, 即 $G(\alpha^*)=0$. 把近似 α^* 迭代格式重写为

$$\alpha_{k+1}=\alpha_k-\frac{G(\alpha_k)}{G'(\alpha_k)}\cdot\frac{1}{1-\frac{G(\alpha_k)G''(\alpha_k)}{2G'(\alpha_k)^2}}:=F(\alpha_k),\tag{5.1.42}$$

原迭代格式变为 $\alpha_{k+1}=F(\alpha_k)$. 再记

$$t(\alpha)=\frac{G(\alpha)G''(\alpha)}{G'(\alpha)^2},\quad T(\alpha)=\frac{1}{1-\frac{1}{2}t(\alpha)},\quad s(\alpha)=\frac{G(\alpha)}{G'(\alpha)},$$

则式 (5.1.42) 中引进的函数 F 的表达式为 $F(\alpha)=\alpha-s(\alpha)T(\alpha)$. 由于 $G(\alpha^*)=0$, 简单的计算表明

$$\begin{aligned}&F'(\alpha^*)=1-T(\alpha^*)s'(\alpha^*)=1-1=0,\\&F''(\alpha^*)=-s''(\alpha^*)T(\alpha^*)-2s'(\alpha^*)T'(\alpha^*)=\frac{G''(\alpha^*)}{G'(\alpha^*)}-2\frac{G''(\alpha^*)}{2G'(\alpha^*)}=0.\end{aligned}$$

同样我们也可以得到 $F'''(\alpha^*)=\frac{\frac{3}{2}G''(\alpha^*)^2-G'''(\alpha^*)G'(\alpha^*)}{G'(\alpha^*)^2}$, 若无附加条件, 则无法判断 $F'''(\alpha^*)$ 是否为零. 这样由引理 5.1.10 知, 上述迭代格式是至少三阶收敛的.

2. 由 $u(x,T)$ 反演 $u(x,t_0)$, 其中 $0<t_0<T$.

首先来建立该逆时问题解的条件稳定性. 给定常数 $E>0$, 定义集合

$$P(E)=\Big\{g(x):\ g\in L^2(a,b),\|g(\cdot)\|_{L^2(a,b)}\leqslant E\Big\}.$$

定理 5.1.11　设式 (5.1.36) 中的初始值 $g(x)\in P(E)$, $u(x,t)$ 为式 (5.1.36) 的解, 则下式成立:

$$\|u(\cdot,t_0)\|_{L^2(a,b)}\leqslant E\|u(\cdot,T)\|_{L^2(a,b)}^{\frac{t_0}{T}}.\tag{5.1.43}$$

该定理的证明完全类似于 5.1.1 节中的式 (5.1.4), 即所谓的对数凸性的方法, 从略.

有了定理 5.1.11, 可以立刻得到

定理 5.1.12　设 $u_i(x,t), i=1,2$ 为式 (5.1.36) 对应于初值 $u_i(x,0)=g_i(x)\in P(E), i=1,2$ 的解, 则下式成立:

$$\|u_1(\cdot,t_0)-u_2(\cdot,t_0)\|_{L^2(a,b)}\leqslant 2E\|u_1(\cdot,T)-u_2(\cdot,T)\|_{L^2(a,b)}^{\frac{t_0}{T}}.\tag{5.1.44}$$

证明　因为 $g_1(x)$, $g_2(x) \in P(E)$, 所以 $g_1(x) - g_2(x) \in P(2E)$. 由问题的线性性, 利用定理 5.1.11, 立刻得到结果.

这样, 我们就建立了逆时问题的条件稳定性. 该估计式在 $t_0 = 0$ 是正确的但是是平凡的, 它不能给出 $g(x)$ 对 $u(\cdot, T)$ 的任何连续性结果. 但是若对初值做相应的限制, 采用先验策略选取正则化参数时, 可以得到下面的定理.

定理 5.1.13　设 $g(x) \in P(E)$. 对于任意的 $C_0^2 > E^2 + 1$, 取 $\alpha = \delta^2$ 时, 式 (5.1.39) 的正则化解 g_α^δ 满足下式：

$$F_{\delta^2}^\delta(g_\alpha^\delta) \leqslant C_0^2\delta^2, \quad \|Ag_\alpha^\delta - Ag\| \leqslant (C_0 + 1)\delta. \tag{5.1.45}$$

证明　当 $\alpha = \delta^2$ 时, 显然有

$$\begin{aligned}F_{\delta^2}^\delta(g) &= \|Ag(\cdot) - u^\delta(\cdot, T)\|^2 + \delta^2\|g(\cdot)\|^2 = \|u(\cdot, T) - u^\delta(\cdot, T)\|^2 + \delta^2\|g(\cdot)\|^2 \\ &\leqslant \delta^2 + \delta^2\|g(\cdot)\|^2 \leqslant (E^2 + 1)\delta^2.\end{aligned}$$

由于 g_α^δ 是使得 Tikhonov 泛函 $F_{\delta^2}^\delta(g)$ 在 $L^2(a, b)$ 上达到最小值, 所以有

$$F_{\delta^2}^\delta(g_\alpha^\delta) \leqslant F_{\delta^2}^\delta(g) \leqslant (E^2 + 1)\delta^2 \leqslant C_0^2\delta^2. \tag{5.1.46}$$

此式意味着 $\|Ag_\alpha^\delta(\cdot) - u^\delta(\cdot, T)\| \leqslant C_0\delta, \|g_\alpha^\delta(\cdot)\| \leqslant C_0$. 这样可得

$$\|Ag_\alpha^\delta(\cdot) - Ag(\cdot)\| \leqslant \|Ag_\alpha^\delta(\cdot) - u^\delta(\cdot, T)\| + \|u^\delta(\cdot, T) - Ag(\cdot)\| \leqslant (C_0 + 1)\delta.$$

证毕.

当 $\alpha = \delta^2$ 时, 可由式 (5.1.39) 解得正则化解 $g_\alpha^\delta(x)$, 它是初值 $g(x)$ 的近似解. 这里我们没有 $g_\alpha^\delta(x) - g(x)$ 的收敛速度. 这个结果类似于文献 [2] 中给出的 Theorem 3. 把 $g_\alpha^\delta(x)$ 作为初值代入式 (5.1.36) 中, 求解此正问题可以得到温度场 $u^\delta(x, t_0), t_0 \in (0, T)$, 有趣的是, 对于这样构造的 $u^\delta(x, t_0)$, 如果我们对精确的初值 $g(x)$ 加一些限制, 则可以得到 $u^\delta(x, t_0), t_0 \in (0, T)$ 的下面的收敛速度估计.

定理 5.1.14　设 $g(x) \in P(E)$, 对于上述 $u^\delta(x, t_0)$, 有下式成立：

$$\|u^\delta(\cdot, t_0) - u(\cdot, t_0)\| \leqslant \widetilde{C}\delta^{\frac{t_0}{T}}, \tag{5.1.47}$$

其中 $\widetilde{C}$ 为正常数.

证明　对 $\alpha = \delta^2$, 由式 (5.1.45) 知

$$\|u^\delta(\cdot, 0)\| = \|g_\alpha^\delta(\cdot)\| \leqslant C_0, \quad \|u(\cdot, 0)\| = \|g(\cdot)\| \leqslant E \leqslant C_0, \tag{5.1.48}$$

即 $g_\alpha^\delta(x), g(x) \in P(C_0)$. 于是由定理 5.1.12 和定理 5.1.13 可得

$$\|u^\delta(\cdot, t_0) - u(\cdot, t_0)\| \leqslant (2C_0)\|Ag_\alpha^\delta(\cdot) - Ag(\cdot)\|^{\frac{t_0}{T}} \leqslant (2C_0)(C_0 + 1)^{\frac{t_0}{T}}\delta^{\frac{t_0}{T}} \leqslant \widetilde{C}\delta^{\frac{t_0}{T}},$$

其中 $\tilde{C}_0 = 2C_0(C_0 + 1)$. 证毕.

从上面的定理可以看出, 由时刻 T 的温度场 $u(x,T)$ 去反演温度场 $u(x,t_0), t_0 \in (0,T)$ 时, 当 t_0 越靠近 T 时, $u^\delta(x,t_0)$ 收敛到 $u(x,t_0)$ 的速度越快, 反之则越慢. 但是对 $t_0=0$, 该方法不能给出任何收敛速度估计.

注解 5.1.15　实际上在计算中, 只能得到式 (5.1.39) 的近似解 $\widetilde{g}_\alpha^\delta$, 如果近似解 $\widetilde{g}_\alpha^\delta$ 使得 $F_{\delta^2}^\delta(\widetilde{g}_\alpha^\delta) \leqslant C_0^2\delta^2$ 成立, 则上面得到的速度估计仍然成立. 因此我们这里的估计结果实际上也给出了数值求解近似的正则化解 $\widetilde{g}_\alpha^\delta$ 时应达到的精度标准.

在上面求解 $u(x,0)$ 和 $u(x,t_0), 0<t_0<T$ 的两类逆时问题中, 求初始温度分布起着核心的作用. 因为有了 $u(x,0)$, 解一个适定的正问题就得到了 $u(x,t_0), 0<t_0<T$. 因此在本小节的最后, 我们给出用不同的方法给出正则化参数时求初始温度分布 $g(x)$ 的数值结果. 我们的模型问题是

$$\begin{cases} u_t = u_{xx}, & (x,t)\in(0,\pi)\times(0,T] \\ u_x(0,t)=u_x(\pi,t)=0, & t\in[0,T] \\ u(x,0)=\cos x, & x\in(0,\pi). \end{cases} \tag{5.1.49}$$

容易验证 $u(x,t)=e^{-t}\cos x$ 是问题 (5.1.49) 的精确解. 反问题是由 $u(x,T)$ 来求 $g(x)$.

不难求出, 式 (5.1.37) 中的算子 A 的表达式为

$$Ag(x)=\int_0^\pi K(x,y)g(y)dy := \frac{1}{\pi}\int_0^\pi \Big(1+2\sum_{n=1}^\infty \cos nx\cos ny\exp(-n^2T)\Big)g(y)dy,$$

$$A^2g(x)=\int_0^\pi\int_0^\pi K(x,y)K(y,z)g(z)dzdy.$$

计算中近似取 $K(x,y)=\dfrac{1}{\pi}\Big(1+2\sum\limits_{n=1}^{30}\cos nx\cos ny\exp(-n^2T)\Big)$. 把区间 $[0,\pi]$ 作 m 等分并记 $x_i=i*\pi/m, i=0,1,\cdots,m$. 用梯形公式计算积分 $\int_0^\pi f(x)dx \approx \dfrac{\pi}{m}\sum\limits_{i=0}^m a_if(x_i)$, 其中 $a_0=a_m=1/2$, 而 $i=1,2,\cdots,m-1$ 时 $a_i=1$. 故式 (5.1.39) 的近似形式为

$$\alpha g^\delta(x)+\frac{\pi^2}{m^2}\sum_{j=0}^m a_jK(x,x_j)\left[\sum_{i=0}^m a_iK(x_j,x_i)g^\delta(x_i)\right]=\frac{\pi}{m}\sum_{i=0}^m a_iK(x,x_i)u^\delta(x_i,T),$$

对 x 离散, 可得矩阵方程

$$\Big(\alpha E+\frac{\pi^2}{m^2}H^2\Big)\cdot G=\frac{\pi}{m}H\cdot U, \tag{5.1.50}$$

其中 E 为 $m+1$ 维的单位阵,

$$G := \left[g^\delta(x_0),\cdots,g^\delta(x_i),\cdots,g^\delta(x_m)\right]^T,$$
$$U := \left[u^\delta(x_0,T),\cdots,u^\delta(x_i,T),\cdots,u^\delta(x_m,T)\right]^T,$$

$$H = \begin{bmatrix} a_0K(x_0,x_0) & a_1K(x_0,x_1) & \cdots & a_mK(x_0,x_m) \\ a_0K(x_1,x_0) & a_1K(x_1,x_1) & \cdots & a_mK(x_1,x_m) \\ \vdots & \vdots & & \vdots \\ a_0K(x_m,x_0) & a_1K(x_m,x_1) & \cdots & a_mK(x_m,x_m) \end{bmatrix}. \tag{5.1.51}$$

现在需要从式 (5.1.50) 中求出 G.

如前所述, 正则化参数 α 的选取有先验和后验两种策略. 下面我们分别验证.

A：正则化参数的先验取法

首先取 $\alpha = 0.0001, T = 0.05, m = 100$. 取有扰动的右端项为 $u^\delta = u + \delta\sin(2x-1)$. 求解正则化方程 (5.1.50) 得到的数值结果如表 5.6 和图 5.11.

表 5.6　不同扰动的数值结果

	$x = 0.314$	$x = 0.942$	$x = 1.57$	$x = 2.51$	$x = 3.14$
精确值	0.9510565	0.5877852	40489659D-11	−0.8090169	−1.0
$\delta = 0.0$	0.9509514	0.5877203	7.557962D-11	−0.8089276	−0.9998895
$\delta = 0.001$	0.9515322	0.5889929	1.0276217D-03	−0.8092694	−0.9993272
$\delta = 0.01$	0.9567591	0.6004469	1.0276216D-02	−0.8123461	−0.9942670
$\delta = 0.1$	1.009028	0.7149868	0.1027621	−0.8431130	−0.9436648

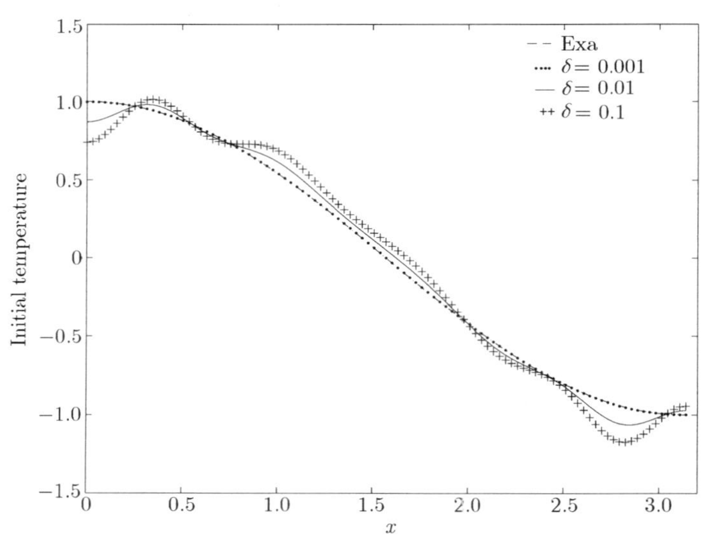

图 5.11　取不同 δ 时反演的初始温度

对不同的 δ, 各节点的误差分布如图 5.12. 从图 5.11 和图 5.12 中可知, 当 $\delta = 0$ 即输入数据没有扰动时, 正则化解与精确解的误差非常小, 且解的误差随 δ 的增大而增大. 图 5.13 给出了 $\delta = 0.005$ 时, 对于不同正则化参数 α, 各节点的误差分布. 由此图可知, 当 α 取 10^{-6} 时, 各节点的误差最小, 而 α 取 10^{-8} 时, 误差曲线表现出较强的振荡性, 使得误差增大. 进一步考虑给定 $m = 100, T = 0.05$ 时, 对于不同的 α 和 δ 正则化解与精确解的相对误差, 见表 5.7.

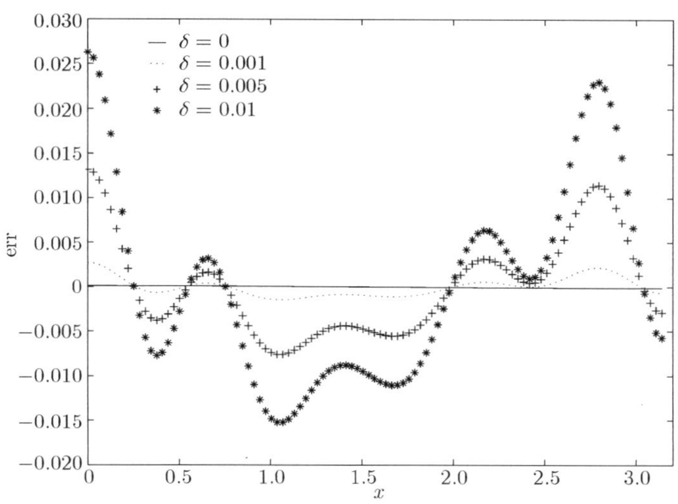

图 5.12　不同 δ 的反演结果在各点的误差

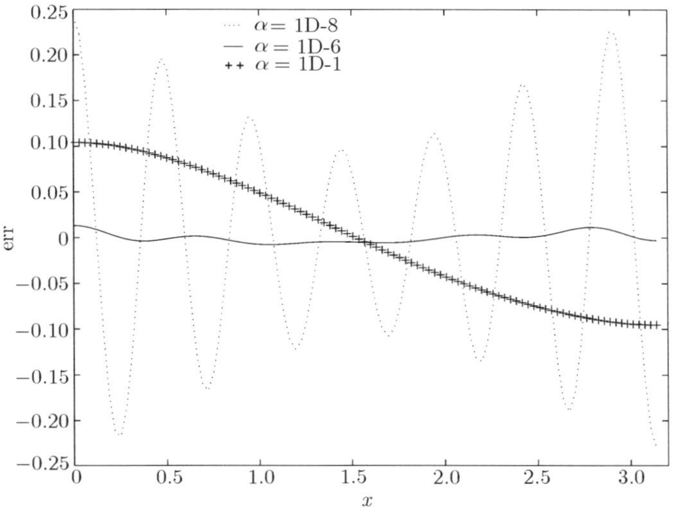

图 5.13　不同 α 的反演结果在各点的误差

本章中的相对误差均为 $\dfrac{\|g_\alpha^\delta - g\|_{L^2}}{\|g\|_{L^2}}$.

表 5.7 不同 α 和 δ 的相对误差

相对误差	$\delta=0.0$	$\delta=0.001$	$\delta=0.01$	$\delta=0.1$
$\alpha=10^{-8}$	3.0694025D-08	3.4162679D-02	0.3416267	3.4162678
$\alpha=10^{-4}$	1.1047405D-04	1.5042884D-03	1.5292361D-02	0.1532063
$\alpha=10^{-2}$	1.0930873D-02	1.0530808D-02	1.2947229D-02	0.1183287
$\alpha=10^{-1}$	9.951856D-02	9.9098589D-02	9.576019D-02	0.1121833

从表 5.7 可以看出：当 $\alpha=10^{-8}$ 或 $\alpha=0.1$ 时, 正则化解与精确解的相对误差很大; 当 $\alpha=10^{-4}$ 时, 则有较好的结果. 这说明正则化参数 α 的选取即不能太大, 也不能太小, 这和前面的理论分析是一致的.

这里的正则化参数 α 是在区间 $(0,1)$ 内先验选取的. 下面研究正则化参数 α 的后验选取的相容性原理.

B：正则化参数的后验取法

现在我们采用 Morozov 偏差原理来确定正则化参数 α, 这样得到的正则化解就是最小模解. 利用本节中的收敛的迭代格式来数值求 α. 算法如下：

(1) 置初值 $\alpha_0>0,\delta>0,\varepsilon>0$ 和最大迭代次数 $k_{\max}$, 令 $k=0$.

(2) 离散并求解下列方程：

$$(\alpha I+A^2)g_\alpha^\delta=Au^\delta,\quad (\alpha I+A^2)\frac{dg_\alpha^\delta}{d\alpha}=-g_\alpha^\delta,\quad (\alpha I+A^2)\frac{d^2g_\alpha^\delta}{d\alpha^2}=-2\frac{dg_\alpha^\delta}{d\alpha}.$$

(3) 计算

$$G(\alpha)=\|Ag_\alpha^\delta-u^\delta\|^2-\delta^2,\quad G'(\alpha)=-2\alpha\Big(\frac{dg_\alpha^\delta}{d\alpha},g_\alpha^\delta\Big),$$
$$G''(\alpha)=-2\Big(\frac{dg_\alpha^\delta}{d\alpha},g_\alpha^\delta\Big)-2\alpha\left[\left\|\frac{dg_\alpha^\delta}{d\alpha}\right\|^2+\Big(g_\alpha^\delta,\frac{d^2g_\alpha^\delta}{d\alpha^2}\Big)\right].$$

(4) 利用迭代格式 (5.1.42) 求下一迭代点 α_{k+1}.

(5) 若 $|\alpha_{k+1}-\alpha_k|\leqslant\varepsilon$ 或迭代次数 $k=k_{\max}$, 停止; 否则令 $k=k+1$, 回到 (2).

在数值求解中, 我们取 $\alpha_0=0.01,\varepsilon=10^{-8},k_{\max}=50,m=100,T=0.005$.

在扰动数据 $u^\delta=u+\delta\sin(2x-1)$ 中, 当取 $\delta=0.001,0.01$ 时, 分别迭代 5 次, 2 次后停止, 求得的正则化参数 $\alpha^*=9.5151453\times10^{-4}$, $\alpha^*=8.5541046\times10^{-3}$.

图 5.14, 图 5.15 给出了对这样两个 δ, 当正则化参数变化时, 求出的正则化解的误差分布. 比较这两张图和由我们迭代得到的 α 可知, 利用本节中的迭代格式近似确定正则化参数 α, 虽然达不到最优, 但仍然能得到比较满意的精度, 可以看成是一种近似最优.

在这里的逆时问题中, 我们的终值时刻给在 $T=0.005$, 这显然是一个很小的值. 如果 T 比较大, 则数值结果的精度会大幅下降. 这是很显然的, 我们前面一开

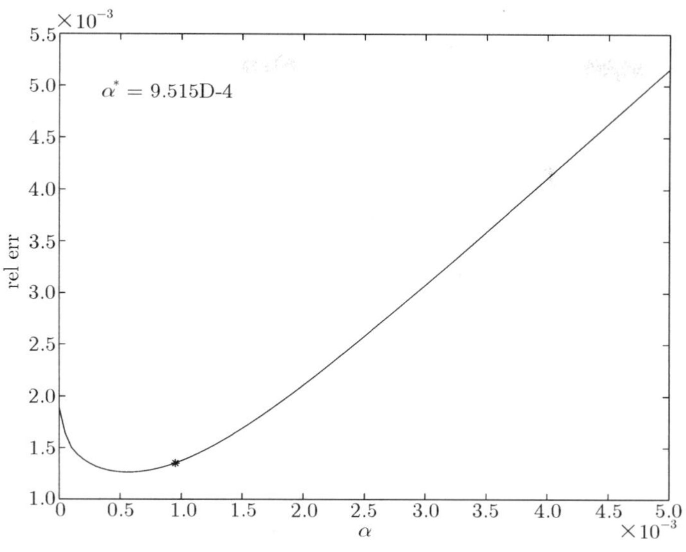

图 5.14　$\delta = 0.001$ 时相对误差对 α 的依赖关系

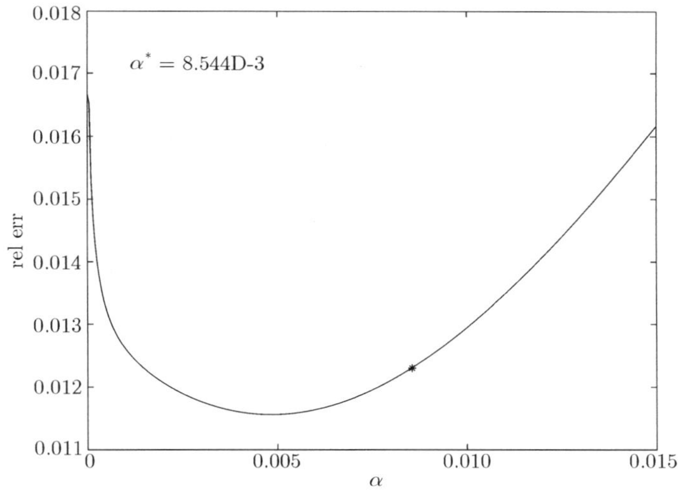

图 5.15　$\delta = 0.01$ 时相对误差对 α 的依赖关系

始已经解释过, $u(x,T)$ 中含有的 $u(x,0)$ 的信息随着 T 的增加迅速衰减. 类似的数值例子见文献 [2], 那里取 $T = 5/32$. 然而, 如果把式 (5.1.49) 中的方程换为 $u_t = a^2 u_{xx}$ 并取较小的扩散系数 a^2, 则就可以用较大时刻 T 的 $u(x,T)$ 来反演 $u(x,0)$. 这类问题有广泛的物理背景. 例如, 在考古学中人们利用碳元素的衰变周期来推断文物的初始状态进而推算其年代. 由于碳元素的衰变周期很长, 因此该问题就表现为小扩散系数的热传导方程的逆时问题. 具体的数值试验见文献 [58].

注解 5.1.16 *还有另一种抛物型方程的“逆时问题”. 给定的附加数据仍然是在某个时刻 $T > 0$ 的解 $u(x,T)$, 但反演的不是 $0 \leqslant t < T$ 上的温度场 $u(x,t)$, 而是抛物型方程中的未知系数. 这类问题称为抛物型方程的“逆边界问题”更为确切. 对这类问题, 已经有了大量的研究工作, 主要的方法有拓扑度理论、极值原理、不动点定理等, 具体的工作可见文献 [14]、[42]、[89]、[111]. 但是, 关于这类问题的数值实现还有待于进一步研究, 应用优化方法和有限元方法对该类问题的数值研究见文献 [8]、[46].*

5.2 数值微分问题

众所周知, 当函数值本身有较小的扰动时, 相应的导数的扰动可以是任意大的. 或者说, 由函数在有限个点的值求其导数的问题是不适定的. 对此问题, 已有大量的数值算法和收敛性分析 [28, 35, 92]. 其中的主要方法是利用有限差分并选择合适的步长来近似导数 [28, 31, 110], 或者构造一类积分算子来近似导数 [30]. 如果离散点的函数值含有误差, 则离散步长就不能取得太小, 或者说, 在有限区间内的节点的个数就不能太多. 这是显然的: 在太多的节点上给定函数的扰动数据只能增加求函数导数的误差. 求数值微分时离散步长的选取的这种平衡性本质上源于问题的不适定性, 因此必须引进正则化方法 [35], 但是正则化参数的选取是该方法的一个核心问题. 严格来讲, 稳定的近似求导方法都是基于正则化思想, 所不同的是正则化算子的构造和正则化参数的选取. 本节我们讨论求数值微分的三种方法.

5.2.1 样条插值方法

本小节先介绍利用条件稳定性来选取正则化参数并据此求数值微分的方法 [105], 所给的离散数据可以给在非等距节点上.

考虑定义于 $[0,1]$ 上的函数 $y(x)$, $\Delta := \{0 = x_0 < x_1 < x_2 < \cdots < x_n = 1\}$ 是 $[0,1]$ 上非等距的节点. 记

$$h_i = x_i - x_{i-1}, \quad i = 1,2,\cdots,n, \qquad h = \max_{1 \leqslant i \leqslant n} h_i.$$

设给定函数值 $y(x_i)$ 的误差数据 $\tilde{y}_i$, 满足

$$|y(x_i) - \tilde{y}_i| \leqslant \delta, \quad i = 1,\cdots,n,$$

$\delta > 0$ 是给定数据的误差水平. 数值微分的任务就是要由离散的误差数据 $\tilde{y}_i$ 确定 $f_*(x)$ 使得 $f_*'(x)$ 能够近似 $y'(x)$. 为此必须回答如下问题:

(1) 如何由离散数据 $\{\tilde{y}_i : i = 1,\cdots,n\}$ 来构造 $f_*(x)$?

(2) $f_*'(x)$ 近似 $y'(x)$ 的误差如何?

不失一般性, 假定 $x=0,1$ 的数据是准确的, 即 $\tilde{y}_0=y(0),\tilde{y}_n=y(1)$. 否则可用

$$Y(x)=y(x)+\tilde{y}_0-y(0)+(\tilde{y}_n-y(1)-\tilde{y}_0+y(0))x$$

来代替 $y(x)$. $L^2(0,1),H^k(0,1),C[0,1]$ 表示标准的函数空间. 对函数 $f(x)$, 定义泛函

$$\Phi(f):=\sum_{j=1}^{n-1}\frac{h_j+h_{j+1}}{2}(\tilde{y}_j-f(x_j))^2+\alpha\|f''\|_{L^2(0,1)}^2, \tag{5.2.1}$$

其中 $\alpha>0$ 是正则化参数. 容易验证

$$\sum_{j=1}^{n-1}\frac{h_j+h_{j+1}}{2}=1-\frac{h_1+h_n}{2}<1.$$

定义函数空间

$$M(0,1):=\{f(x):f\in H^2(0,1),f(0)=y(0),f(1)=y(1)\}.$$

借助于泛函 $\Phi(f)$, 我们可以在下述意义下构造 $y(x)$ 的一个近似函数 f_*:

(P1) 由离散扰动数据 $\{\tilde{y}_i:\ i=1,\cdots,n\}$ 确定 $f_*\in M(0,1)$ 使得

$$\Phi(f_*)\leqslant\Phi(f) \tag{5.2.2}$$

对一切的 $f\in M(0,1)$ 成立.

如果这样的 f_* 存在 (它依赖于正则化参数 α), 则必须考虑

(P2) 如何选择 α 使得 $f_*'(x)$ 是 $y'(x)$ 的一个逼近以及这种逼近的误差.

问题 (P1) 和 (P2) 可以用下面两个结果来回答:

定理 5.2.1　*对任意 $\alpha>0$, (P1) 存在唯一的解 f_*.*

定理 5.2.2　*设 $f_*\in M(0,1)$ 是 (P1) 的极小元, 则*

$$\|f_*'-y'\|_{L^2(0,1)}\leqslant\left(2h+4\alpha^{1/4}+\frac{h}{\pi}\right)\|y''\|_{L^2(0,1)}+h\sqrt{\frac{\delta^2}{\alpha}+\frac{2\delta}{\alpha^{1/4}}}. \tag{5.2.3}$$

特别地, 如果取 $\alpha=\delta^2$, 则有估计

$$\|f_*'-y'\|_{L^2(0,1)}\leqslant\left(2h+4\sqrt{\delta}+\frac{h}{\pi}\right)\|y''\|_{L^2(0,1)}+h+2\sqrt{\delta}. \tag{5.2.4}$$

定理 5.2.1 的证明过程同时也给出了 f_* 的构造方法. 定理 5.2.2 告诉我们, 对 $y\in H^2(0,1)$, 如果 h 和 δ 充分小, 则当正则化参数 $\alpha=\delta^2$ 时, 上面构造的 f_* 其导数就是 y' 的近似.

如果 $y\notin H^2(0,1)$, 此时 $\|y''\|_{L^2(0,1)}$ 无界, 因此定理 5.2.2 中的估计 (5.2.4) 不能保证 f_*' 是 y' 在 L^2 意义下的逼近. 但是由上述方法构造的 f_* 仍然可以反映 $y(x)$ 的不光滑性. 此即

定理 5.2.3 设 f_* 是 (P1) 对应于 $\alpha=\delta^2$ 的极小元. 如果 $y\in C[0,1]\setminus H^2(0,1)$, 则 $\delta,h\to 0$ 时成立

$$\|f_*''\|_{L^2(0,1)}\to\infty.$$

对分片连续函数 $y(x)$, 该结果也是对的. 并且可以进一步证明, 如果 x_0 是 $y(x)$ 的间断点, 则对任一包含 x_0 的开区间 I_1, 在 $\delta,h\to 0$ 时成立 $\|f_*''\|_{L^2(I_1)}\to\infty$.

证明上面三个结果的基本思想是利用三次样条函数来构造一个合适的 f_* 并证明唯一性. 首先给出关于样条插值的一些结果.

定义 5.2.4 我们称 $h(x)$ 是 $[0,1]$ 上关于节点 Δ 的一个自然三次样条函数, 如果它在 $[0,1]$ 上是二次连续可微的, 且满足

(1) $h(x)$ 在 $[x_i,x_{i+1}]$ 上是三次多项式;

(2) $h''(0)=h''(1)=0$.

下面两个结果是标准的 [33, 96, 99].

引理 5.2.5 设 $y(x)$ 是 $(0,1)$ 上的光滑函数,$s(x)$ 是 $[0,1]$ 上关于节点 Δ 的一个自然三次样条函数满足 $s(x_i)=y(x_i), i=0,1,\cdots,n$, 则

$$\|s''-y''\|^2_{L^2(0,1)}+\|s''\|^2_{L^2(0,1)}=\|y''\|^2_{L^2(0,1)}, \tag{5.2.5}$$

$$\|s'-y'\|_{L^2(0,1)}\leqslant\frac{h}{\pi}\|y''\|^2_{L^2(0,1)}. \tag{5.2.6}$$

引理 5.2.6 对 $g\in H^2(0,1)$, 定义 $(0,1)$ 上的分段常值函数 χ:

$$\chi|_{(x_{i-1},x_i)}=\chi_i=\frac{1}{h_i}\int_{x_{i-1}}^{x_i}g(x)dx,$$

则有下列估计

$$\|g-\chi\|_{L^2(0,1)}\leqslant h\|g'\|_{L^2(0,1)}. \tag{5.2.7}$$

基于这两个引理, 现在可以来证明本小节的主要结果.

定理 5.2.1 的证明分为两步: 先在 $M(0,1)$ 上构造 f_*, 再证明 f_* 是 Φ 在 $M(0,1)$ 上的唯一极小元.

Step 1: f_* 的构造方法如下:

(1) f_* 是节点 Δ 上的三次样条函数, 在 $[0,1]$ 上是二次连续可微的, 即

$$f_*(x_i+)=f_*(x_i-),\quad f_*'(x_i+)=f_*'(x_i-),\quad f_*''(x_i+)=f_*''(x_i-),\quad i=1,2,\cdots,n-1,$$

这里 $f_*(x_i\pm)$ 用 $f(x)$ 在 x_i 的左右极限来定义.

(2) 在左右端点 $f_*''(0)=f_*''(1)=0$.

(3) $f_*(x)$ 在节点 $x_i(i=1,\cdots,n-1)$ 左右的三级导数满足阶跃关系

$$f_*'''(x_i+)-f_*'''(x_i-)=\frac{1}{\alpha}\frac{h_i+h_{i+1}}{2}(\tilde{y}_i-f_*(x_i)). \tag{5.2.8}$$

这样唯一构造的 $f_*(x)$ 是 $[0,1]$ 上的分段三次多项式, 二阶导数在 $[0,1]$ 上连续, 三阶导数只在节点 $x_i, i=1,\cdots,n-1$ 有阶跃.

Step 2：来证明 f_* 是唯一极小元.

注意到 $f_*'''(x)$ 是分片常数, 如果 $g(x)\in H^2(0,1), g(0)=g(1)=0$, 则由分部积分可得

$$\int_0^1 g'' f_*'' dx = \frac{1}{\alpha}\sum_{i=1}^{n-1}\frac{h_i+h_{i+1}}{2}g(x_i)(\tilde{y}_i - f_*(x_i)). \tag{5.2.9}$$

据此及泛函 $\Phi(f)$ 的定义可得

$$\begin{aligned}
\Phi(f)-\Phi(f_*) &= \sum_{i=1}^{n-1}\frac{h_i+h_{i+1}}{2}(f(x_i)-f_*(x_i))(f(x_i)+f_*(x_i)-2\tilde{y}_i)\\
&\quad +\alpha\left\|f''-f_*''\right\|^2_{L^2(0,1)}+2\alpha\int_0^1 (f''-f_*'')f_*''dx\\
&= \sum_{i=1}^{n-1}\frac{h_i+h_{i+1}}{2}(f(x_i)-f_*(x_i))(f(x_i)+f_*(x_i)-2\tilde{y}_i)\\
&\quad +2\sum_{i=1}^{n-1}\frac{h_i+h_{i+1}}{2}(f(x_i)-f_*(x_i))(\tilde{y}_i-f_*(x_i))\\
&\quad +\alpha\left\|f''-f_*''\right\|^2_{L^2(0,1)}\\
&= \sum_{i=1}^{n-1}\frac{h_i+h_{i+1}}{2}(f(x_i)-f_*(x_i))^2+\alpha\left\|f''-f_*''\right\|^2_{L^2(0,1)}\geqslant 0,
\end{aligned} \tag{5.2.10}$$

因此 f_* 是极小元. 为证明它是唯一的极小元, 假定另有 $f\in M(0,1)$ 使得 $\Phi(f)=\Phi(f_*)$. 于是由式 (5.2.10) 得

$$\|f''-f_*''\|_{L^2(0,1)}=0,\ f(x_i)=f_*(x_i),\ i=1,\cdots,n-1.$$

从而 $f''=f_*''$, 即 $f-f_*=ax+b$. 最后 $f(0)=y(0)=f_*(0), f(1)=y(1)=f_*(1)$ 即得 $f=f_*$. 定理 5.2.1 证毕.

下面来证明定理 5.2.2. 对过精确数据点 $(x_i, y(x_i)), i=0,\cdots,n$ 的自然三次样条函数 $s(x)$, 记 $e(x)=f_*(x)-s(x)$. 显然有 $e(0)=e(1)=0$. 注意到

$$\|f_*'-y'\|_{L^2(0,1)}\leqslant \|e'\|_{L^2(0,1)}+\|s'-y'\|_{L^2(0,1)}, \tag{5.2.11}$$

和引理 5.2.5 中的式 (5.2.6), 为得到式 (5.2.3), 只要估计 $\|e'\|_{L^2(0,1)}$. 为此引进分片常数函数 $\chi\in L^2(0,1)$:

$$\chi(x)=\frac{e(x_i)-e(x_{i-1})}{h_i}:=\chi_i,\quad i=1,\cdots,n-1, \tag{5.2.12}$$

则简单的计算得

$$\begin{aligned}\|e'\|_{L^2(0,1)}^2 &= \int_0^1 e'(e'-\chi)dx + \int_0^1 e'\chi dx \\ &= \int_0^1 e'(e'-\chi)dx + \sum_{i=1}^{n-1}\chi_i(e(x_i)-e(x_{i-1})) \\ &= \int_0^1 e'(e'-\chi)dx + \sum_{i=1}^{n-1} e(x_i)(\chi_i-\chi_{i+1}) := I_1 + I_2. \end{aligned} \tag{5.2.13}$$

分别估计 I_1, I_2. 由引理 5.2.6 和 Cauchy 不等式得

$$\begin{aligned} I_1 &\leqslant \|e'\|_{L^2(0,1)}\|e'-\chi\|_{L^2(0,1)} \leqslant h\|e'\|_{L^2(0,1)}\|e''\|_{L^2(0,1)} \\ &\leqslant h\|e'\|_{L^2(0,1)}[\|f_*''\|_{L^2(0,1)} + \|s''\|_{L^2(0,1)}]. \end{aligned}$$

注意到 f_* 是极小元且 $\sum\limits_{i=1}^{n-1}\dfrac{h_1+h_{i+1}}{2} \leqslant 1$, 从而

$$\begin{aligned}\alpha\|f_*''\|_{L^2(0,1)}^2 \leqslant \Phi(f_*) \leqslant \Phi(y) &= \sum_{i=1}^{n-1}\frac{h_i+h_{i+1}}{2}(\tilde{y}_i - y(x_i))^2 + \alpha\|y''\|_{L^2(0,1)}^2 \\ &\leqslant \delta^2 + \alpha\|y''\|_{L^2(0,1)}^2 . \end{aligned}$$

将此式代入上式并用引理 5.2.5 的第一个关系得

$$\begin{aligned} I_1 &\leqslant h\|e'\|_{L^2(0,1)}\left[\left(\frac{\delta^2}{\alpha} + \|y''\|_{L^2(0,1)}^2\right)^{1/2} + \|y''\|_{L^2(0,1)}\right] \\ &\leqslant h\|e'\|_{L^2(0,1)}\left[\sqrt{\frac{\delta^2}{\alpha}} + 2\|y''\|_{L^2(0,1)}\right]. \end{aligned} \tag{5.2.14}$$

对 I_2, 由 Cauchy 不等式得

$$\begin{aligned} I_2^2 &= \left[\sum_{i=1}^{n-1}\left(\frac{h_i+h_{i+1}}{2}\right)^{1/2} e(x_i)\left(\frac{2}{h_i+h_{i+1}}\right)^{1/2}(\chi_i-\chi_{i+1})\right]^2 \\ &\leqslant \sum_{i=1}^{n-1}\frac{h_i+h_{i+1}}{2}e(x_i)^2 \sum_{i=1}^{n-1}\frac{2}{h_i+h_{i+1}}(\chi_i-\chi_{i+1})^2 \end{aligned} \tag{5.2.15}$$

来估计这两个乘积项. 一方面, 由于 f_* 是极小元, 故有

$$\sum_{i=1}^{n-1}\frac{h_i+h_{i+1}}{2}(f_*(x_i)-\tilde{y}_i)^2 \leqslant \Phi(f_*) \leqslant \Phi(y) \leqslant \delta^2 + \alpha\|y''\|_{L^2(0,1)}^2,$$

从而第一项有估计

$$\begin{aligned}\sum_{i=1}^{n-1}\frac{h_i+h_{i+1}}{2}e(x_i)^2&=\sum_{i=1}^{n-1}\frac{h_i+h_{i+1}}{2}(f_*(x_i)-y(x_i))^2\\&\leqslant\sum_{i=1}^{n-1}\frac{h_i+h_{i+1}}{2}[2(f_*(x_i)-\tilde{y}_i)^2+2(\tilde{y}_i-y(x_i)^2]\\&\leqslant 2\Phi(y)+2\delta^2\leqslant 2\delta^2\left(2+\frac{\alpha}{\delta^2}\|y''\|^2_{L^2(0,1)}\right).\end{aligned}\tag{5.2.16}$$

这里用了 $s(x_i)=y(x_i)$ 和 $\sum\limits_{i=1}^{n-1}\dfrac{h_i+h_{i+1}}{2}(y(x_i)-\tilde{y}_i)^2\leqslant\delta^2$. 另一方面, 由 χ 的定义知

$$\begin{aligned}\chi_i-\chi_{i+1}&=\frac{1}{h_i}\int_{x_{i-1}}^{x_i}e'(x)dx-\frac{1}{h_{i+1}}\int_{x_i}^{x_{i+1}}e'(x)dx\\&=\frac{x_i-x_{i-1}}{h_i}\int_0^1e'(h_i\tau+x_{i-1})d\tau-\frac{x_{i+1}-x_i}{h_{i+1}}\int_0^1e'(h_{i+1}\tau+x_i)d\tau\\&=\int_0^1[e'(h_i\tau+x_{i-1})-e'(h_{i+1}\tau+x_i)]d\tau=\int_0^1\int_{h_{i+1}\tau+x_i}^{h_i\tau+x_{i-1}}e''(x)dxd\tau,\end{aligned}$$

此式意味着

$$\begin{aligned}|\chi_i-\chi_{i+1}|&\leqslant\int_0^1\int_{x_{i-1}}^{x_{i+1}}|e''(x)|dxd\tau\leqslant(x_{i+1}-x_{i-1})\|e''\|_{L^2(x_{i-1},x_{i+1})}\\&\leqslant(h_i+h_{i+1})\|e''\|_{L^2(0,1)}.\end{aligned}$$

故第二项有估计

$$\sum_{i=1}^{n-1}\frac{2}{h_i+h_{i+1}}(\chi_i-\chi_{i+1})^2\leqslant 4\|e''\|^2_{L^2(0,1)}\sum_{i=1}^{n-1}\frac{h_i+h_{i+1}}{2}\leqslant 4\|e''\|^2_{L^2(0,1)}.\tag{5.2.17}$$

将式 (5.2.16), (5.2.17) 代入式 (5.2.15) 并注意到在 I_1 中关于 $\|e''\|_{L^2(0,1)}$ 的估计得到

$$\begin{aligned}I_2^2&\leqslant 8\delta^2\left(2+\frac{\alpha}{\delta^2}\|y''\|^2_{L^2(0,1)}\right)\|e''\|^2_{L^2(0,1)}\\&\leqslant 8\delta^2\left(\sqrt{2}+\sqrt{\frac{\alpha}{\delta^2}}\|y''\|_{L^2(0,1)}\right)^2\left[\sqrt{\frac{\delta^2}{\alpha}}+2\|y''\|_{L^2(0,1)}\right]^2\\&\leqslant 8\delta^2\left(2^{1/4}\left(\frac{\delta^2}{\alpha}\right)^{1/4}+2\left(\frac{\alpha}{\delta^2}\right)^{1/4}\|y''\|_{L^2(0,1)}\right)^4.\end{aligned}\tag{5.2.18}$$

把式 (5.2.14) 和 (5.2.18) 代入式 (5.2.13) 得到关于 $\|e'\|$ 的不等式. 由简单的计算解出

$$\|e'\|_{L^2(0,1)}\leqslant\left[2h+4\left(\frac{\alpha}{\delta^2}\right)^{1/4}\sqrt{\delta}\right]\|y''\|_{L^2(0,1)}+h\sqrt{\frac{\delta^2}{\alpha}}+2\sqrt{\delta}\left(\frac{\delta^2}{\alpha}\right)^{1/4}.\tag{5.2.19}$$

最后将引理 5.2.5 的第二个关系和式 (5.2.19) 代回 (5.2.11) 得

$$\|f_*' - y'\|_{L^2(0,1)} \leqslant \left[2h + 4\alpha^{1/4} + \frac{h}{\pi}\right] \|y''\|_{L^2(0,1)} + h\sqrt{\frac{\delta^2}{\alpha}} + \frac{2\delta}{\alpha^{1/4}}.$$

定理 5.2.2 证毕.

注解 5.2.7 *在文献 [105] 中 Theorem 2.5 的估计 (2.3) 的右端项中 $h\sqrt{\dfrac{\alpha}{\delta^2}}$ 有误, 应为 $h\sqrt{\dfrac{\delta^2}{\alpha}}$.*

该定理表明, 如果 $y \in H^2$, 则由扰动数据如上构造的 $f_*(x)$ 的导数在 $\delta, h \to 0$ 时是 $y'(x)$ 的近似, 且给出了收敛速度的估计. 但是, 如果 $y \notin H^2$, 则上面构造 $f_*(x)$ 其导数的性态如何? 这就是定理 5.2.3 的结果. 下面给出其证明.

用反证法来证明该结果. 如果不然, 存在两个序列 $\delta^m, \Delta^m, m = 1, 2, \cdots$ 和常数 C 使得当 $\delta^m, h^m \to 0$ 时始终有

$$\|f_*''(\cdot, \delta^m, h^m)\|_{L^2(0,1)} \leqslant C,$$

其中 h_m 表示划分 Δ^m 的最大网格长度, 即 $h^m = \max_{i=1,\cdots,n} h_i^m$, $f_*(x, \delta^m, h^m)$ 表示 $f_*(x)$ 依赖于 δ^m, h^m. 由于 $H^2(0,1)$ 可以紧嵌入到 $C[0,1]$, 从而存在 $g(x) \in H^2(0,1)$ 使得

$$\|g''\|_{L^2(0,1)} \leqslant C, \tag{5.2.20}$$

$$\lim_{m\to\infty} \|f_*(\cdot, \delta^m, h^m) - g(\cdot)\|_{C[0,1]} \to 0. \tag{5.2.21}$$

我们的目标是证明

$$y = g \in H^2, \tag{5.2.22}$$

从而与 $y \in C[0,1] \setminus H^2(0,1)$ 矛盾, 即完成定理 5.2.3 的证明.

式 (5.2.22) 的证明由下面的三步完成.

Step 1：预备命题.

定义 $\phi(g) = \|g - y\|_{C[0,1]}$, $Y = \{g \in H^2(0,1), g(0) = y(0), g(1) = y(1)\}$. 对小的 $\delta > 0$, 记 $\tilde{f}_\delta(x)$ 是满足下面三个条件的函数：

(1) $\tilde{f}_\delta(0) = y(0), \tilde{f}_\delta(1) = y(1)$;

(2) $\left\|\tilde{f}_\delta''\right\|_{L^2(0,1)} \leqslant \dfrac{1}{\sqrt{\delta}}$;

(3) $\phi(\tilde{f}_\delta) \leqslant \inf_{f\in H_\delta} \phi(f) + \delta$, 其中 $H_\delta := \left\{f \in Y; \|f''\|_{L^2(0,1)} \leqslant \dfrac{1}{\sqrt{\delta}}\right\}$.

这样的 $\tilde{f}_\delta(x)$ 的存在性是显然的. 我们来证明

$$\lim_{\delta\to 0} \phi(\tilde{f}_\delta) = 0. \tag{5.2.23}$$

假定不然, 则存在 $C_1>0$ 和序列 $\delta_k\to 0$, $(k\to\infty)$ 使得

$$\phi(\tilde f_{\delta_k})\geqslant C_1$$

对一切的 k 成立. 由于 Y 在 $C[0,1]$ 中稠密, 对 $y\in C[0,1]\setminus H^2(0,1)$ 存在 $z\in Y$ 使得 $\phi(z)=\|z-y\|_{C[0,1]}<C_1/2$. 另一方面, 由于 $\lim_{k\to\infty}\delta_k=0$, 故 k 很大时,

$$\|z''\|_{L^2(0,1)}\leqslant\frac{1}{\sqrt{\delta_k}},\quad \delta_k<\frac{C_1}{2}.$$

这表明对充分大的 k, $z\in H_{\delta_k}$. 于是由 $\tilde f_{\delta_k}$ 的定义有

$$\phi(\tilde f_{\delta_k})\leqslant\phi(z)+\delta<C_1/2+C_1/2=C_1,$$

得到矛盾, 式 (5.2.23) 得证.

Step 2：固定 $h>0$, 证明 $\lim_{\delta\to 0}\Phi(f_*(\cdot,\delta,h))\to 0$.

先来估计 $\Phi(\tilde f_\delta)$ 在 $\alpha=\delta^2$ 时的值. 由定义,

$$\begin{aligned}\Phi(\tilde f_\delta)&=\sum_{i=1}^{n-1}\frac{h_i+h_{i+1}}{2}[(\tilde y_i-y(x_i))+(y(x_i)-\tilde f_\delta(x_i))]^2+\delta^2\left\|\tilde f_\delta''\right\|_{L^2(0,1)}^2\\&\leqslant 2\sum_{i=1}^{n-1}\frac{h_i+h_{i+1}}{2}(\tilde y_i-y(x_i))^2+2\sum_{i=1}^{n-1}\frac{h_i+h_{i+1}}{2}(y(x_i)-\tilde f_\delta(x_i))^2\\&\quad+\delta^2\left\|\tilde f_\delta''\right\|_{L^2(0,1)}^2\\&\leqslant 2\delta^2+2\phi(\tilde f_\delta)^2+\delta.\end{aligned}$$

最后的一个估计用了下面的事实：

$$\sum_{i=1}^{n-1}\frac{h_i+h_{i+1}}{2}\leqslant 1,\ |\tilde y_i-y(x_i)|\leqslant\delta,\ |y(x_i)-\tilde f_\delta(x_i)|\leqslant\phi(\tilde f_\delta),\ \left\|\tilde f_\delta''\right\|_{L^2(0,1)}\leqslant\frac{1}{\sqrt{\delta}},$$

从而由式 (5.2.23) 得 $\lim_{\delta\to 0}\Phi(\tilde f_\delta)=0$. 又由于 f_* 是 $\Phi(\cdot)$ 的极小元, 故

$$0\leqslant\Phi(f_*(\cdot,\delta,h))\leqslant\Phi(\tilde f_\delta)\to 0,\ \delta\to 0.$$

Step 3：证明 $g=y$.

记 $\varepsilon>0$ 是任意的正常数. 由定积分的定义,

$$\lim_{h^m\to 0}\sum_{i=1}^{n(m)-1}\frac{h_i^m+h_{i+1}^m}{2}(g(x_i^m)-y(x_i^m))^2=\|g-y\|_{L^2(0,1)}^2.$$

注意到 $h^m \to 0$ 意味着 $m \to \infty$, 因此存在 $M > 0$, 使得 $m > M$ 后有

$$\|g - y\|_{L^2(0,1)}^2 \leqslant \sum_{i=1}^{n(m)-1} \frac{h_i^m + h_{i+1}^m}{2}(g(x_i^m) - y(x_i^m))^2 + \varepsilon. \tag{5.2.24}$$

另一方面, 由式 (5.2.21) 知, 存在 M_1, 使得 $m > M_1$ 后有

$$\|f_*(\cdot, \delta^m, h^m) - g(\cdot)\|_{C[0,1]}^2 \leqslant \varepsilon,\ (\delta^m)^2 < \frac{\varepsilon}{C}. \tag{5.2.25}$$

再由 Step 2 的结论, 存在 M_2, 使得 $m > M_2$ 后有

$$0 \leqslant \Phi(f_*(\cdot, \delta^m, h^m)) \leqslant \varepsilon. \tag{5.2.26}$$

综合估计 (5.2.24)~(5.2.26), 当 $m > \max\{M, M_1, M_2\}$ 时有

$$\begin{aligned}
\|g - y\|_{L^2(0,1)}^2 \leqslant\ & 3\sum_{i=1}^{n(m)-1} \frac{h_i^m + h_{i+1}^m}{2}(g(x_i^m) - f_*(x_i^m, \delta^m, h^m))^2 \\
& +3\sum_{i=1}^{n(m)-1} \frac{h_i^m + h_{i+1}^m}{2}(f_*(x_i^m, \delta^m, h^m) - \tilde{y}_i^m)^2 \\
& +3\sum_{i=1}^{n(m)-1} \frac{h_i^m + h_{i+1}^m}{2}(\tilde{y}_i^m - y(x_i^m))^2 + \varepsilon \\
\leqslant\ & 3\varepsilon + 3\Phi(f_*(\cdot, \delta^m, h^m)) + 3(\delta^m)^2 + \varepsilon \leqslant \left(7 + \frac{3}{C}\right)\varepsilon.
\end{aligned}$$

这里仍然用了 $\sum_{i=1}^{n(m)-1} \frac{h_i^m + h_{i+1}^m}{2} \leqslant 1$. 由 $\varepsilon > 0$ 的任意性, 得 $g = y$ 在 $L^2(0,1)$ 中成立.

综合上面各步, 定理 5.2.3 得证.

本节方法本质上是用一个光滑的样条函数去逼近扰动数据, 再用样条函数的导数去近似所求的导数. 该方法的优点是给出了近似解收敛速度的估计. 关于该方法的数值实验及应用, 见文献 [105]. 下面介绍另一种利用光滑的核函数的卷积来构造光滑化函数的方法.

5.2.2 光滑化方法

许多不适定的问题最后都化为了一个第一类线性积分方程的求解. 函数的求导问题, 也可以看成一个特殊的第一类线性积分方程的求解. 本节介绍求数值微分的光滑化 (mollification) 方法, 它本质上也是一个正则化方法. 其基本思想是对不准确的测量数据光滑化, 化为一个近似的光滑函数的求导问题. 这种光滑化是通过一个光滑核函数的卷积 (磨光函数) 来实现的, 但是注意这种核函数的选取不是唯一的.

该方法可用于各类不适定的问题，例如高维逆时热传导问题，数值微分等. 更详细的介绍可见文献 [78].

对光滑的函数 $f(x)\in C^3[a,b]$, 假定其先验的界

$$\|f'''\|_{\infty,[a,b]}=\max_{[a,b]}|f'''(x)|\leqslant M_3$$

是已知的. 对准确的函数值 $f(x)$, 当用中心差分格式

$$D_0f(x):=\frac{f(x+h)-f(x-h)}{2h},\quad a\leqslant x-h<x+h\leqslant b \tag{5.2.27}$$

来近似数值求导时，由 Taylor 公式可得其误差为

$$|D_0f(x)-f'(x)|=\frac{h^2}{6}|f'''(s_1)+f'''(s_2)|\leqslant\frac{M_3}{3}h^2. \tag{5.2.28}$$

然而在 $f(x)$ 的测量数据 $f_m(x)$ 有误差时，前已说明，由 f_m 近似求 f' 是一个不适定的问题. 用中心差分格式也是如此. 考虑模型问题

$$f_m(x)=f(x)+N(x):=f(x)+\alpha\sin\omega x,\quad \omega\in\mathbf{R},\ \alpha\neq 0.$$

假定误差水平 $\|N(x)\|_{\infty,[a,b]}=|\alpha|\leqslant\varepsilon$, 则对固定的 α 和充分大的 ω, 导数的误差

$$f_m'(x)-f'(x)=\alpha\omega\cos\omega x$$

在 $x\cong\pm k\pi/\omega, k=0,1,2,\cdots$ 处被剧烈放大了. 对给定的中心差分步长 h, 如取 $\omega=\pi/(2h)$, 直接计算得

$$D_0f_m(x)-D_0f(x)=\frac{\alpha}{h}\cos\frac{\pi x}{2h},$$

从而由式 (5.2.28) 得

$$\begin{aligned}|D_0f_m(x)-f'(x)|&\leqslant|D_0f_m(x)-D_0f(x)|+|D_0f(x)-f'(x)|\\&\leqslant\frac{M_3}{3}h^2+\frac{|\alpha|}{h}\left|\cos\frac{\pi x}{2h}\right|.\end{aligned} \tag{5.2.29}$$

该估计表明，无论步长 h 多小，总有一些点 x 不能用 $D_0f_m(x)$ 来近似 $f'(x)$, 即使扰动函数 $N(x)$ 充分光滑.

求导问题的不适定性可以从 Fourier 变换来解释. 假定 $f(x),f'(x)\in L^2(\mathbf{R})$, 则由 Parseval 等式得 $\hat{f'}\in L^2(\mathbf{R})$. 而 $\hat{f}'(\omega)=i\omega\hat{f}(\omega)$, 因此 $|\omega|\to\infty$ 时必有 $|\omega||\hat{f}(\omega)|\to 0$. 这表明，如果 $f'\in L^2$, 则 f 不仅应该在 L^2 中，它的高频分量 $|\hat{f}(\omega)|$ 的衰减速度还必须比 $|\omega^{-1}|$ 更快. 对扰动项而言，即使我们假定 $N(x)\in L^2$, 也不能保证 $\hat{N}(\omega)$ 的高频分量满足该速降条件. 从而不能保证 $i\omega\hat{N}(\omega)\in L^2$.

下面讨论求导问题的稳定化方法. 为了克服问题的不稳定性, 需要用给定函数 $f_m(x)$ 的一个近似函数 $(J_\delta f_m)(x)$ 来代替 $f_m(x)$, 再用 $(J_\delta f_m)'(x)$ 代替 $f'(x)$. 这里近似函数 $(J_\delta f_m)(x)\in C^\infty$ 的高频分量满足速降条件, 对它求导数是稳定的. 得到稳定性的代价是用 $(J_\delta f_m)(x)$ 来代替 $f_m(x)$, $\delta>0$ 本质上反映的是 $(J_\delta f_m)(x)$ 与 $f_m(x)$ 近似程度, 它对该不适定问题起到的是正则化参数的作用.

记 $I=[0,1]$, $C^0(I)$ 为连续函数集合, 其上无穷模记 $\|\cdot\|_{\infty,I}$. 对 $f(x)\in C^2(I)$, 假定我们已知其观察数据 $f_m(x)\in C^0(I)$ 满足

$$\|f_m-f\|_{\infty,I}\leqslant\varepsilon. \tag{5.2.30}$$

考虑由 $f_m(x)$ 近似求 $f'(x)$ 的问题. 记

$$\rho_\delta(x)=\frac{1}{\delta\sqrt{\pi}}\exp\left(\frac{-x^2}{\delta^2}\right)\in C^\infty(\mathbf{R}), \tag{5.2.31}$$

它是一个具有 "模糊半径"δ 的 Gaussian 核函数, 它满足

$$\rho_\delta(x)\approx 0 \text{ for } |x|\geqslant 3\delta,\qquad \int_{\mathbf{R}}\rho_\delta(x)dx=1.$$

由式 (5.2.27) 可知, 对给定的步长 $h>0$, 中心差分格式不可能用于近似计算距离区间端点很近的点的导数. 因此先把函数 f_m, f 的定义域向区间两边作小的延拓以使得正则化方法能处理整个区间 I 上点的求导问题. 记 $I_\delta:=[-3\delta,1+3\delta]$. 通过补充定义

$$f(x)=\begin{cases}0, & x\in(-\infty,-3\delta]\cup[1+3\delta,\infty),\\ f(0)\exp[x^2/((3\delta)^2-x^2)], & x\in(-3\delta,0),\\ f(1)\exp[(x-1)^2/((x-1)^2-(3\delta)^2)], & x\in[1,1+3\delta)\end{cases}$$

将 $f(x)$ 延拓到 $\mathbf{R}$ 上, f_m 以同样的方法延拓.

上面延拓方法的本质是使得 f, f_m 在 $I_\delta\setminus I$ 光滑且在两个端点 $x=-3\delta, 1+3\delta$ 趋于零, 而在 $\mathbf{R}\setminus I_\delta$ 上为零, 当然这种延拓方法是不唯一的. 对这样延拓的函数, 注意到 $\rho_\delta(x)$ 的性质, 定义

$$(J_\delta f)(x):=(\rho_\delta * f)(x)=\int_{\mathbf{R}}\rho_\delta(x-s)f(s)ds\simeq\int_{x-3\delta}^{x+3\delta}\rho_\delta(x-s)f(s)ds, \tag{5.2.32}$$

它是在 $\mathbf{R}$ 上的 C^∞ 函数.

对这样的光滑化函数, 易知

$$\frac{d}{dx}(J_\delta f)(x)=(\rho_\delta * f')(x)=(\rho'_\delta * f)(x). \tag{5.2.33}$$

在光滑化算子 J_δ 作用下, 可以用 $J_\delta f_m(x)$ 的导数来逼近 $f'(x)$, δ 就是正则化参数.

定理 5.2.8　假定 $f(x) \in C^2(I)$ 的上界 $\|f''\|_{\infty,I} \leqslant M_2$ 是已知的. $f_m \in C^0(I)$ 是 f 的满足式 (5.2.30) 的测量数据, 则有下面的估计:

$$\|(J_\delta f_m)' - f'\|_{\infty,I} \leqslant 3\delta M_2 + \frac{2\varepsilon}{\delta\sqrt{\pi}}. \tag{5.2.34}$$

注解 5.2.9　这样得到的误差估计是整个 $I = [0,1]$ 上的最大模. 换言之, $(J_\delta f_m)'(x)$ 可以在整个 I 上逼近 $f'(x)$, 包括 I 内与 $x = 0, 1$ 的任意邻近的点.

证明　对任意的 $x \in I$, 由表达式

$$(J_\delta f)'(x) - f'(x) = \int_{\mathbf{R}} \rho_\delta(x-s)[f'(s) - f'(x)]ds$$

可得

$$\begin{aligned}|(J_\delta f)'(x) - f'(x)| &\leqslant \int_{\mathbf{R}} \rho_\delta(x-s) M_2 |s-x| ds \simeq \int_{x-3\delta}^{x+3\delta} \rho_\delta(x-s) M_2 |s-x| ds \\ &\leqslant 3\delta M_2 \int_{x-3\delta}^{x+3\delta} \rho_\delta(x-s) ds \leqslant 3\delta M_2.\end{aligned} \tag{5.2.35}$$

另一方面, 我们有估计

$$\begin{aligned}|(J_\delta f_m)'(x) - (J_\delta f)'(x)| &= |(J_\delta(f_m - f))'(x)| = \int_{\mathbf{R}} \rho'_\delta(x-s)(f_m(s) - f(s))ds \\ &\leqslant \int_{\mathbf{R}} |\rho'_\delta(x-s)||f_m(s) - f(s)|ds \\ &= \varepsilon \int_{\mathbf{R}} |\rho'_\delta(x-s)|ds = 2\varepsilon \int_0^\infty \rho'_\delta(x)dx = \frac{2\varepsilon}{\delta\sqrt{\pi}}.\end{aligned} \tag{5.2.36}$$

上面两个估计和 $\|(J_\delta f_m)' - f'\|_\infty \leqslant \|(J_\delta f_m)' - (J_\delta f)'\|_\infty + \|(J_\delta f)' - f'\|_\infty$ 即完成定理的证明.

下面的收敛速度估计是显然的.

推论 5.2.10　如果我们取正则化参数

$$\delta = \delta(\varepsilon) = \sqrt{\frac{2\varepsilon}{3M_2\sqrt{\pi}}},$$

则对上面的近似导数逼近关系, 在 $\varepsilon \to 0$ 时有下面的收敛速度估计

$$\left\|(J_{\delta(\varepsilon)} f_m)' - f'\right\|_{\infty,I} \leqslant 2\pi^{-1/4}\sqrt{6M_2}\sqrt{\varepsilon}.$$

对 $f(x)$ 测量数据 f_m, 上面的结果给出了用 $(J_\delta f_m)'$ 的解析表达式来逼近 f' 时的误差分析, 如果我们能求出 $(J_\delta f_m)'$ 的表达式的话. 从数值计算的角度来看,

$(J_\delta f_m)(x)$ 本身在充分多的离散点 x 的值是可以得到的, 但其解析表达式是难以给出的. 因此一个更为实际的问题是如何由 $J_\delta f_m$ 在离散点的数值本身来近似求 f'. 我们前面讲的关于光滑函数的中心差分格式可用来解此问题, 注意 $J_\delta f_m(x) \in C^\infty(\mathbf{R})$. 假定 $M_{3,\delta}$ 是 $J_\delta f_m$ 的三级导数的一致上界. 则由式 (5.2.28) 和定理 5.2.8 得到

$$\|D_0(J_\delta f_m) - f'\|_\infty \leqslant \frac{M_{3,\delta}}{3}h^2 + 3\delta M_2 + \frac{2\varepsilon}{\delta\sqrt{\pi}}.$$

在推论 5.2.10 中, 正则化参数 $\delta = \delta(\varepsilon)$ 的确定及相应的收敛性估计基于 f'' 的上界 M_2 和扰动数据 f_m 的误差水平 ε. 在很多情况下, 我们所能知道的只是 f_m 本身及其误差水平. 下面我们来讨论一种仅由数据 f_m 及 ε 确定正则化参数 δ 的方法, 而不需要 f 的先验信息 M_2. 它类似于前面的 Morozov 相容性原理. 下面用 L^2 模来表示两个函数在区间上的偏差.

定理 5.2.11 *对给定的扰动函数 f_m, 假定其误差水平 $\varepsilon > 0$ 满足*

$$0 \leqslant \|f_m - f\|_{L^2} \leqslant \varepsilon < \|f_m\|_{L^2}, \tag{5.2.37}$$

则方程

$$\|J_\delta f_m - f_m\|_{L^2} = \varepsilon \tag{5.2.38}$$

存在唯一解 $\delta = \delta(\varepsilon)$, 并且在 $\varepsilon \to 0$ 时成立 $\delta(\varepsilon) \to 0$.

证明 先来证明 $\|J_\delta f_m - f_m\|_{L^2}$ 严格单调增加. 事实上, 用 $\tilde{f}(\omega)$ 表示 $f(x)$ 的 Fourier 变换, 则由 J_δ 的定义和 Parseval 等式得

$$\begin{aligned}
&\frac{d}{d\delta}\|J_\delta f_m - f_m\|_{L^2}^2 = \frac{d}{d\delta}\left\|\tilde{\rho}_\delta f_m - \tilde{f}_m\right\|_{L^2}^2 \\
&= \frac{d}{d\delta}\int_{-\infty}^{\infty}\left[\frac{1}{\sqrt{2\pi}}e^{-\omega^2\delta^2/4}\tilde{f}_m(\omega) - \tilde{f}_m(\omega)\right]\left[\frac{1}{\sqrt{2\pi}}e^{-\omega^2\delta^2/4}\overline{\tilde{f}_m(\omega)} - \overline{\tilde{f}_m(\omega)}\right]d\omega \\
&= \frac{\delta}{\sqrt{2\pi}}\int_{-\infty}^{\infty} e^{-\omega^2\delta^2/4}\left[1 - \frac{1}{\sqrt{2\pi}}e^{-\omega^2\delta^2/4}\right]|\tilde{f}_m(\omega)|^2 d\omega > 0.
\end{aligned}$$

另一方面, 由 J_δ 的定义知 $\lim_{\delta\to 0}\|J_\delta f_m - f_m\|_{L^2}^2 = 0$ 且

$$\begin{aligned}
\|J_\delta f_m - f_m\|_{L^2}^2 - \|f_m\|_{L^2}^2 &= \int_{\mathbf{R}}|\tilde{f}_m(\omega)|^2\left[\left(\frac{1}{\sqrt{2\pi}}e^{-\omega^2\delta^2/4} - 1\right)^2 - 1\right]d\omega \\
&= \int_{|\omega|\leqslant\omega_0} + \int_{|\omega|\geqslant\omega_0}.
\end{aligned}$$

$\forall\varepsilon > 0$, 由该无穷积分的收敛性, 取 ω_0 充分大, 即有

$$\left|\int_{|\omega|\geqslant\omega_0}|\tilde{f}_m(\omega)|^2\left[\left(\frac{1}{\sqrt{2\pi}}e^{-\omega^2\delta^2/4} - 1\right)^2 - 1\right]d\omega\right| < \varepsilon.$$

对此固定的 ω_0, 在 $\delta>0$ 充分大后即有

$$\left|\int_{|\omega|\leqslant\omega_0}|\tilde{f}_m(\omega)|^2\left[\left(\frac{1}{\sqrt{2\pi}}e^{-\omega^2\delta^2/4}-1\right)^2-1\right]d\omega\right|<\varepsilon,$$

从而在 $\delta>0$ 充分大后即有

$$\left|\|J_\delta f_m-f_m\|_{L^2}^2-\|f_m\|_{L^2}^2\right|\leqslant 2\varepsilon.$$

此即 $\lim_{\delta\to\infty}\|J_\delta f_m-f_m\|_{L^2}=\|f_m\|_{L^2}$. 故由条件 (5.2.37) 及 $\|J_\delta f_m-f_m\|_{L^2}$ 关于 δ 的连续单调性, 定理得证.

注解 5.2.12 条件 $\varepsilon<\|f_m\|_{L^2}$ 是自然的. 注意 ε 表示测量的误差精度. 如果 $\varepsilon>\|f_m\|_{L^2}$, 则说明待测数据的大小比仪器的测量精度还要小, 此时的测量是无法进行的. 另一方面, L^2 模是描述 $[0,1]$ 上偏差 $J_\delta f_m-f_m$ 的一个更好的模, 它避免了用最大模时过分强调端点 0,1 附近的精度的问题. 注意到 $\|f_m-f\|_{L^2}\leqslant\varepsilon$ 意味着 $\|J_\delta f_m-f\|_{L^2}\leqslant 2\varepsilon$, 因此用本定理的方法确定 $\delta(\varepsilon)$ 本质上是要求解产生的误差要和测量数据的误差相匹配.

下面进一步讨论该方法的数值实现步骤. 大体来讲, 对给定 f 的扰动数据 f_m, 首先用上述方法确定光滑半径 $\delta=\delta(\varepsilon)$, 再计算

$$\frac{d}{dx}[(J_\delta f_m)(x)]=(\rho_\delta*f_m)'(x)$$

来近似得出 $f'(x)$. 右边的导数可以通过中心差分来计算. 从更实际的角度来看, 测量数据通常都是在有限个点给定的, 即 $f_m(x)$ 在 $I=[0,1]$ 的值只在有限个节点 $x_i=ih,i=0,1,\cdots,N,h=1/N$ 上给定. 对这样的离散数据, 仍用前面的方法将其延拓到 $I_\delta=[-3\delta,1+3\delta]$ 上的离散点上. 注意在 $\mathbf{R}\setminus I_\delta$ 上 $f_m=0$.

对给定的 f_m 的离散数据, 方程 (5.2.38) 可以用多种方法求解以得到 δ. 例如用二分法求解的步骤如下 (假定 $h<0.1$, 给定计算精度 $\eta>0$):

Step 1: 取 $\delta_{\min}=h,\delta_{\max}=0.1$. 取 δ 的初值介于 $\delta_{\min},\delta_{\max}$ 之间;

Step 2: 在充分大的区间上计算离散的卷积 $J_\delta f_m=\rho_\delta*f_m$;

Step 3: 如果

$$|F(\delta)-\varepsilon|:=\left|\frac{1}{N+1}\left[\sum_{i=0}^{N}((J_\delta f_m)(x_i)-f_m(x_i))^2\right]^{1/2}-\varepsilon\right|\leqslant\eta,$$

则得到 $\delta=\delta(\varepsilon)$, 循环结束;

Step 4: 如果 $F(\delta)-\varepsilon<-\eta$, 取 $\delta_{\min}=\delta$, $\delta_{\max}$ 不变; 如果 $F(\delta)-\varepsilon>\eta$, 取 $\delta_{\max}=\delta$, $\delta_{\min}$ 不变.

Step 5：取 $\delta=(\delta_{\min}+\delta_{\max})/2$, 回到 Step 2.

一旦确定了光滑化半径 δ 以及相应的离散卷积数据 $(J_\delta f_m)(x_i)$, 就可以用中心差分来计算导数 $(J_\delta f_m)'(x)$ 在节点的值. 关于具体的数值例子, 见文献 [78]. 关于该类正则化方法在求解 Helmholtz 方程混合边界问题中的应用 (用势函数理论), 见文献 [69].

5.2.3 积分算子方法

下面介绍一类利用积分算子来构造近似导数的方法, 其基本思想是在文献 [30] 中提出的, 在文献 [73] 中有一个利用类似的办法对收敛精度的改进.

记 $I=[a,b]$, $f(x)\in C^3(I)$. 假定 $f^\delta(x)$ 是 I 上的有界可积函数, 在意义

$$\left\|f-f^\delta\right\|_\infty:=\sup_{x\in I}|f(x)-f^\delta(x)|\leqslant\delta \tag{5.2.39}$$

下作为 $f(x)$ 的近似已知函数. 我们的目的是由 $f^\delta(x)$ 来近似求 $f'(x)$.

给定步长 $h>0$, 对 I 上的有界可积函数 $g(x)$, 定义

$$(D_hg)(x):=\frac{3}{2h^3}\int_{-h}^{h}tg(x+t)dt,\quad x\in(a,b). \tag{5.2.40}$$

在一定条件下, $(D_hg)(x)$ 可以作为 $g'(x)$ 的近似.

定理 5.2.13 对 $f\in C^3(I)$, 记 $M=\|f'''\|_\infty$. 其给定的扰动数据 f^δ 满足式 (5.2.39), 则有

$$\left\|D_hf^\delta-f'\right\|_\infty\leqslant\frac{M}{10}h^2+\frac{3\delta}{2h}. \tag{5.2.41}$$

证明 由 $f(x+t)$ 在 x 的 Taylor 展开式

$$f(x+t)=f(x)+f'(x)t+\frac{1}{2}f''(x)t^2+\frac{1}{6}f'''(\xi)t^3$$

可得

$$(D_hf)(x)=\frac{3}{2h^3}\left[f'(x)\int_{-h}^{h}t^2dt+\frac{1}{6}\int_{-h}^{h}f'''(\xi)t^4dt\right]=f'(x)+\frac{1}{4h^3}\int_{-h}^{h}f'''(\xi)t^4dt,$$

由此得估计

$$|(D_hf)(x)-f'(x)|\leqslant\frac{M}{4h^3}\int_{-h}^{h}t^4dt=\frac{M}{10}h^2. \tag{5.2.42}$$

另一方面, 由 D_h 的定义及式 (5.2.39) 得

$$|(D_hf)(x)-(D_hf^\delta)(x)|=\frac{3}{2h^3}\int_{-h}^{h}t|f(x+t)-f^\delta(x+t)|dt\leqslant\frac{3\delta}{2h}. \tag{5.2.43}$$

利用三角不等式和式 (5.2.42), (5.2.43) 即证得式 (5.2.41). 定理证毕.

很显然, 当取 $h=(15/M)^{1/3}\delta^{1/3}$ 时, 式 (5.2.41) 的右端极小, 此时的误差是

$$\left\|D_h f^\delta - f'\right\|_\infty \leqslant 3\left(\frac{M}{15}\right)^{1/3}\delta^{2/3}. \tag{5.2.44}$$

同样这里的正则化参数 h 的选取依赖于 f''' 的上界.

这里我们利用 Taylor 展开式的办法证明了在 $h=O(\delta^{1/3})$ 取法下, $D_h f^\delta$ 逼近 f' 的精度是 $O(\delta^{2/3})$. 这个精度是最优的吗? 换言之, 有没有 h 的其他取法使得逼近精度优于 $O(\delta^{2/3})$? 下面的结果表明, 对 "几乎所有" 的 f, 该精度是最优的.

定理 5.2.14　*设 $f(x)\in C^3(I)$. 若存在一个取法 $h=h(\delta)\to 0(\delta\to 0)$, 使得对满足式 (5.2.39) 的一切 f^δ 成立*

$$\left\|D_h f^\delta - f'\right\|_\infty = o(\delta^{2/3}), \tag{5.2.45}$$

则 $f(x)$ 必为二次多项式.

证明　我们的方法是证明 I 上 $f'''(x)\equiv 0$. 用反证法.

假定存在 $x_0\in I$ 使得 $f'''(x_0)=a>0$. 由连续性, 对 $\rho_0\in(0,1)$, 存在 x_0 的邻域 $N(x_0,\eta_0)$, 使得

$$a(1-\rho_0)\leqslant f'''(x)\leqslant a(1+\rho_0); x\in[x_0-\eta_0, x_0+\eta_0]$$

成立. 取 $\delta>0$ 充分小使得 $0\leqslant h(\delta)\leqslant\eta_0$.

先来估计 $D_h f(x_0)-f'(x_0)$. 对积分余项型的 Taylor 公式

$$f(x_0+t)=f(x_0)+f'(x_0)t+\frac{1}{2}f''(x_0)t^2+\int_{x_0}^{x_0+t}\frac{(x_0+t-s)^2}{2}f'''(s)ds,$$

当 $t\in[-h(\delta),h(\delta)]\subset[-\eta_0,\eta_0]$ 时, 上面积分中 $s\in[x_0-\eta_0,x_0+\eta_0]$. 故由此可以计算出

$$\begin{aligned}
D_h f(x_0)-f'(x_0) &= \frac{3}{2h^3}\int_{-h}^{h} t\int_{x_0}^{x_0+t}\frac{(x_0+t-s)^2}{2}f'''(s)dsdt\\
&= \frac{3}{2h^3}\int_0^h t\left[\int_{x_0-t}^{x_0}\frac{(x_0-t-s)^2}{2}f'''ds+\int_{x_0}^{x_0+t}\frac{(x_0+t-s)^2}{2}f'''ds\right]dt\\
&\geqslant \frac{3a(1-\rho_0)}{2h^3}\int_0^h t\left[\int_{x_0-t}^{x_0}\frac{(x_0-t-s)^2}{2}ds+\int_{x_0}^{x_0+t}\frac{(x_0+t-s)^2}{2}ds\right]dt\\
&= \frac{a(1-\rho_0)}{10}h^2.
\end{aligned} \tag{5.2.46}$$

构造阶跃函数

$$\phi(x)=\begin{cases}\delta, & x_0<x\leqslant b,\\ 0, & a\leqslant x\leqslant x_0,\end{cases}$$

并由此构造 $f^\delta(x) := f(x) + \phi(x)$, 则显然有 $\|f^\delta - f\|_\infty \leqslant \delta$. 直接计算得

$$(D_h\phi)(x_0) = \frac{3}{2h^3}\int_{-h}^{h} t\phi(x_0+t)dt = \frac{3}{2h^3}\int_{-h+x_0}^{h+x_0}(s-x_0)\phi(s)ds = \frac{3\delta}{4h}. \tag{5.2.47}$$

故由式 (5.2.46), (5.2.47) 得到

$$\begin{aligned} D_hf^\delta(x_0) - f'(x_0) &= D_hf^\delta(x_0) - D_hf(x_0) + D_hf(x_0) - f'(x_0) \\ &\geqslant \frac{a(1-\rho_0)}{10}h^2 + \frac{3\delta}{4h} > 0. \end{aligned}$$

该估计表明对这样的 f^δ, 有

$$\|D_hf^\delta - f'\|_\infty \geqslant |D_hf^\delta(x_0) - f'(x_0)| \geqslant \frac{a(1-\rho_0)}{10}h^2 + \frac{3\delta}{4h}.$$

从而由式 (5.2.45) 得

$$\frac{a(1-\rho_0)}{10}h^2 + \frac{3\delta}{4h} \leqslant o(\delta^{2/3}).$$

此式等价于

$$\frac{a(1-\rho_0)}{10}\left(\frac{h(\delta)}{\delta^{1/3}}\right)^2 + \frac{3\delta^{1/3}}{4h(\delta)} \leqslant o(1).$$

无论 $\delta \to 0$ 和 $h(\delta) \to 0$ 的相对速度如何, 此关系都是不可能的, 得出了矛盾. 因此在 I 上必有 $f'''(x) \leqslant 0$. 类似可证在 I 上必有 $f'''(x) \geqslant 0$, 从而在 I 上 $f'''(x) \equiv 0$. 即 $f(x)$ 必为二次多项式. 定理证毕.

当对 $f(x)$ 的光滑性加强例如 $f(x) \in C^5(I)$ 时, 可以构造类似的积分算子 $\tilde{D}_h$ 使得 $\tilde{D}_hf^\delta - f'$ 的精度达到 $O(\delta^{4/5})$. 我们把相对应的两个结果叙述如下, 这个改进的工作的类似上述的证明见文献 [73].

定义

$$\tilde{D}_hg(x) := \frac{3}{h^3}\int_{-h}^{h} tg(x+t)dt - \frac{3}{2\sqrt{2}h^3}\int_{-h}^{h} tg(x+\sqrt{2}t)dt.$$

定理 5.2.15 对 $f \in C^5(I)$, 记 $M_5 = \|f^{(5)}\|_\infty$, 则有估计

$$\left\|\tilde{D}_hf^\delta - f'\right\|_\infty \leqslant \frac{M_5}{84}h^4 + \frac{3(2\sqrt{2}+1)\delta}{2\sqrt{2}h}. \tag{5.2.48}$$

当取 $h = O(\delta^{1/5})$ 时, 上述逼近的精度是 $O(\delta^{4/5})$.

定理 5.2.16 设 $f(x) \in C^5(I)$. 若存在一个取法 $h = h(\delta) \to 0(\delta \to 0)$, 使得对满足式 (5.2.39) 的一切 f^δ 成立

$$\left\|\tilde{D}_hf^\delta - f'\right\|_\infty = o(\delta^{4/5}), \tag{5.2.49}$$

则 $f(x)$ 必为四次多项式.

上述用积分算子来近似导数的正则化方法，和前面讲的利用卷积来光滑化扰动数据的方法有类似之处. 虽然这里得到的误差估计对 I 上的点是一致成立的，但是在具体的数值计算中，当用式 (5.2.40) 来近似计算导数时，如果所求的点 x 靠近 I 的端点，则步长 h 必须充分小，否则由于在 I 外面函数无定义，无法计算积分. 换言之，对确定的步长 $h=h(\delta)$，该方法能近似求出导数的点并非 I 上的任意点，离 I 的端点很近的点是无法求的. 解决此问题的一个办法就是类似于前面的处理，把 I 上的函数适当向外延拓. 另一方面，同样可以考虑正则化参数只依赖于 f^δ,δ，而不需要先验数据 M 的数值求解方法. 这两类问题有必要进一步研究.

5.3　声波逆散射问题的正则化求解

假定 $D\subset\mathbf{R}^m, m=2,3$ 是一个不可穿透的散射体. D 外部的均匀介质中的一个入射平面波 $e^{ikd\cdot x}$ 碰到 D 以后在其外部产生散射波. 显然，散射波包含了散射体的一些性质，例如边界的形状和物理性态. 利用测量到的散射波的信息来推知散射体的信息就是所谓的逆散射问题. 一类物理上有广泛应用的重要问题如医学 CT 成像、材料的无损探伤等本质上都可以归结于逆散射问题.

物理上而言，散射波分布于无穷大区域 $\mathbf{R}^m\setminus\overline{D}$ 内任一点. 要想在每一点直接测量散射波显然是不现实的. 一种物理上可测量的散射波的数据是所谓的散射波的远场形式 (far-field pattern)，本质上它是散射波在充分远处平面波的近似振幅. 因此在逆散射问题中，通常把散射波的远场形式作为可测量到的输入数据，由此来求解逆散射问题. 关于散射波的有关的物理背景，见文献 [17].

由散射波的远场形式来确定散射波的近场 (即在散射体外部任一点的散射波) 是一个重要而困难的问题. 物理上这意味着由一个有限区域上的数据 (散射波的远场形式定义于单位球上) 来确定无穷大区域上任一点的散射波，当然这是在工程上很有意义的一种间接测量方法，可以大量节省成本. 另一方面，把散射波的远场形式转换成其近场，在很多确定散射体边界的逆散射问题中，起着关键的作用，见文献 [10]、[11]、[12]、[67].

由散射波的远场形式来确定其近场，是一个典型的线性不适定问题. 因此很多发展起来的正则化方法可以有效地用来解决此问题. 但是，和我们前一小节介绍的求导问题相比，该问题的不适定性要强得多. 类似于其他的具体的不适定问题，正则化参数的选取和收敛速度的估计是本质的问题. 在本节我们就在二维空间 ($m=2$) 来讨论此问题，它已经反应了问题的本质，三维的情形是类似的.

5.3.1　波场的散射问题

对光滑的不可穿透的散射体 $D\subset\mathbf{R}^2$，假定散射体具有阻尼型的边界. 对给定的入射平面波 $u^i(x)=e^{ikx\cdot d}$，$d\in\Omega=\{\xi\in\mathbf{R}^2:|\xi|=1\}$ 是入射方向，总波场

$u = u^i + u^s \in H^1_{loc}(\mathbf{R^2} \setminus \overline{D})$ 满足下面的 Helmholtz 方程的外问题:

$$\begin{cases} \Delta u + k^2 u = 0, & \text{in } \mathbf{R}^2 \setminus \overline{D} \\ \dfrac{\partial u}{\partial \nu} + ik\sigma(x)u = 0, & \text{on } \partial D \\ \dfrac{\partial u^s}{\partial r} - iku^s = O\left(\dfrac{1}{\sqrt{r}}\right), & r = |x| \to \infty, \end{cases} \tag{5.3.1}$$

其中 ν 是 ∂D 的单位外法向, $u^s(x)$ 表示对应于入射波 $u^i(x)$ 的散射波. 在 $0 < \sigma(x) \in C(\partial D)$ 的条件下, 该外问题存在唯一解 [17]. 上面最后关于 $u^s(x)$ 的渐近条件称为 Sommerfeld 辐射条件, 物理上表示散射波在充分远处近似于一个向外传播的平面波, 数学上保证了上述外问题解的唯一性.

对上述定解问题, 由入射波 $u^i(x) = e^{ikx\cdot d}$ 产生的散射波 $u^s(x)$ 有下面的渐近展开

$$u^s(x) = \frac{e^{ik|x|}}{\sqrt{|x|}} \left\{ u^\infty(d, \theta) + O\left(\frac{1}{|x|}\right) \right\}, \qquad |x| \to \infty, \tag{5.3.2}$$

定义于单位圆 Ω 上的函数 $u^\infty(d, \cdot)$ 称为散射波 $u^s(x)$ 的远场形式 (far-field pattern). 该展开式的物理意义是非常清楚的, $u^\infty(d, \cdot)$ 本质上表示的是散射波在无穷远处平面行波的振幅. 数学上, 有多种办法可以导出此关系. 这里我们给出基于 Green 公式和 Hankel 函数性质的一个简单推导. 记

$$\Phi(x, y) := \frac{i}{4} H_0^{(1)}(k|x - y|)$$

是 2-D Helmholtz 方程的基本解, $H_0^{(1)}$ 是第一类的零阶 Hankel 函数. 由 Green 公式及 $u^s(x)$ 辐射条件可以得到

$$u^s(x) = \int_{\partial D} \left[u^s(y) \frac{\partial \Phi(x, y)}{\partial \nu(y)} - \frac{\partial u^s}{\partial \nu}(y) \Phi(x, y) \right] ds(y), \quad x \in \mathbf{R}^2 \setminus \overline{D}.$$

另一方面, 把 Hankel 函数的渐近展开

$$H_n^{(1)}(z) = \sqrt{\frac{2}{\pi z}} e^{i(z - n\pi/2 - \pi/4)} \left(1 + O\Big(\frac{1}{z}\Big)\right), \quad z \to \infty$$

及下面明显的渐近关系

$$|x - y| = \sqrt{|x|^2 - 2(x, y) + |y|^2} = |x| - (\hat{x}, y) + O\left(\frac{1}{|x|}\right), \quad |x| \to \infty,$$

代入 u^s 的积分公式即得式 (5.3.2).

注意, 这里导出渐近展开只用到了辐射条件和 Green 公式, 没有用到散射体的边界条件. 换言之, 式 (5.3.2) 对任何类型边界的散射体都是成立的.

正散射问题是在给定入射波、散射体的条件下求散射波及其远场形式. 这是一个适定的问题. 所谓的逆散射问题, 则是由散射波的远场形式来求散射体的信息或散射波. 而由散射波的远场形式来求散射波的近场则具有基本的重要性, 因为在由远场形式确定散射体本身的问题中, 很多方法都是先把散射波的远场形式转化为近场形式, 再利用边界条件通过优化的近似方法或者是定性的准确方法来求散射体的边界 [67, 86].

因此我们必须讨论散射场 $u^s(x)$ 和其远场形式 $u^\infty(d,\theta)$ 的关系. 具体来说, 有下面几方面的问题：

(1) $u^s(x)$ 和 $u^\infty(d,\theta)$ 可以相互唯一确定吗?

(2) 这两个问题是适定的吗? 据展开式 (5.3.2), 由 $u^s(x)$ 确定 $u^\infty(d,\theta)$ 的问题显然是适定的. 反之如何?

(3) 如何由 $u^\infty(d,\theta)$ 的扰动数据 $u_\delta^\infty(d,\theta)$ 近似构造 $u^s(x)$?

(4) 稳定性的估计问题.

下面主要讨论前面三个问题. 对第四个问题, 可见文献 [7]、[65]、[88].

第一个问题由下面的 Rellich 定理回答.

定理 5.3.1　*散射场 $u^s(x)$ 和它的远场形式 $u^\infty(d,\theta)$ 是互相唯一确定的.*

下面就要考虑在 $u^s(x), u^\infty(d,\theta)$ 中的一个已知的情况下, 如何求另一个. 特别是如何由 $u^\infty(d,\theta)$ 的测量到的扰动数据 $u_\delta^\infty(d,\theta)$ 来近似求解散射场 $u^s(x)$. 该问题的难点在于, 满足

$$\|u_\delta^\infty(d,\cdot)-u^\infty(d,\cdot)\|_{L^2(\Omega)}\leqslant\delta$$

的扰动数据 $u_\delta^\infty(d,\theta)$ 有可能不是任何散射场的远场形式, 因为一个函数要是某个散射场的远场形式, 必须满足一定的必要条件 [17]. 因此这是一个不适定的问题.

下面我们用势函数的理论来给出 $u^s(x)$ 和 $u^\infty(d,\theta)$ 的一个明确的关系, 而不只是渐近关系 (5.3.2). 此关系在给出互相求解方法的同时, 也揭示了由 $u^\infty(d,\theta)$ 求 $u^s(x)$ 的不适定性.

对密度函数 $\psi(x)\in C(\partial D)$, 引进

$$(\mathbf{K}'\psi)(x)=2\int_{\partial D}\frac{\partial\Phi(x,y)}{\partial\nu(x)}\psi(y)ds(y),\quad x\in\partial D,$$

$$(\mathbf{S}\psi)(x)=2\int_{\partial D}\Phi(x,y)\psi(y)ds(y),\quad x\in\partial D.$$

下面的引理给出了求解由式 (5.3.1) 确定的散射场 $u^s(x)$ 及其散射场 $u^\infty(d,\theta)$ 的一个方法 [66, 68].

引理 5.3.2　*假定 $-k^2$ 不是 Laplace 算子的 Dirichlet 内问题的特征值. 如果密度函数 $\psi(x)\in C(\partial D)$ 满足*

$$\psi(x)-(\mathbf{K}'\psi)(x)-ik\sigma(x)(\mathbf{S}\psi)(x)=-2f(x),\tag{5.3.3}$$

其中右端项

$$f(x) = -\frac{\partial u^i}{\partial \nu(x)} - ik\sigma(x)u^i, \quad x \in \partial D$$

是已知的, 则散射场及其远场形式可以表示为

$$u^s(x) = \int_{\partial D} \Phi(x,y)\psi(y)ds(y), \quad x \in \mathbf{R}^2 \setminus \overline{D}, \tag{5.3.4}$$

$$u^\infty(d,\theta) = \frac{e^{\pi i/4}}{\sqrt{8\pi k}} \int_{\partial D} e^{-ik(\theta,y)}\psi(y)ds(y), \quad \theta := \frac{x}{|x|} \in \Omega. \tag{5.3.5}$$

在文献 [66] 中的表达式 (2.3) 中的常数 $e^{\pi i/4}$ 有误, 应为这里 $\dfrac{e^{\pi i/4}}{\sqrt{8\pi k}}$. 式 (5.3.4) 称为散射场的单层位势表示. 该方法的缺点在于它不能适用于一切的波数 k. 即式 (5.3.3) 不是对一切的 k 都可解. 克服该缺点的方法是引进散射波场的单双层位势联合表示, 即把 $u^s(x)$ 表示为

$$u^s(x) = \int_{\partial D} \left[\frac{\partial \Phi(x,y)}{\partial \nu(y)} - i\eta\Phi(x,y)\right]\psi(y)ds(y), \quad x \in \mathbf{R}^2 \setminus \overline{D},$$

其中 $\eta > 0$ 是常数, 详见文献 [17] 的 3.6 节.

在式 (5.3.3) 可解的条件下, 其求解是一个适定的问题. 由此可产生反问题所需要的模拟数据. 该数据已被用于反问题求解的验算中 [59, 66, 82].

该引理的另一个作用是揭示了由 $u^\infty(d,\theta)$ 求 $u^s(x)$ 的不适定性. 当 $u^\infty(d,\theta)$ 给定时, 原则上可以先由式 (5.3.5) 求出密度函数 ψ, 再代入式 (5.3.4) 就可以确定 $u^s(x)$. 但是式 (5.3.5) 是一个第一类的积分方程, 求解该问题是不适定的. 主要表现在两个方面. 在该方程有解的情况下 (给定的数据确实是精确的远场形式), 它不能用通常的方法求数值解, 即计算积分算子的小误差可能导致解的很大变化, 类似的例子见第 1 章的例 1.2. 而当给定的是远场形式的近似值时, 式 (5.3.5) 可能根本就没有经典意义的解. 此时需要给出广义解的概念. 从而必须用某种正则化的方法来求密度函数进而得到 $u^s(x)$ 的近似值.

5.3.2　由远场近似数据求散射波近场正则化方法

给定 $u_\delta^\infty(d,\theta)$, 如果直接用正则化方法求解式 (5.3.5) 得到密度函数的正则化解 $\psi_\delta^\alpha(x)$, α, 其中 α 是正则化参数, 这样解得的 $\psi_\delta^\alpha(x)$ 是直接依赖于远场数据的. 换言之, 每给定一个远场数据, 都需要解一个密度函数. 在后面我们要讨论此方法作为确定正则化参数的一个应用. 但从计算量的角度来看, 这不是一个经济的方法. 本节介绍基于点源分解的办法来解此问题. 大体说来, 该方法先把点源近似分解为平面波的迭加, 以求出相应的正则化的密度函数. 再由此密度函数来构造正则化的散射波场. 该方法的优点在于, 一旦求出了密度函数, 它可以通过一个简单的积分用

于计算任意近似远场数据对应的近似散射场. 这个方法最早是在文献 [86] 中提出的, 一个更一般的改进见文献 [65].

对给定的散射体 D, 记 $G:\overline{D}\subset G$ 是包含 D 的一个区域. 对 $z\in\mathbf{R}^2\setminus\overline{G}$ 和 $\xi\in\Omega$, 用密度函数 $g(z,\xi)$ 定义一个算子:

$$(Hg)(z,x)=\int_\Omega e^{ikx\cdot\xi}g(z,\xi)ds(\xi),\quad x\in\partial G, z\in\mathbf{R}^2\setminus\overline{G}.$$

对任意给定的 $z\in\mathbf{R}^2\setminus\overline{G}$, 用 $g_\varepsilon(z,\cdot)$ 表示下面第一类积分方程

$$(Hg)(z,\cdot)=\Phi(\cdot,z) \tag{5.3.6}$$

在偏差条件

$$\|(Hg)(z,\cdot)-\Phi(\cdot,z)\|_{L^2(\partial G)}\leqslant\varepsilon \tag{5.3.7}$$

下面的最小模解.

引理 5.3.3　对上面引进的最小模解 $g_\varepsilon(z,\cdot)$,

(1) $g_\varepsilon(z,\cdot)\in L^2(\Omega)$ 存在唯一;

(2) $g_\varepsilon(z,\cdot)\in L^2(\Omega)$ 关于 $z\in\mathbf{R}^2\setminus\overline{G}$ 弱连续;

(3) $\|g_\varepsilon(z,\cdot)\|_{L^2(\Omega)}$ 连续依赖于 ε;

(4) $\varepsilon\to 0$ 时 $\|g_\varepsilon(z,\cdot)\|_{L^2(\Omega)}\to\infty$.

该引理的证明见文献 [66].

借助于 $g_\varepsilon(z,\cdot)$ 为核函数, 对给定的 $\phi(x)\in L^2(\Omega)$, 定义算子

$$(A_\varepsilon\phi)(z):=\frac{1}{\gamma_2}\int_\Omega g_\varepsilon(z,\xi)\phi(-\xi)ds(\xi),\quad z\in\mathbf{R}^2\setminus\overline{G}, \tag{5.3.8}$$

其中常数

$$\gamma_2=\frac{e^{i\pi/4}}{\sqrt{8\pi k}}. \tag{5.3.9}$$

由引理 5.3.3 给出的 $g_\varepsilon(z,\cdot)$ 性质可知 $A_\varepsilon:L^2(\Omega)\to C(\mathbf{R}^2\setminus\overline{G})$. 据此算子, 就可以由 $u_\delta^\infty(d,\theta)$ 来求近似的散射波场. 为此我们需要阻尼边界条件下点源的一般的互易原理. 该原理在电磁场理论中很容易找到其对应形式. 在 sound-soft 和 sound-hard 两种情形下标准互易原理的证明, 见文献 [16]、[87].

对给定的入射波 $u^i(x,d)=e^{ikx\cdot d}$, $d\in\Omega$ 表示入射方向, 用 $u^s(\cdot,d)$ 和 $u^\infty(\hat{x},d)$, $\hat{x}\in\Omega$ 分别表示散射波及其远场形式. 类似地, 对位于 z 的点源函数 $\Phi(x,z)$, 用 $\Phi^s(\cdot,z)$ 和 $\Phi^\infty(\cdot,z)$ 分别表示散射波及其远场形式.

引理 5.3.4　对散射体 D(边界条件可能是 sound-soft, sound-hard, impedance), 入射平面波的远场和点源的远场有下面的关系:

$$u^\infty(\hat{x},d)=u^\infty(-d,-\hat{x}),\quad \hat{x},d\in\Omega,$$

$$\Phi^\infty(\hat{x},z)=\gamma_2 u^s(z,-\hat{x}),\quad \hat{x}\in\Omega, z\in\mathbf{R}^2\setminus\overline{D}.$$

证明　这里仅给出第二个关系的证明. 第一个关系的证明可见文献 [16], Theorem 3.13.

由于 $u^s(x,z)$ 和 $\Phi^s(x,z)$ 都是 Helmholtz 的辐射解, 对 $x,z\in\mathbf{R}^2\setminus\overline{D}$, 由 Green 公式得

$$u^s(x,z)=\int_{\partial D}\left[u^s(y,z)\frac{\partial\Phi(x,y)}{\partial\nu(y)}-\frac{\partial u^s(y,z)}{\partial\nu(y)}\Phi(x,y)\right]ds(y),\tag{5.3.10}$$

$$\Phi^s(x,z)=\int_{\partial D}\left[\Phi^s(y,z)\frac{\partial\Phi(x,y)}{\partial\nu(y)}-\frac{\partial\Phi^s(y,z)}{\partial\nu(y)}\Phi(x,y)\right]ds(y).\tag{5.3.11}$$

另一方面, 对 $y\in\partial D$, 基本解有渐近关系

$$\Phi(x,y)=\gamma_2\frac{e^{ik|x|}}{\sqrt{|x|}}\left\{e^{-ik\hat{x}\cdot y}+O\left(\frac{1}{|x|}\right)\right\},\quad \frac{\partial\Phi(x,y)}{\partial\nu(y)}=\gamma_2\frac{e^{ik|x|}}{\sqrt{|x|}}\left\{\frac{\partial e^{-ik\hat{x}\cdot y}}{\partial\nu(y)}+O\left(\frac{1}{|x|}\right)\right\}.$$

将此关系代入式 (5.3.11) 得 $|x|\to\infty$ 时,

$$\Phi^s(x,z)=\gamma_2\frac{e^{ik|x|}}{\sqrt{|x|}}\left[\int_{\partial D}\left(\Phi^s(y,z)\frac{\partial e^{-ik\hat{x}\cdot y}}{\partial\nu(y)}-\frac{\partial\Phi^s(y,z)}{\partial\nu(y)}e^{-ik\hat{x}\cdot y}\right)ds(y)+O\left(\frac{1}{|x|}\right)\right].$$

据此和远场形式的定义得

$$\begin{aligned}\Phi^\infty(\hat{x},z)&=\gamma_2\int_{\partial D}\left[\Phi^s(y,z)\frac{\partial e^{-ik\hat{x}\cdot y}}{\partial\nu(y)}-\frac{\partial\Phi^s(y,z)}{\partial\nu(y)}e^{-ik\hat{x}\cdot y}\right]ds(y)\\&=\gamma_2\int_{\partial D}\left[\Phi^s(y,z)\frac{\partial u^i(y,-\hat{x})}{\partial\nu(y)}-\frac{\partial\Phi^s(y,z)}{\partial\nu(y)}u^i(y,-\hat{x})\right]ds(y).\end{aligned}\tag{5.3.12}$$

对固定的 z, 散射场 Φ^s,u^s 满足辐射条件表明

$$\begin{cases}\dfrac{\partial\Phi^s(y,z)}{\partial\nu(y)}=ik\Phi^s(y,z)+O\left(\dfrac{1}{|y|}\right), & |y|\to\infty\\ \dfrac{\partial u^s(y,-\hat{x})}{\partial\nu(y)}=iku^s(y,-\hat{x})+O\left(\dfrac{1}{|y|}\right), & |y|\to\infty.\end{cases}\tag{5.3.13}$$

因此对充分大的圆 $B(0,R)$, 注意到 $|y|=R\to\infty$ 时 $u^s(y,z),\Phi^s(y,z)\to 0$, 在 $B(0,R)\setminus\overline{D}$ 上用 Green 公式得

$$\begin{aligned}&\int_{\partial D}\left[\Phi^s(y,z)\frac{\partial u^s(y,-\hat{x})}{\partial\nu(y)}-\frac{\partial\Phi^s(y,z)}{\partial\nu(y)}u^s(y,-\hat{x})\right]ds(y)\\&=\lim_{R\to\infty}\int_{\partial B(0,R)}\left[\Phi^s(y,z)\frac{\partial u^s(y,-\hat{x})}{\partial\nu(y)}-\frac{\partial\Phi^s(y,z)}{\partial\nu(y)}u^s(y,-\hat{x})\right]ds(y)\\&=\lim_{R\to\infty}\int_{\partial B(0,R)}\left[\Phi^s(y,z)O\left(\frac{1}{|y|}\right)-u^s(y,-\hat{x})O\left(\frac{1}{|y|}\right)\right]ds(y)=0.\end{aligned}$$

将此关系代入式 (5.3.12) 得 (注意 $u=u^i+u^s$)

$$\Phi^{\infty}(\hat{x},z)=\gamma_2\int_{\partial D}\left[\Phi^s(y,z)\frac{\partial u(y,-\hat{x})}{\partial\nu(y)}-\frac{\partial\Phi^s(y,z)}{\partial\nu(y)}u(y,-\hat{x})\right]ds(y). \tag{5.3.14}$$

由于 $u^i(\cdot,z)$ 在 $\mathbf{R}^2$ 上都满足 Helmholtz 方程, 在 D 上用 Green 公式得

$$0=\int_{\partial D}\left[u^i(y,z)\frac{\partial\Phi(x,y)}{\partial\nu(y)}-\frac{\partial u^i(y,z)}{\partial\nu(y)}\Phi(x,y)\right]ds(y).$$

据此和式 (5.3.10) 得

$$u^s(z,-\hat{x})=\int_{\partial D}\left[u(y,-\hat{x})\frac{\partial\Phi(y,z)}{\partial\nu(y)}-\frac{\partial u(y,-\hat{x})}{\partial\nu(y)}\Phi(y,z)\right]ds(y). \tag{5.3.15}$$

如果 ∂D 是 sound-soft 的, 在 ∂D 上满足 $\Phi^s(\cdot,z)+\Phi(\cdot,z)=0$, $u(\cdot,-\hat{x})=0$. 从而由式 (5.3.15) 和 (5.3.14) 得

$$\gamma_2u^s(z,-\hat{x})=\gamma_2\int_{\partial D}\Phi^s(y,z)\frac{\partial u(y,-\hat{x})}{\partial\nu(y)}ds(y)=\Phi^{\infty}(\hat{x},z).$$

如果 ∂D 是 impedance 或 Neumann 型的, 则

$$\frac{\partial(\Phi^s(y,z)+\Phi(y,z))}{\partial\nu(y)}+i\sigma(y)(\Phi^s(y,z)+\Phi(y,z))=0,$$

或

$$\frac{\partial u(y,-\hat{x})}{\partial\nu(y)}+i\sigma(y)u(y,-\hat{x})=0.$$

将其用于式 (5.3.15) 和 (5.3.14) 同样产生

$$\gamma_2u^s(z,-\hat{x})=-\gamma_2\int_{\partial D}u(y,-\hat{x})\left[i\sigma(y)\Phi^s(y,z)+\frac{\Phi^s(y,z)}{\nu(y)}\right]ds(y)=\Phi^{\infty}(\hat{x},z).$$

引理证毕.

上面构造的算子 A_ε 实际上就是确定 $u^s(z)$ 的正则化算子, 它完全是由点源决定的, 与给定的散射波的远场形式无关. 下面来估计得到的正则化解与真解的误差.

定理 5.3.5　对给定的散射体 D, 设 G 满足 $\overline{D}\subset G$. 记 u_δ^∞ 是精确远场形式 u^∞ 的满足误差水平

$$\|u^\infty-u_\delta^\infty\|_{L^2(\Omega)}\leqslant\delta \tag{5.3.16}$$

的扰动数据, 则对 $z\in\mathbf{R}^2\setminus\overline{G}$, 有下面的估计

$$|u^s(z)-(A_\varepsilon u_\delta^\infty)(z)|\leqslant c\varepsilon+\frac{1}{\gamma_m}\|g_\varepsilon(z,\cdot)\|_{L^2(\Omega)}\delta, \tag{5.3.17}$$

其中常数 c 依赖于 D 和映射 $S:C^1(\partial D)\to C(\Omega),u^i\to u^\infty$ 的模.

证明 对 $z\in\mathbf{R}^2\setminus\overline{G}$, 用 $v^i(z,\cdot)$ 表示由 $g_\varepsilon(z,\cdot)$ 定义的 Herglotz 波函数. 完全类似于文献 [86] 中 Theorem 2 的证明, 只要证明下面两点:

(1) 证明 $\left\|\Phi(\cdot,z)-v^i(z,\cdot)\right\|_{C^1(\overline{D})}\leqslant C_1\varepsilon$;

(2) 利用互易原理.

由于已经给出了三种类型边界条件下的互易原理, 故只要证明第一个估计.

由 Herglotz 波函数及 $g_\varepsilon(z,\cdot)$ 的定义知

$$\left\|v^i(z,\cdot)-\Phi(\cdot,z)\right\|_{L^2(\partial G)}\leqslant\varepsilon.$$

由于 $v^i(z,\cdot)-\Phi(\cdot,z)$ 在 G 内满足 Helmholtz 方程, 故对确定的非空闭集 $M\subset\overline{D}\subset\overline{G}$,

$$\left\|v^i(z,\cdot)-\Phi(\cdot,z)\right\|_{C^2(M)}\leqslant C_1\left\|v^i(z,\cdot)-\Phi(\cdot,z)\right\|_{L^2(\partial G)}\leqslant C_1\varepsilon. \tag{5.3.18}$$

另一方面, 由于 $v^i(z,\cdot)-\Phi(\cdot,z)$ 是 G 内部的解析函数, 由 $M\subset\overline{D}\subset\overline{G}$ 即得

$$\left\|v^i(z,\cdot)-\Phi(\cdot,z)\right\|_{C^1(\overline{D})}\leqslant C\varepsilon.$$

下面即可类似于文献 [86] 的方法完成此定理的证明.

注解 5.3.6 该定理表明了正则化解和精确界的误差同样是由两项组成的: 式 (5.3.17) 右端第一项表示由于逆算子的近似引起的误差, 它依赖于正则化参数 ε, 第二项表示由于输入数据误差 δ 引起的解的误差, 可是它被 $\|g_\varepsilon(z,\cdot)\|_{L^2(\Omega)}$ 放大了. 由引理 5.3.3 的爆破性质 (4), 为保证 $(A_\varepsilon u_\delta^\infty)(z)$ 确实是 $u^s(z)$ 的近似, 正则化参数 $\varepsilon=\varepsilon(\delta)$ 的选取必须保持某种平衡, 以使得 $\delta\to0$ 时第一项, 第二项均趋于 0. 这和我们前面讲述的一般的正则化理论是一致的.

关于这种取法的可能性及相应的收敛速度, 我们不加证明地给出下面的结果, 它是文献 [86] 中收敛速度的一个更好的改进. 具体证明可见文献 [65].

定理 5.3.7 假定 $u_\delta^\infty(\hat{x})$ 是满足式 (5.3.16) 的扰动数据, 则对 $z\in\mathbf{R}^2\setminus\overline{\mathcal{H}(G)}$, 存在只依赖于 D,k,σ,d 的正常数 C,a,b,c, 使得我们取正则化参数

$$\varepsilon(\delta)=a\delta^{\frac{1}{b\ln(-\ln(c\delta))}}e^{-(-\ln(c\delta))^\beta},\quad \forall\beta\in(0,1) \tag{5.3.19}$$

时, 相应的正则化解有收敛速度估计

$$|u^s(z)-(A_{\varepsilon(\delta)}u_\delta^\infty)(z)|\leqslant C\delta^{\frac{1}{b\ln(-a\ln(c\delta))}}e^{-(-\ln\delta)^\beta}, \tag{5.3.20}$$

其中常数 C 对 $\mathbf{R}^2\setminus\overline{\mathcal{H}(G)}$ 中的任意有界集是一致的, $\overline{\mathcal{H}(G)}$ 表示 G 的闭凸包.

易知该估计的右端在 $\delta\to0$ 时也趋于零, 但收敛速度是较慢的. 关于该方法的数值试验, 还需要进一步的工作.

下面我们转而讨论在 ε 的先验取法下的若干数值结果.

5.3.3　数值试验

反演 $u^s(z)$ 的一个主要工作就是求 $g_\varepsilon(z,\cdot)$. 不失一般性, 假定 ε 充分小使得

$$\|\Phi(\cdot,z)\|_{L^2(\partial G)}>\varepsilon, \tag{5.3.21}$$

否则只要取 $g_\varepsilon(z,\xi)=0$ 为最小模解即可. 如果取 ∂G 是中心在原点的圆, 则 $\|\Phi(\cdot,z)\|_{L^2(\partial G)}$ 与 z 无关. 给定 $\varepsilon>0$, 由最小模解的性质[48], $\phi_0(\cdot):=g_\varepsilon(z,\cdot)$ 满足

$$\alpha\phi_0(\xi)+(H^*H\phi_0)(\xi)=(H^*\Phi)(\xi,z),\quad \xi\in\Omega, \tag{5.3.22}$$

其中 H^* 是 H 的共轭算子, $\alpha=\alpha(\varepsilon)$ 满足

$$G(\alpha)=\|H\phi_\alpha-\Phi\|^2_{L^2(\partial G)}-\varepsilon^2=0, \tag{5.3.23}$$

而 $\phi_\alpha(\xi)$ 满足

$$\alpha\phi_\alpha(\xi)+(H^*H\phi_\alpha)(\xi)=(H^*\Phi)(\xi,z),\quad \xi\in\Omega. \tag{5.3.24}$$

对给定的 $\varepsilon>0$, 式 (5.3.23) 和 (5.3.24) 给出了确定 $\alpha=\alpha(\varepsilon)$ 的一个隐式方程. 从而 $g_\varepsilon(z,\cdot)$ 可以由式 (5.3.22) 确定. 下面的结果给出了 $\alpha=\alpha(\varepsilon)$ 的可解性及其显式上解, 它对用迭代法近似求 $\alpha(\varepsilon)$ 是有用的.

定理 5.3.8　对满足式 (5.3.21) 的正则化参数 ε, 隐式方程 (5.3.23) 和 (5.3.24) 有唯一的根 $\alpha(\varepsilon)$, 并且 $\alpha(\varepsilon)$ 有估计

$$0<\alpha<\frac{\|H\|^2\varepsilon}{\|\Phi(\cdot,z)\|-\varepsilon}. \tag{5.3.25}$$

证明　显然 $G(\alpha)$ 关于 $\alpha\in(0,\infty)$ 连续. 根据正则化解的性质 (文献 [48], Chapter 16) 和式 (5.3.21),

$$\lim_{\alpha\to 0}G(\alpha)=-\varepsilon^2\leqslant 0,\quad \lim_{\alpha\to\infty}G(\alpha)=\|\Phi(\cdot,z)\|^2-\varepsilon^2>0.$$

另一方面, ϕ_α 满足式 (5.3.24) 意味着 $\dfrac{d\phi_\alpha}{d\alpha}$ 满足

$$\alpha\frac{d\phi_\alpha}{d\alpha}+H^*H\frac{d\phi_\alpha}{d\alpha}=-\phi_\alpha. \tag{5.3.26}$$

据此通过简单的计算可得

$$\begin{aligned}G'(\alpha)&=2\Re\Big\langle H\frac{d\phi_\alpha}{d\alpha},H\phi_\alpha-\Phi\Big\rangle=2\Re\Big\langle\frac{d\phi_\alpha}{d\alpha},H^*(H\phi_\alpha-\Phi)\Big\rangle\\&=2\alpha\Re\Big\langle\frac{d\phi_\alpha}{d\alpha},\alpha\frac{d\phi_\alpha}{d\alpha}+H^*H\frac{d\phi_\alpha}{d\alpha}\Big\rangle=2\alpha^2\left\|\frac{d\phi_\alpha}{d\alpha}\right\|^2+2\alpha\left\|H\frac{d\phi_\alpha}{d\alpha}\right\|^2>0.\end{aligned}$$

因此 $\alpha(\varepsilon)$ 的唯一可解性得证. 注意到式 (5.3.23) 和 (5.3.24), 估计 (5.3.25) 由

$$\begin{aligned}\|\Phi(\cdot,z)\|-\varepsilon &= \|\Phi(\cdot,z)\|-\|H\Phi_\alpha-\Phi\|\\ &\leqslant \|H\Phi_\alpha\| = \frac{1}{\alpha}\|HH^*\Phi - HH^*H\Phi_\alpha\|\\ &= \|HH^*(\Phi-H\Phi_\alpha)\| \leqslant \frac{\|H\|^2\varepsilon}{\alpha}\end{aligned} \tag{5.3.27}$$

得到. 证毕.

$\alpha=\alpha(\varepsilon)$ 可以近似用 Newton 迭代法求数值解. 可以由

$$\begin{aligned}\|(Hg)(\cdot,z)\|^2_{L^2(\partial G)} &\leqslant \int_{\partial G}\left[\int_\Omega |e^{ikx\cdot\xi}|^2 ds(\xi)\int_\Omega |g(z,\xi)|^2 ds(\xi)\right]ds(x)\\ &\leqslant \mathrm{mes}(\Omega)\|g(z,\cdot)\|^2_{L^2(\Omega)}\mathrm{mes}(\partial G)\end{aligned}$$

估计出 $\|H\|^2\leqslant \mathrm{mes}(\Omega)\mathrm{mes}(\partial G)$. 故式 (5.3.25) 给出了迭代法的一个上界.

先讨论对给定的 $\alpha>0$, 式 (5.3.24) 的解法. 对复值函数 $\phi(x)\in L^2(\partial G)$, 共轭算子的表达式为

$$(H^*\phi)(\xi)=\int_{\partial G}\phi(x)e^{-ikx\cdot\xi}ds(x).$$

从而对给定的 $z\in\mathbf{R}^2\setminus\overline{G}$, 式 (5.3.24) 和 (5.3.26) 的显式为

$$\alpha\phi_\alpha(z,\xi)+\int_\Omega K(\xi,\eta)\phi_\alpha(z,\eta)d\eta=\frac{i}{4}\int_{\partial G}e^{-ikx\cdot\xi}H_0^{(1)}(k|x-z|)ds(x), \tag{5.3.28}$$

$$\alpha\frac{d\phi_\alpha(z,\xi)}{d\alpha}+\int_\Omega K(\xi,\eta)\frac{d\phi_\alpha(z,\eta)}{d\alpha}d\eta=-\phi_\alpha(z,\xi), \tag{5.3.29}$$

其中核函数

$$K(\xi,\eta)=\int_{\partial G}e^{-ikx\cdot(\xi-\eta)}ds(x).$$

式 (5.3.28) 和 (5.3.29) 的左端结构是完全一样的, 故求 $\phi_\alpha(z,\xi),\dfrac{d\phi_\alpha(z,\xi)}{d\alpha}$ 只要改变右端项即可. 对给定的 $F(\xi),\xi=(\xi_1,\xi_2)=(\cos t,\sin t)\in\Omega$, 将 Ω 用节点 $\xi^j=(\xi_1^j,\xi_2^j)=(\cos t_j,\sin t_j), t_j=j\times\pi/N,\ j=0,1,\cdots,2N-1$ 等分为 $2N$ 个小区间, 则方程

$$\alpha\phi(\xi)+\int_\Omega K(\xi,\eta)\phi(\eta)ds(\eta)=F(\xi)$$

可以离散为线性方程组

$$\alpha\phi(\xi^i)+\frac{\pi}{N}\sum_{j=0}^{2N-1}K(\xi^i,\xi^j)\phi(\xi^j)=F(\xi^i),\quad i=0,1,2,\cdots,2N-1 \tag{5.3.30}$$

求数值解, 其中

$$K(\xi^i,\xi^j)=\int_0^{2\pi} e^{-ikx(t)\cdot(\xi^i-\xi^j)}|x'(t)|dt$$

$x(t)=(x_1(t),x_2(t)),t\in[0,2\pi]$ 是 ∂G 的参数表示. 通过上述过程解出 $\alpha(\varepsilon)$ 进而求出 $g_\varepsilon(z,\cdot)$ 后, 由 u_δ^∞ 近似构造的 $u^s(z)$ 为

$$u^s(z)=\frac{1}{\gamma_2}\frac{\pi}{N}\sum_{j=0}^{2N-1} g_\varepsilon(z,\xi_j)u_\delta^\infty(d,-\xi^j),\ z\in\mathbf{R}^2\setminus\overline{G}. \tag{5.3.31}$$

用这里提出的数值方案考虑模型问题

$$\partial D=\{x:x=(x_1,x_2)=(1.2\cos t,1.2\sin t),t\in[0,2\pi]\},\quad \sigma(x)=\frac{2+x_1x_2}{(3+x_2)^2}$$

并取入射方向 $d=(1.0,0.0)$, 波数 $k=1.0$. 在数值试验中, 我们用引理 5.3.2 的密度函数的办法产生精确的 $u^s(z)$ 和远场数据 u^∞. 再以此远场数据为反演输入数据来由 A_ε 构造近似的 $u^s(z)$, 并对

$$\partial G=\{x:x(t)=(1.5\cos t,1.5\sin t)\},\quad \partial Z=\{z:z(t)=1.15\times(1.5\cos t,1.5\sin t)\}$$

来检验算法的效果, 用相对误差

$$\mathrm{err}(t_j)=\frac{|u^s(z(t_j))-iu^s(z(t_j))|}{|u^s(z(t_j))|}\times 100\%$$

来描述反演精度.

首先检验精确的输入数据. 取 $N=16$. 对 ε_1 =1.040109E-06, 用迭代法解得相应的 α_1 =1.450226E-06. 在四个特殊点的数值结果和整个 ∂Z 上的反演结果分别见表 5.8 和图 5.16. 它们是非常令人满意的.

表 5.8　$N=16$ 时反演结果比较

t_j	exactu$^s(z(t_j))$	inverseu$^s(z(t_j))$	err(t_j)
0	(−2.692822E-02,−1.027675)	(−2.803457E-02,−1.027045)	0.12%
$\pi/2$	(6.662660E-01,−4.690103E-01)	(6.657581E-01,−4.684763E-01)	0.09%
π	(6.551172E-01,−5.335922E-01)	(6.543543E-01,−5.333374E-01)	0.09%
$3\pi/2$	(3.497621E-01,−4.117846E-01)	(3.492075E-01,−4.110203E-01)	0.17

下面检验反演算法的稳定性. 仍然取 $N=16$ 并用下面的方式产生扰动数据:

$$u_\delta^\infty(\hat{x}(t_j))=(1+\delta)u^\infty(\hat{x}(t_j)), \tag{5.3.32}$$

误差水平 $\delta\in(-1,1)$. $\delta=0.1$ 时的反演结果见表 5.9 和图 5.17, 最小的相对误差 9.80% 在 $j=25$ 时取得, 而最大的相对误差 9.94% 在 $j=31$ 时取得.

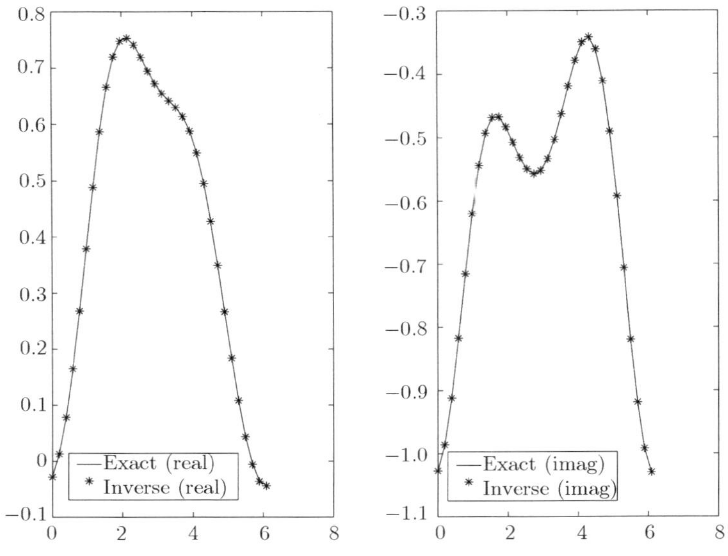

图 5.16　精确数据反演散射波 ($N = 16$)

表 5.9　$N = 16, \delta = 0.1$ 时反演结果比较

t_j	exactu$^s(z(t_j))$	inverseu$^s(z(t_j))$	err(t_j)
0	(−2.692822E-02,−1.027675)	(−3.083766E-02,−1.129750)	9.94%
$\pi/2$	(6.662660E-01,−4.690103E-01)	(7.323351E-01,−5.153170E-01)	9.90%
π	(6.551172E-01,−5.335922E-01)	(7.197876E-01,−5.866771E-01)	9.90%
$3\pi/2$	(3.497621E-01,−4.117846E-01)	(3.841274E-01,−4.521179E-01)	9.81%

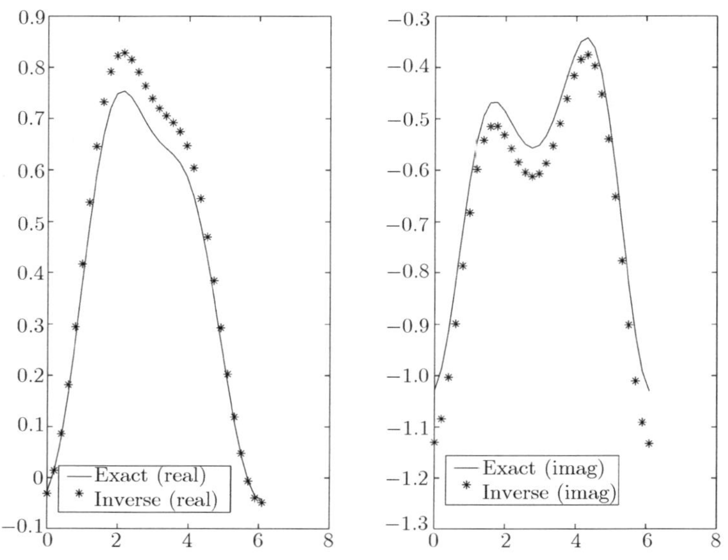

图 5.17　非振荡噪音数据反演散射波 ($N = 16, \delta = 0.1$)

由式 (5.3.32) 产生的扰动数据意味着各点的噪音方式是一致的. 在此情形下, 10% 的输入扰动近似产生了精度为 10% 的反演结果. 该结果是令人满意的. 并且对应于扰动数据的偏差方式, 反演结果的偏差也显示了相应的一致性.

再考虑由

$$u_\delta^\infty(\hat{x}(t_j)) = (1 + (-1)^j\delta)u^\infty(\hat{x}(t_j)) \tag{5.3.33}$$

产生的振荡型扰动数据. $N = 16, \delta = 0.01$ 时的结果见表 5.10 和图 5.18. 此时最大相对误差为 26.7%. 由于式 (5.3.33) 是一种非常极端的情形, 该结果是合理的, 也是可以接收的. 注意, 由于输入扰动数据是振荡的, 反演结果也产生振荡性. 一个值得注意的事实是, 误差较大的反演点出现在精确散射场的局部极值点附近. 换言之, 精确散射场的变化趋势发生改变的那些点附近的反演值, 对输入数据的振荡更敏感. 这种现象在其他的反演数值结果中也多次出现.

表 5.10　$N = 16, \delta = 0.01$ 时反演结果比较

t_j	exactu$^s(z(t_j))$	inverseu$^s(z(t_j))$	err(t_j)
0	(−2.692822E-02,−1.027675)	(−7.828331E-02,−9.970956E-01)	5.81%
$\pi/2$	(6.662660E-01,−4.690103E-01)	(7.631726E-01,−5.363312E-01)	14.4%
π	(6.551172E-01,−5.335922E-01)	(6.983678E-01,−5.399587E-01)	5.17%
$3\pi/2$	(3.497621E-01,−4.117846E-01)	(2.426164E-01,-3.676062E-01)	21.4%

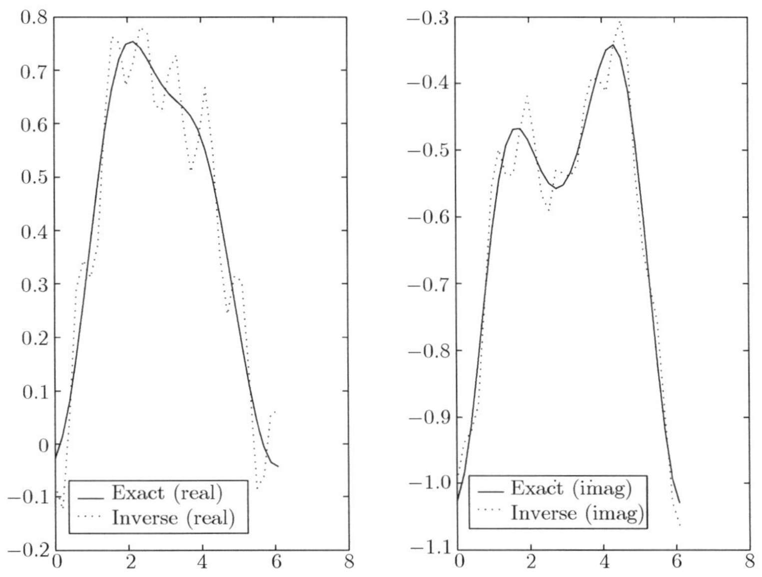

图 5.18　振荡噪音数据反演散射波 ($N = 16, \delta = 0.01$)

我们也可以对精确的反演输入数据来测试反演结果对正则化参数的依赖关系. 注意在我们的反演算法中, 其实有两个正则化参数：一个是构造的近似逆算子 A_ε 中的 ε, 另一个是对给定的 ε, 求最小模解时引进的 $\alpha = \alpha(\varepsilon)$, 该参数理论上是可以求解的. 因此我们主要关心 ε 的扰动对反演结果的影响. 对上面同样问题的检验表明, ε 在一定程度上的改变对反演结果的影响不大. 具体的数值结果可参见文献 [66].

在我们实际的数值实验中, 正则化参数 ε, α 的选取是通过自动搜索来实现的, 标准是使得相应的函数 $G(\alpha)$ 充分小, 而不是通过标准的 Newton 迭代法, 因为在具体的数值实现中, 我们发现 $G'(\alpha)$ 在 α 达到需要的精度以前就已经变得很小, 从而 Newton 迭代法不能产生需要的数值结果. 实际上, 大量的数值试验工作表明, 许多理论上很优美的确定正则化参数的方法, 在具体的计算中往往会产生一些问题, 下面我们将用前面讲述的模型函数的方法来确定该问题中的正则化参数.

5.3.4　求散射场的近似模型函数方法

前面我们讲了由散射波的远场形式确定散射波的正则化方法, 其中正则化参数的确定是一个关键的问题. 在数值实验中我们讨论的是 ε 的先验取法, 即没有讨论正则化参数 ε 与输入数据误差水平 δ 的关系. 在本小节, 我们用前面介绍的模型函数的办法来确定该类问题中的正则化参数, 它本质上是正则化参数的一种后验取法. 我们这里讨论 sound-soft 型边界散射体的逆散射问题. 本小节的工作是文献 [82] 中的一部分.

对 $2-D$ 具有 sound-soft 型边界散射体的散射问题, 在入射波 $u^i(x) = e^{ikd\cdot x}$ 的作用下, 总场 $u = u^s(x) + u^i(x)$ 满足

$$\begin{cases} \Delta u + k^2 u = 0, & \text{in } \mathbf{R}^2 \setminus \overline{D}, \\ u = 0, & \text{on } \partial D, \\ \dfrac{\partial u^s}{\partial r} - iku^s = O\Big(\dfrac{1}{r}\Big), & r = |x| \to \infty. \end{cases} \tag{5.3.34}$$

散射场和其远场之间的关系仍然是下面的渐近展开：

$$u^s(x) = \frac{e^{ik|x|}}{\sqrt{|x|}}\Big\{u_\infty(\hat{x}) + O\Big(\frac{1}{|x|}\Big)\Big\}, \qquad |x| \to \infty, \tag{5.3.35}$$

其中 $\hat{x} = x/|x| \in \Omega$. 所论的反问题仍然是由远场形式的扰动数据来近似求解散射场. 我们这里的方法是基于密度函数的方法, 主要的目的是讨论确定正则化参数的模型函数的方法在逆散射问题中的应用.

当我们将反射波 u^s 表示成单层位势形式

$$u^s(x) = \int_{\partial D} \varphi(y)\Phi(x,y)ds(y), \tag{5.3.36}$$

其中 $\varphi(y)$ 为未知的密度函数时, 同样可得到远场形式有下面的积分表示:

$$u_\infty(\hat{x}) = \sigma \int_{\partial D} \varphi(y) e^{-ik(\hat{x},y)} ds(y) := (\mathcal{F}\varphi)(\hat{x}), \quad \hat{x} \in \Omega, \tag{5.3.37}$$

这里 $\sigma = e^{i\frac{\pi}{4}}/\sqrt{8\pi k}$. 对于给定的远场形式 u_∞ 的满足式 (5.3.16) 扰动数据 u_∞^δ, 我们要寻找密度函数 $\varphi(y)$ 近似满足方程:

$$u_\infty^\delta(\hat{x}) := (\mathcal{F}\varphi)(\hat{x}), \quad \hat{x} \in \Omega. \tag{5.3.38}$$

由式 (5.3.38) 近似求出 φ 后, 再由式 (5.3.36) 来确定 $u^s(x)$, 式 (5.3.37) 中的积分算子有一个解析核, 从而式 (5.3.38) 是一个第一类不适定方程, 它的不适定程度可以由算子 $\mathcal{F}$ 的奇异值来表示. 为计算简单, 不妨取 ∂D 为一个单位圆, 由文献 [48] 知, 此时 $\mathcal{F}$ 的奇异值为 $\mu_n = 2\pi|\sigma J_n(k)|$, $n = 0, 1, \cdots$. 从 Bessel 函数的级数展开, 可以得到近似表达式:

$$\mu_n = O\left(\frac{1}{n!}\left(\frac{k}{2}\right)^n\right), \quad n \to \infty.$$

由此可以看出, $\mu_n \to 0$ 的速度极快, 它近似是一个指数型的衰减, 由我们前面的定义, 求解密度函数是一强不适定的问题.

由于 u_∞^δ 未必是远场形式, 从而式 (5.3.38) 未必有精确解, 因此只能求其近似解, 再由这样的近似解构造的密度函数来近似求散射场. 求不适定的方程 (5.3.38) 的稳定的近似解需要引进正则化的方法. 即在 $X := L^2(\partial D)$ 上极小化泛函

$$J_\beta(\varphi) = \frac{1}{2}\|\mathcal{F}\varphi - u_\infty^\delta\|_Y^2 + \frac{\beta}{2}\|\varphi\|_X^2, \tag{5.3.39}$$

这里 $\beta > 0$ 是正则化参数, $Y := L^2(\Omega)$. 对任意给定的 β, 该问题的唯一极小元 $\varphi(\beta)$ 是下面方程的解:

$$\mathcal{F}^*\mathcal{F}\varphi + \beta\varphi = \mathcal{F}^* u_\infty^\delta. \tag{5.3.40}$$

确定正则化参数的 Morozov 相容性原理要求 β 应该满足

$$\|\mathcal{F}\varphi(\beta) - u_\infty^\delta\|_Y^2 = \delta^2. \tag{5.3.41}$$

下面我们用前面讲述的模型函数的方法近似解此方程来确定正则化参数, 并进而检验该方法对此逆散射问题的反演结果.

同样我们首先采用势函数的理论解正问题产生精确的散射场及其远场数据. 为了对密度函数得到一个适定的线性积分方程, 不同于引理 5.3.2, 我们采用双层位势的形式来表示散射波场. 对满足 Helmholtz 方程的入射波 $u^i(x)$(例如平面波 $e^{ikd\cdot x}$ 或者点源 $H_0^{(1)}(k|x - x_0|)$), 把正问题 (5.3.34) 重写为

$$\begin{cases} \Delta u^s + k^2 u^s = 0, & \text{in } \mathbf{R}^2 \setminus \overline{D}, \\ u^s = -u^i := f(x)/2, & \text{on } \partial D, \\ \dfrac{\partial u^s}{\partial r} - iku^s = O\Big(\dfrac{1}{r}\Big), & r = |x| \to \infty. \end{cases} \tag{5.3.42}$$

把该问题的解表示为双层位势的形式：

$$u^s(x)=\int_{\partial D}\frac{\partial\Phi(x,y)}{\partial\nu(y)}\phi(y)ds(y),\tag{5.3.43}$$

其中 $\nu(y)$ 是 ∂D 的单位外法向. 同样由 Hankel 函数渐近展开和远场定义 (5.3.35) 得

$$u_\infty(\hat{x})=\frac{k\,e^{-i\frac{\pi}{4}}}{\sqrt{8\pi k}}\int_{\partial D}\langle\nu(y),\hat{x}\rangle e^{-ik\hat{x}y}\phi(y)ds(y),\qquad \hat{x}\in\Omega.\tag{5.3.44}$$

用此方法解正问题, 有下面的结果.

定理 5.3.9　如果密度函数 $\phi(x)\in C(\partial D)$ 满足

$$2\int_{\partial D}\frac{\partial\Phi(x,y)}{\partial\nu(y)}\phi(y)ds(y)+2\phi(x)=f(x),\tag{5.3.45}$$

则式 (5.3.43) 就是正问题 (5.3.42) 的解; (5.3.44) 是相应的远场形式.

注解 5.3.10　请注意这里问题 (5.3.42) 解的单层位势和双层位势两种表示形式 (5.3.36), (5.3.43). 在这两种表示下, 对应的远场形式分别是 (5.3.37), (5.3.44). 对 sound-soft 边界的散射体, 得到的是关于密度函数的第一类和第二类的线性积分方程. 在解正问题产生模拟数据时, 我们需要避开不适定的问题, 因此我们采用解的双层位势表示.

关于有弱奇性的积分方程 (5.3.45) 的解法, 见文献 [82]. 用此方法产生正演数据后, 下面我们来考虑由 u_∞^δ 求 u^s 的反问题. 即用模型函数的方法由式 (5.3.40), (5.3.41) 来求正则化参数 β, 进而求密度函数 φ, 最后由式 (5.3.36) 近似得到 u^s.

对 $\partial D=\{x:=x(t)=(x_1(t),x_2(t)),\ t\in[0,2\pi]\}$, 直接计算得

$$(\mathcal{F}\varphi)(\hat{x})=\sigma\int_0^{2\pi}\varphi(x(\tau))e^{-ik\hat{x}\cdot x(\tau)}|x'(\tau)|d\tau,$$

$$(\mathcal{F}^*\mathcal{F}\varphi)(x(t))=\overline{\sigma}\sigma\int_{[0,2\pi]^2}\varphi(x(\tau_1))e^{-ik(\cos\tau_2,\sin\tau_2)\cdot x(\tau_1)}e^{ik(\cos\tau_2,\sin\tau_2)\cdot x(t)}|x'(\tau_1)|d\tau_1d\tau_2,$$

$$(F^*u^\infty)(x(t))=\overline{\sigma}\int_0^{2\pi}u_\infty(\cos\tau_2,\sin\tau_2)e^{ik(\cos\tau_2,\sin\tau_2)\cdot x(t)}d\tau_2.$$

用矩形公式计算积分并取 $t=t_l=\dfrac{l}{n}\pi, l=0,1,\cdots,2n-1$, 式 (5.3.40) 的离散形式是

$$\begin{aligned}&\beta\varphi(x(t_l))+\overline{\sigma}\sigma\Big(\frac{\pi}{n}\Big)^2\sum_{i,j=0}^{2n-1}\Big(e^{-ik(\cos t_j,\sin t_j)\cdot x(t_i)}e^{ik(\cos t_j,\sin t_j)\cdot x(t_l)}|x'(t_i)|\Big)\varphi(x(t_i))\\&=\overline{\sigma}\frac{\pi}{n}\sum_{j=0}^{2n-1}u_\infty^\delta(\cos t_j,\sin t_j)e^{ik(\cos t_j,\sin t_j)\cdot x(t_l)}.\end{aligned}\tag{5.3.46}$$

记式 (5.3.39) 的极小值为 $\hat{F}(\beta)$, 即 $\hat{F}(\beta):=J_\beta(\phi(\beta))$. 模型函数的方法确定正则化参数的步骤如下：

给定 $\beta_0>0,\varepsilon>0,l=0$.

step 1：由式 (5.3.46) 解出 $\tilde{\varphi}_l(t_i):=\varphi_l(x(t_i))$, $i=0,1,\cdots,2n-1$, 再如下计算 $\hat{F}(\beta_l),\hat{F}'(\beta_l)$

$$\begin{aligned}\hat{F}(\beta_l)&=\frac{\pi}{2n}\sum_{j=0}^{2n-1}\Big(\sigma\frac{\pi}{n}\sum_{i=0}^{2n-1}\tilde{\varphi}_l(t_i)e^{-ik(\cos t_j,\sin t_j)(x_1(t_i),x_2(t_i))}|x'(t_i)|-u_\infty^\delta(t_j)\Big)^2\\&\quad+\beta_l\frac{\pi}{2n}\sum_{i=0}^{2n-1}\tilde{\varphi}_l(t_i)^2|x'(t_i)|,\\\hat{F}'(\beta_l)&=\frac{\pi}{2n}\sum_{i=0}^{2n-1}\tilde{\varphi}_l(t_i)^2|x'(t_i)|,\\T_l&=\frac{\sum\limits_{j=0}^{2n-1}\Big(\sigma\frac{\pi}{n}\sum\limits_{i=0}^{2n-1}\tilde{\varphi}_l(t_i)e^{-ik(\cos t_j,\sin t_j)(x_1(t_i),x_2(t_i))}|x'(t_i)|\Big)^2}{\sum\limits_{i=0}^{2n-1}\tilde{\varphi}_l(t_i)^2|x'(t_i)|},\\C_l&=-\frac{\pi}{2n}(T_l+\beta_l)^2\sum_{i=0}^{2n-1}\tilde{\varphi}_l(t_i)^2|x'(t_i)|.\end{aligned}$$

Step 2：如下构造 $m_l(\beta)$：

$$m_l(\beta)=\frac{1}{2}\|u_\infty^\delta\|_Y^2+\frac{C_l}{T_l+\beta}=\frac{\pi}{2n}\sum_{i=0}^{2n-1}(u_\infty^\delta(t_i))^2+\frac{C_l}{T_l+\beta},\tag{5.3.47}$$

$$m_l'(\beta)=-\frac{C_l}{(T_l+\beta)^2}.\tag{5.3.48}$$

取 $\hat{\alpha}=\frac{1}{4}\Big($这意味着 $\hat{G}_l(0)<\frac{1}{2}\delta^2\Big)$ 再计算

$$G_l(0)=\frac{1}{2}\|u_\infty^\delta\|^2-\frac{1}{2}q(\beta_l)=\frac{1}{2}\sum_{i=0}^{2n-1}(u_\infty^\delta(t_i))^2\frac{\pi}{n}+\frac{C_l}{T_l},\quad G_l(\beta_l)=\hat{F}(\beta_l)-\beta_l\hat{F}'(\beta_l),$$

$$\alpha_l=\frac{G_l(0)-\frac{1}{4}\delta^2}{G_l(\beta_l)-G_l(0)}.$$

Step 3：由式 (5.3.47), (5.3.48) 如下构造改进的模型函数方程

$$\hat{G}_l(\beta):=G_l(\beta)+\alpha_l(G_l(\beta)-G_l(\beta_l))=\frac{1}{2}\delta^2.$$

据 $G_l(\beta_l), G_l(\beta), \alpha_l$ 的表达式 (见 3.9 节) 将此式化简为

$$\frac{C_l T_l}{(T_l+\beta)^2} = \frac{\delta^2 + 2\alpha_l G_l(\beta_l)}{2(1+\alpha_l)} - \frac{\pi}{2n}\sum_{i=0}^{2n-1}(u_\infty^\delta(t_i))^2. \tag{5.3.49}$$

解此显式方程得 β_{l+1}.

Step 4：如 $|\beta_{l+1}-\beta_l| \leqslant \varepsilon$ 或 $\hat{G}_l(\beta_l) \leqslant \dfrac{1}{2}\delta^2$, 停止; 否则置 $l := l+1$, 返回 Step 1.

在模型中, 对入射平面波 $u^i = e^{ikx\cdot d}$ 取入射方向 $d=(1,0)$,

$$\partial D = \{x := (3\cos t, 4\sin t), t \in [0, 2\pi]\}.$$

我们的反问题是由远场的扰动数据 u_∞^δ 来近似求 $x \in B_5 := \{x(t) = 5(\cos t, \sin t), t \in [0, 2\pi]\}$ 上的散射场 $u^s(x)$. 事实上, 一旦求出了密度函数, 可以求任意点的散射场.

对不同的 $n([0,2\pi]$ 作 $2n$ 等分), 用

$$u_\infty^\delta(j) = u_\infty(j) + M*(0.01+0.01i) \tag{5.3.50}$$

的方式来产生扰动数据, M 是 $(-2,2)$ 上的随机数. 所得的最后反演结果见图 5.19、图 5.20 和图 5.21. 在这些情形下, 上面求正则化参数的迭代程序在 4 次以后停止. 散射场反演结果的 L^2 误差分别是 1.5148, 0.0466, 0.0019.

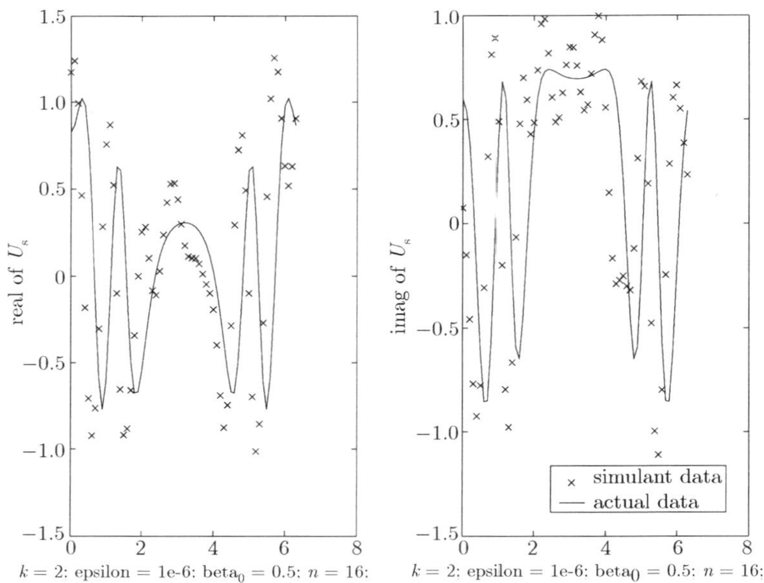

图 5.19 $k=2, n=16$, 由式 (5.3.50) 产生扰动数据的反演结果

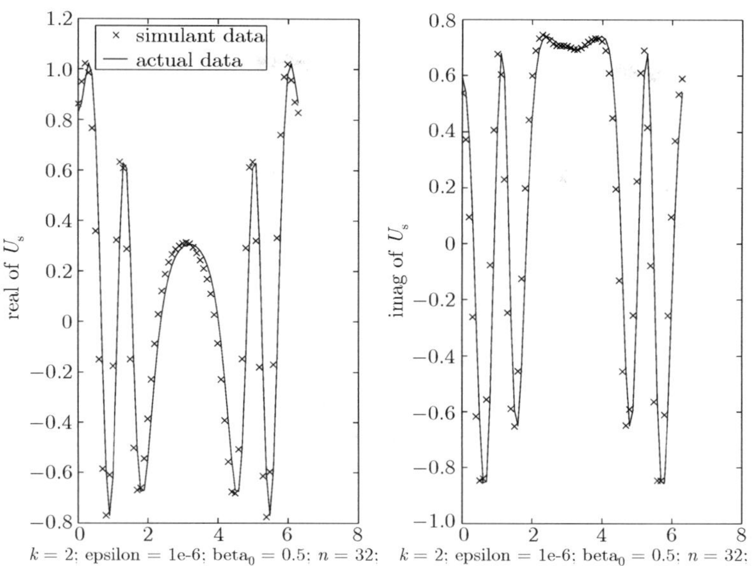

图 5.20　$k = 2, n = 32$, 由式 (5.3.50) 产生扰动数据的反演结果

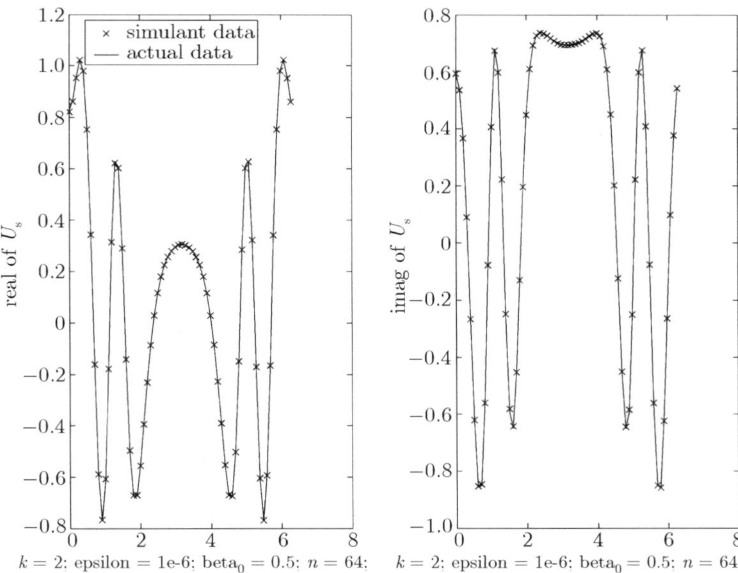

图 5.21　$k = 2, n = 64$, 由式 (5.3.50) 产生扰动数据的反演结果

图 5.22 和图 5.23 反映的是分别由

$$u_\infty^\delta(j) = u_\infty(j) + (-1)^j * (0.01 + 0.01i), \tag{5.3.51}$$

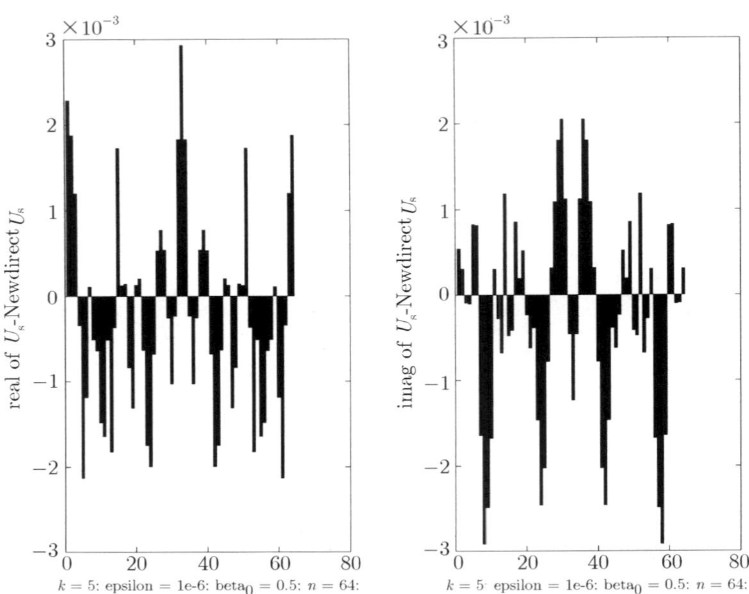

图 5.22　$k = 5, n = 64$, 由式 (5.3.51) 产生扰动数据的反演结果

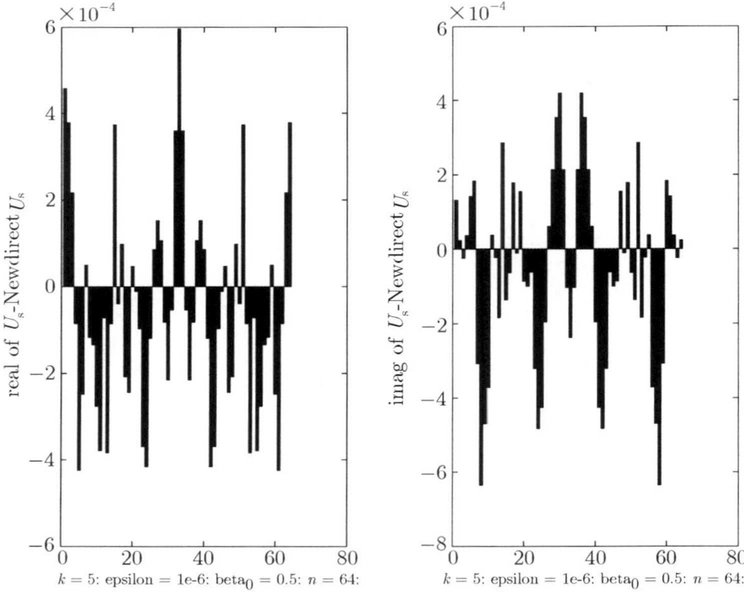

图 5.23　$k = 5, n = 64$, 由式 (5.3.52) 产生扰动数据的反演结果

$$u_{\infty}^{\delta}(j) = u_{\infty}(j) + (-1)^j * (0.001 + 0.001i) \tag{5.3.52}$$

产生的扰动数据的反演结果的误差分布直方图. 迭代程序在迭代 11 次, 4 次以后得到了需要的正则化参数. 反演结果的 L^2 误差分别是 0.0097, 0.0020.

从这些反演的数值结果可以看出, 随着 n 的增大, 反演结果越来越好. 而对大波数, 相应的 n 要取得更大才能得到满意的反演结果, 这是很自然的, 因为此时 $u^s(x)$ 的振荡性较强, 只有等分数较大, 才能准确地反映这种振荡性. 之所以可以把 n 增大, 是因为用正则化方法解密度函数时的出发点是一个第二类的线性积分方程, 此时方程左端积分项的高精度近似必然导致解的高精度逼近. 但是如果直接从第一类的积分方程来解密度函数, 此时的等分数 $2n$ 实际上是起到正则化参数的作用, 它必须保持某种平衡, 不能无限制加大 (见第 4 章). 因此关于由远场近似数据确定散射近场的逆散射问题给出了正则化方法求解不适定问题的一个很好的数值例子.

5.4　基本解的 Runge 逼近

对椭圆型方程和抛物型方程, 基本解是一个重要的理论工具, 它本质上反映了微分方程的性质. 与基本解密切相关的另一个重要概念是 Green 函数, 它是基本解与一个满足微分方程的光滑函数的和. 这里引进关滑函数的作用是为了保证 Green 函数满足相应的齐次边界条件. 因此利用 Green 函数, 有可能把定解问题的解借助于积分表示出来 [51].

然而, 只有对一些非常特殊的区域, 才能写出 Green 函数的显式表达式. 对一般的区域, 只能用数值的方法近似求出 Green 函数. Green 函数的近似逼近除了在微分方程正问题的数值求解中有着重要的作用以外, 近年来的研究发现, 它在求解反问题的某些新方法 (例如逆散射问题的探测方法 [67, 70]) 中也起着核心的作用. 为了数值实现这些新的反演方法, 就必须考虑 Green 函数的近似逼近. 这种逼近是某些理论方法最终得以实现的关键一步 [67, 11].

Green 函数的近似逼近的一个重要途径就是 Runge 逼近. 大体说来, Runge 逼近定理保证了可以构造一个在整个区域满足微分方程的光滑函数, 但是只能在不包含基本解奇点的区域上逼近基本解. 近年来的研究工作发现, 对椭圆型方程和抛物型方程的基本解的 Runge 逼近函数, 可以借助于一类优化问题来构造, 它们本质上就是要求解一个关于密度函数的第一类积分方程. 因此在本节我们介绍 Helmholtz 方程基本解的 Runge 逼近, 作为本书介绍的不适定问题求解方法的另一类重要应用. 关于热传导方程基本解的 Runge 逼近问题, 尽管时间变量和空间变量的不对称性会导致一定的技术困难, 但其基本的思路是一样的.

5.4.1 Helmholtz 方程基本解的 Runge 逼近

考虑 2-D 的 Helmholtz 方程

$$\Delta u+k^2u=0,\quad \Omega\subset\mathbf{R}^2.$$

易知其基本解是

$$\Phi(x,y)=\frac{i}{4}H_0^{(1)}(k|x-y|).$$

基本解的 Runge 逼近定理叙述为

定理 5.4.1 假定 Γ 是 $\partial\Omega$ 上的任一开集. 对任给 $t>0$, 存在函数列 $\{v_n\}_{n=1,2,\cdots}\subset H^1(\Omega)$ 在 Ω 上满足 $\Delta v_n+k^2v_n=0$, 并且 $\mathrm{supp}(v_n|_{\partial\Omega})\subset\Gamma$. 该函数在下面的意义下逼近基本解:

$$v_n\to\Phi(\cdot,c(t))\quad \text{in}\quad H^1_{loc}(\Omega\setminus\{c(t')|0<t'\leqslant t\}),$$

其中 $\{c(t')|0<t'\leqslant t\}$ 是 $c(0)\in\partial\Omega,c(t)\in\Omega$ 的一条曲线.

简言之, 如果 $\Phi(\cdot,c(t))$ 表示位于 Ω 内 $c(t)$ 点的点源, 则存在 v_n 在整个 Ω 内满足 Helmholtz 方程, 但是只在 Ω 除去一条以 $c(0),c(t)$ 为端点的 Ω 内的曲线 (称为"针") 的开区域内逼近基本解. 该定理中 v_n 的存在性是由 Hane-Banach 定理得到的. 我们这里要讨论的问题是如何构造 v_n. 对给定的针 $c=\{c(t'):0\leqslant t'\leqslant t\}\in\Omega$, 用 $\mathrm{Cone}(c,t)$ 表示满足 $c\in\mathrm{Cone}(c,t)\subset\Omega$ 的锥形区域. 再记

$$G(c,t):=\Omega\setminus\overline{\mathrm{Cone}}(c,t),$$

则上述 Runge 逼近问题可以描述为求 v_n, 使得在整个 Ω 内满足 Helmholtz 方程, 但是只在 $G(c,t)$ 内逼近基本解. 注意, 在 $G(c,t)$ 内, $\Phi(\cdot,c(t))$ 是没有奇性的, 但是, 当 $c(t)$ 靠近 $\partial G(c,t)$ 时, $\Phi(\cdot,c(t))$ 在 $\partial G(c,t)$ 上 $c(t)$ 点附近取值很大.

记 S^1 为 $\mathbf{R}^2$ 上的单位圆. 给定 S^1 上的密度函数 g, 引进 Herglotz 波函数

$$(Hg)(x)=\int_{S^1}e^{ikx\cdot\xi}g(\xi)ds(\xi),\quad x\in\mathbf{R}^2,$$

它显然在 Ω 内满足 Helmholtz 方程. 为了使得 $(Hg)(x)$ 在 $G(c,t)$ 内逼近基本解, 注意到 $\Phi(\cdot,c(t))$ 在 $G(c,t)$ 内也满足 Helmholtz 方程, 很自然我们只要在 $\partial G(c,t)$ 上 $(Hg)(\cdot)$ 能近似 $\Phi(\cdot,c(t))$ 即可. 注意到在波数 k 的一定的假定下, 算子 H 的值域在 $L^2(\partial G(c,t))$ 中是稠密的 [88], 这种在 L^2 意义下的近似是有保证的.

为此考虑下面积分方程

$$(Hg)(x)=\Phi(x,c(t)),\quad x\in\partial G(c,t)\tag{5.4.1}$$

具有偏差 $\varepsilon > 0$ 的最小模解. 由最小模解的标准理论[48], 存在唯一的密度函数 $g_\varepsilon(c(t),\cdot) \in L^2(S^1)$ 满足

$$\|g_\varepsilon(c(t),\cdot)\|_{L^2(S^1)} = \inf\{\|f(\cdot)\|_{L^2(S^1)} : \|(Hf)(\cdot) - \Phi(\cdot, c(t))\|_{L^2(\partial G(c,t))} \leqslant \varepsilon\}.$$

对 $\varepsilon = \dfrac{1}{n}$, $n = 1, 2, \cdots$, 构造

$$v_n(x) = (Hg_{1/n})(x) = \int_{S^1} e^{ikx\cdot\xi} g_{1/n}(c(t),\xi) ds(\xi), \quad x \in \mathbf{R}^2, \tag{5.4.2}$$

它显然在 $\mathbf{R}^2$ 上满足 Helmholtz 方程. 由 $g_\varepsilon(c(t),\cdot)$ 的定义, $v_n(x) \in C^2(G(c,t)) \bigcap C(\overline{G(c,t)})$ 满足

$$\|v_n(\cdot) - \Phi(\cdot, c(t))\|_{L^2(\partial G(c,t))} \leqslant \varepsilon. \tag{5.4.3}$$

注意到 $v_n(\cdot) - \Phi(\cdot, c(t))$ 在 $G(c,t)$ 内满足 Helmholtz 方程, 由 Helmholtz 方程内问题解的适定性 (文献 [16], Theorem 5.4) 知

$$v_n(x) \to \Phi(x, c(t)) \text{ in } H^1_{loc}(G(c,t)). \tag{5.4.4}$$

因此一旦求出密度函数 $g_{1/n}$, 用这种方法构造的 $v_n(x)$ 就是所需要的 Runge 逼近函数.

由我们在第 3 章讲述的最小模解的标准理论, 对 $c(t) \notin \overline{G}(c,t)$, 式 (5.4.1) 在偏差 $1/n$ 下的最小模解 $g_{1/n}(c(t),\xi) := \phi_0(\xi)$ 满足

$$\begin{cases} \|H\phi_0(\cdot) - \Phi(\cdot, c(t))\|_{L^2(\partial G(c,t))} = \dfrac{1}{n}, \\ \alpha\phi_0(\xi) + (H^*H\phi_0)(\xi) = (H^*\Phi)(\xi). \end{cases} \tag{5.4.5}$$

用 ϕ_α 表示正则化方程

$$\alpha\phi(\xi) + (H^*H\phi)(\xi) = (H^*\Phi)(\xi) \tag{5.4.6}$$

的解, 则由正则化方程解的性质知

$$G_1(\alpha) := \|H\phi_\alpha(\cdot) - \Phi(\cdot, c(t))\|_{L^2(\partial G(c,t))} - \frac{1}{n}$$

关于正则化参数 $\alpha > 0$ 是单调增加的且当 $\|\Phi(\cdot, c(t))\|_{L^2(\partial G(c,t))} > 1/n$ 时有

$$\lim_{\alpha\to 0} G_1(\alpha) < 0, \quad \lim_{\alpha\to\infty} G_1(\alpha) > 0.$$

因此, 式 (5.4.5) 是唯一可解的. 从而式 (5.4.57) 理论上可以通过任一个隐函数求零点的标准方法 (例如二分法) 求解.

下面我们先对给定的 Ω, 对特殊形式的针 c, 给出上述区域 $G(c,t)$ 的一种构造, 以使得我们能在下面检验式 (5.4.5) 的求解效果.

假定 $(0,0)\in\Omega$ 并且我们取

$$\Omega=\{(x,y):x^2+y^2<1\}\subset\mathbf{R}^2,\tag{5.4.7}$$

针 c 取为连接 $c(0)\in\partial\Omega$ 和圆点 $(0,0)$ 的直线. 不失一般性, 取针 c_0 以 $c_0(0)=(0,1)\in\partial\Omega$ 为起点, 我们用下面的方式来构造 $G(c_0,t)$. 假定锥型曲线

$$y=Ax^6+Bx^4+Cx^2+D,\quad |x|\leqslant x_0<1\tag{5.4.8}$$

与 $\partial\Omega$ 上点 $(\pm x_0,y_0):0<x_0<1,y_0>0$ 以二阶导数的连续性光滑接触, 则给定 x_0,C, 就可以唯一确定 A,B,D,y_0. 这样构造的 $\partial G(c_0,t)$ 是

$$\partial G(c_0,t)=\begin{cases}\{(x,y):y=Ax^6+Bx^4+Cx^2+D,\quad |x|\leqslant x_0,y>0\},\\ \{(x,y):x^2+y^2=1,\quad 0<x_0\leqslant|x|\leqslant 1,y\geqslant 0\ \text{或}\ |x|\leqslant 1,y\leqslant 0\}.\end{cases}$$

对这样构造的 $G(c_0,t)$, 大体说来, C 决定了锥型区域的高度, x_0 决定了锥型区域的宽度 (见图 5.24, 图 5.25).

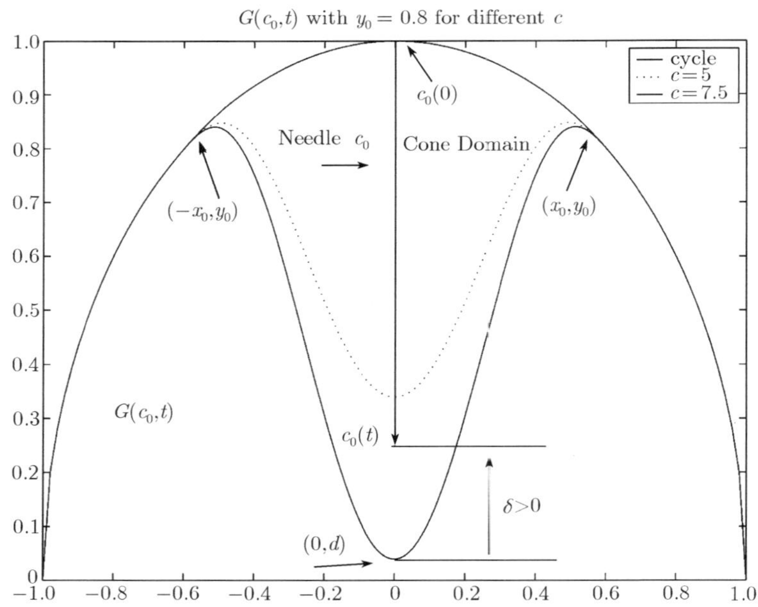

图 5.24　宽度比较大的 $G(c_0,t)$

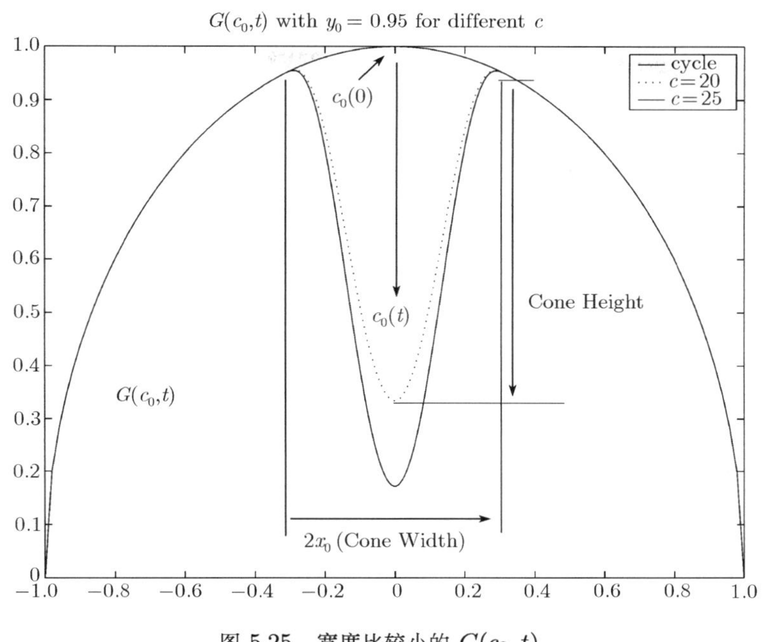

图 5.25　宽度比较小的 $G(c_0,t)$

用 $g_\varepsilon(c_0,\cdot)$ 表示 $\partial G(c_0,t)$ 上式 (5.4.1) 的最小模解.

5.4.2　逼近的数值实现

下面我们来检测 Runge 逼近函数的逼近效果. 在数值试验中, 我们对不同的参数 $D>0$ 和 y_0 取 $c_0(t)=(0,D+\delta)$.

我们在离散积分方程 (5.4.5) 时, 将其中的在 $[0,2\pi]$ 上的积分作 $2n$ 等分, 取式 (5.4.3) 中的偏差水平 $\varepsilon=0.0001$. 当取参数

$$n=32,\quad C=5,\quad y_0=0.9,\quad k=3.0,\quad \delta=0.05$$

时, 用最小模解 g_ε 构造 Hg_ε 在 $\partial G(c_0,t)$ 来逼近 $\Phi(\cdot,c_0(t))$ 的效果见图 5.26.

注意到正则化参数有上界

$$\alpha_{up}=\frac{\|H\|^2\varepsilon}{\sqrt{\|\Phi(\cdot,c_0(t))\|_{\partial G(c_0,t)}}-\varepsilon},$$

在实际计算中, 我们是通过在 $(10^{-6}\alpha_{up},10^{-3}\alpha_{up})$ 上极小化 $|G_1(\alpha)|$ 来确定最小模解对应的 α_0 的. 由此图可以看出, $\Phi(x,c_0(t))$ 的虚部的逼近效果很好. 虽然它的实部在 $c_0(t)$ 附近 ($|x-c_0(t)|=0.05$) 的奇性的恢复不是非常令人满意. 但是在 L^2 模的意义下, 这种边界上的逼近是非常成功的.

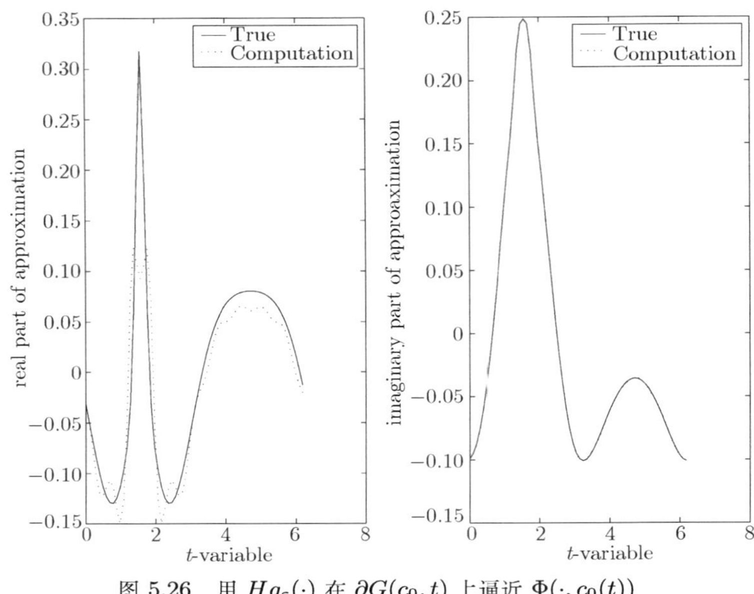

图 5.26　用 $Hg_{\varepsilon}(\cdot)$ 在 $\partial G(c_0,t)$ 上逼近 $\Phi(\cdot,c_0(t))$

下面让我们更细致地检查一下 Runge 逼近函数的逼近效果. 注意到对给定的偏差 $\varepsilon=1/n>0$, 我们首先是由式 (5.4.5) 解一个隐函数方程来求解对应的正则化参数的. 理论上来讲, 当给定 $\varepsilon=1/n>0$ 后, 总可以求出 $G_1(\alpha)$ 的零点进而由式 (5.4.6) 确定最下模解 $g_{\varepsilon}(c_0,\cdot)$. 但当考虑 Runge 逼近时, 对充分小的 ε, 对应的正则化参数 α 也很小 (见 α 的上界表达式). 因此从数值解的角度而言, 我们就应该考虑, 当 ε 很小时, 对应的 α 能否真正求出. 换言之, 我们应该考虑对充分小的 ε, 函数 $G_1(\alpha)$ 的性态. 从上面给出的图 5.26 的逼近效果来看, 这种考虑是很有必要的, 因为在 $c_0(t)$ 附近的逼近效果不是特别理想.

图 5.27 给出了对给定的 $\varepsilon=1E-4$, 当 $\alpha\in 8.83\times(10^{-5},10^{-2})$ 时, 先由

$$\alpha\phi_{\alpha}(\cdot)+H^{*}H\phi_{\alpha}(\cdot)=\Phi(\cdot,c_0(t)),\quad x\in\partial G(c_0,t) \tag{5.4.9}$$

求出 $\phi_{\alpha}(\cdot)$, 再计算

$$G_1(\alpha)=\|H\phi_{\alpha}(\cdot)-\Phi(\cdot,c_0(t))\|_{L^2(\partial G(c_0,t))}-\varepsilon \tag{5.4.10}$$

的数值行为, 其中 $2n$ 表示 $[0,2\pi]$ 的等分数. 在这里的计算中

$$\|H\phi_{\alpha}(\cdot)-\Phi(\cdot,c_0(t))\|_{L^2(\partial G(c_0,t))}$$

是独立于 ε 的.

由上面的结果可以看出, 当 α 很小时, $G_1(\alpha)$ 的下降是很慢的, 甚至由于截断误差的干扰, α 很小时 $G_1(\alpha)$ 的单调性有可能被破坏了 (图 5.28). 换言之, 对充分小

的 ε, 由 $G_1(\alpha)$ 的零点来确定最小模解对应的正则化参数, 从数值求解的角度而言, 并不总是容易实现的.

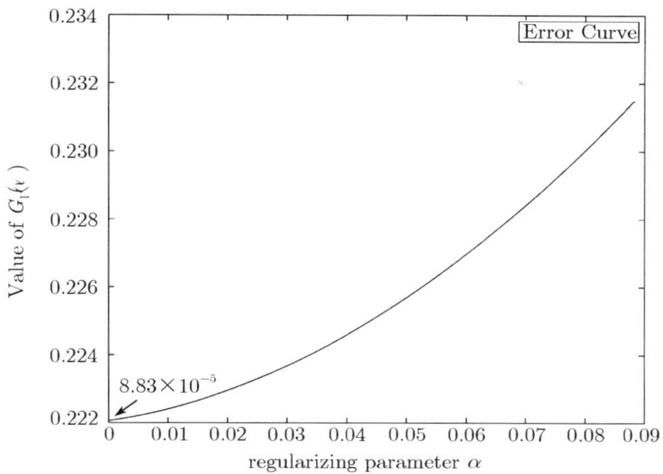

图 5.27　$G_1(\alpha), \varepsilon = 1E-4, n = 16$

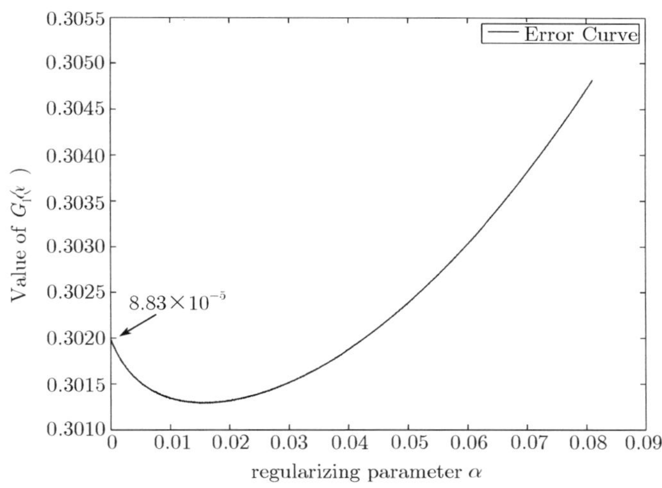

图 5.28　$G_1(\alpha), \varepsilon = 1E-4, n = 32$

本节提供的数值分析结果提醒我们, 当我们考虑不适定问题的数值求解时, 应该针对具体问题来考虑它的数值实现效果. 在某些场合, 理论分析上得到的结果和最终应用数值方法可以实现的结果并不是完全一致的.

关于这种有限逼近效果对理论上十分优美的探测方法的数值实现影响的详细分析, 见文献 [13]、[71].

参 考 文 献

1 Ames K A, Straughan B. Non-Standard and Improperly Posed Problems. San Diego: Academic Press, 1997. 1～20

2 Ames K A, Clark G W, Epperson J F, Oppenheimer S F. A comparison of regularizations for an ill-posed problem. Mathematics of Computations, 1997, 67(224): 1451～1471

3 Ames K A, Epperson J F. A kernel-based method for the approximate solution of backward parabolic problems. SIAM J. Num. Anal., 1997, 34(4): 1357～1390

4 Bruckner G, Proessdorf S, Vainikko G. Error bounds of discretization methods for boundary integral equations with noises. Appl. Anal., 1996, 63: 25～37

5 Bruckner G, Yamamoto M. On an operator equation with noise in the operator and the right-hand side with application to an inverse vibration problem. Z. Angew. Math. Mech., 2000, 80: 377～388

6 Bruckner G, Pereverzev S V. Self-regularization of projection methods with *a-posteriori* discretization level choice for severely ill-posed problems. Inverse Problems, 2003, 19(1): 147～156

7 Bushuyev I. Stability of recovering the near-field wave from the scattering amplitude. Inverse Problems, 1996, 12(6): 859～867

8 陈群. 抛物型方程系数反演的优化方法及数值解. 南京: 东南大学硕士学位论文, 2005, 1～30

9 Cheng J, Yamamoto M. One new strategy for *a-priori* choice of regularizing parameters in Tikhonov's regularization. Inverse Problems, 2000, 16(4): L31～L36

10 Cheng J, Liu J J, Nakamura G. Recovery of boundaries and types for multiple obstacles from the far-field pattern. Submit to Quart. Applied Maths.

11 Cheng J, Liu J J, Nakamura G. Recovery of the shape of an obstacle and the boundary impedance from the far-field pattern. J. of Maths of Kyoto University, 2003, 43(1): 165～186

12 Cheng J, Liu J J, Nakamura G. Inverse scattering for multiple obstacles. Theoretical and Applied Mechanics Japan, 2002, 51: 401～410

13 Cheng J, Liu J J, Nakamura G. The numerical realization of the probe method for the inverse scattering problems from the near field data. Inverse Problems, 2005, 21(3): 839～855

14 Choulli M, Yamamoto M. Generic well-posedness of an inverse parabolic problem-the Holder space approach. Inverse Problems, 1996, 12(3): 195～205

15 丑纪范, 徐明. 短期气候数值预测的进展和前景. 科学通报, 2001, 46(11): 890～895

16 Colton D L, Kress R. Inverse Scattering Acoustic and Electromagnetic Scattering Theory. Berlin: Spring-Verlag, 1992

17 Colton D L, Kress R. Integral Equation Methods in Scattering Theory. New York: John Willey & Sons, Inc., 1983

18 Dassios G. Mathematical Methods in Scattering Theory and Biomedical Technology. England: Addison Wesley Longman Limited, 1998

19 Denisov A M. Elements of the Theory of Inverse Problems. Utrecht: VSP BV, 1999

20 Engl H W, Hanke M, Neubauer A. Regularization of Inverse Problems. Dordrecht: Kluwer Academic Publishers, 1996

21 Engl H W, Kunish K, Neubauer A. Convergence rates for Tikhonov regularization of nonlinear ill-posed problems. Inverse Problems, 1989, 5(4): 523～640

22 Engl H W, Hanke M, Neubauer A. Regularization of Inverse Problems. Dordrecht: Kluwer Academic Publishers, 1996

23 Folland G B. Introduction to Partial Differential Equations. Chichester West Sussex: Princeton University Press, 1995

24 Freeden W, Perverzev S V. Spherical Tikhonov regularization wavelets in satellite gravity gravity gradiometry with random noise. J. Geod., 2001, 74: 730～736

25 G Frerer H. An a-posteriori parameter choice for ordinary and iterated Tikhonov regularization of ill-posed problems leading to optimal convergence rates. Mathematics of Computations, 1987, 49(180): 507～522

26 Groetsch C W. Inverse Problems in the Mathematical Sciences. Braunschweig: Vieweg, 1993

27 Groetsch C W. The Theory of Tikhonov Regularization for Fredholm Equations of the First Kind. London: Pitman Advanced Publishing Program, 1984

28 Groetsch C W. Differentiation of approximately specified functions. American Mathematics Monthly, 1991, 98: 847～850

29 Groetsch C W. Inverse Problems. Washington: The Mathematical Association of America, 1999

30 Groetsch C W. Lanczos' generalized derivative. American Mathematics Monthly, 1998, 105(4): 320～326

31 Groetsch C W. Optimal order of accuracy in Vasin's method for differention od noisy functions. J. Optim. Theory Appl., 1992, 74(2): 373～377

32 Hadamard J. Lectures on the Cauchy Problems in Linear Partial Differential Equations. New Haven: Yale University Press, 1923

33 Hammerlin G, Hoffmann K H. Numerical Mathematics. New York: Springer-Verlag, 1991

34 Hanke M, Neubauer A, Scherzer O. A convergence analysis of the Landweber iteration for nonlinear ill-posed problems. Numer. Math., 1995, 72: 21～37

35 Hanke M, Scherzer O, Inverse problems light: numerical differentiation. American Mathematics Monthly, 2001, 108: 512～521

36 黄光远, 刘小军. 数学物理反问题. 济南: 山东科学技术出版社, 1993

37 黄思训, 伍荣生. 大气科学中的数学物理问题. 北京: 气象出版社, 2001

38 何旭初, 苏煜城, 包雪松. 计算数学简明教程, 北京: 人民教育出版社, 1980

39 Imanuvilov O, Yamamoto M. Global uniqueness and stability in determining coefficients of wave equations. Tokyo: Gurauate School of Mathematical Sciences, University of Tokyo preprint UTMS 2000-13, 2000

40 Ivanov V K. Integral equations of the first kind and an approximate solution for the inverse problem for the potential. Sovit Math. Doklady, English translation, 1962, 3: 210～212

41 Isakov V. Inverse Problems for Partial Diffeential Equations. New York: Springer-Verlag, 1998

42 Isakov V. Inverse parabolic problems with the final overdetermination. Commun. Pure. Appl. Math., 1991, 54: 185～209

43 John F. Partial Differential Equations. Third Edition. New York: Springer-Verlag, 1980

44 Kaltenbacher B. Regularization by projection with *a-posteriori* discretization level choice for linear and non-linear ill-posed problems. Inverse Problems, 2000, 16(5): 1523～1539

45 Keller J B. Inverse problems. American Mathematics Monthly, 1976, 83: 107～118

46 Keung Y L, Zou J. Numerical identifications of parameters in parabolic equations. Inverse Problems, 1998, 14(1): 83～100

47 Kirsch A. An Introduction to the Mathematical Theory of Inverse Problems. New York: Springer-Verlag, 1996

48 Kress R. Linear Integral Equations. New York: Springer-Verlag, 1989

49 Kress R. Numerical Analysis. New York: Springer-Verlag, 1998

50 Kunisch K, Zou J. Iterative choices of regularization parameters in linear inverse problems. Inverse Problems, 1998, 14(5): 1247~1264

51 Kythe P K. Fundamental Solutions for Differential Operators and Applications. Boston: Birkhauser, 1996

52 Lamn P K. A survey of regularization methods for frst-kind Volterra equations. In: D.Colton, H.W.Engle, A.K.Louis, J.R.McLaughlin, W.Rundell(eds), Surveys on Solution Methods for Inverse Problems. New York: Springer-Verlag/Wien, 2000

53 Landweber L. An iteration formula for Fredholm integral equations of the first kind. Amer. J. Math., 1951, 73: 615~624

54 Lattes R, Lions J L. The Method of Quasireversibility. In: Applications to Partial Differential Equations. New York: American Elseiver, 1969

55 李世雄, 刘家琦. 小波变换和反演数学基础. 北京: 地质出版社, 1994

56 李建平, 曾庆存, 丑纪范. 非线性常微分方程额定计算不确定性原理 (1,2). 中国科学 (E), 2000, 30(5/6): 403~412, 550~567

57 刘斯铁尔尼克. 泛函分析概要. 北京: 科学出版社, 1985

58 Li H, Liu J J. Solution of backward heat problem by Morozov discrepancy principle and conditional stability. Numerical Mathematics A Journal of Chinese Universities, 2005, 14(2): 180~192

59 Liu J J. Numerical solution of forward and backward problem for 2-D heat conduction equation. J. Comput. Appl. Math., 2002, 145(2): 459~482

60 Liu J J. Determination of temperture field for backward heat transfer. Commun. Korea Math. Soc., 2001, 16(3): 385~398

61 Liu J J. Continuous dependance for a backward parabolic problem. J. Partial Diff. Equs., 2003, 16(3): 211~222

62 Liu J J, Lou D J. On stability and regularization for backward heat equation. Chinese Annals of Mathematics, 2003, 24(1)Ser.B: 35~44

63 Liu J J. On stability estimate for a backward heat transfer problem. In: Y.C.Hon, M.Yamamoto, J.Cheng, J.Y. Lee ed., International Conference on Inverse Problems – Recent Development in Theories and Numerics, Singapore: World Scientific, 2003, 134~142

64 Liu J J. The 3-layered explicit difference scheme for 2-D heat equation. Applied Mathematics and Mechanics, 2003, 24(5): 605~613

65 Liu J J, Nakamura G, Potthast R. A new approach and improved error analysis for reconstructing the scattered wave by the point source method, submit to J. Computational Mathematics

66 Liu J J, Cheng J, Nakamura G. Reconstruction of scattered field from far-field by regularization. J. Computational Mathematics, 2004, 22(3): 389~402

67 Liu J J, Cheng J, Nakamura G. Reconstruction and uniqueness of an inverse scattering problem with impedance boundary. Science in China, Ser.A, 2002, 45(11): 1408~1419

68 Liu J J. Recovery of boundary impedance coefficient in 2-D media. Chinese J. Numer. Math. Appl., 2001, 23(2): 111~120

69 Liu J J. Determination of Dirichlet-to-Neumann map for a mixed boundary problem. Applied Mathematics and Computation, 2005, 161(3): 843~864

70 刘继军. 阻尼边界条件下的逆散射问题. 合肥: 中国科学技术大学博士后研究工作报告, 2000

71 刘继军. 一类偏微分方程的反问题及正则化方法. 南京: 南京师范大学博士后研究工作报告, 2003

72 Louis A K. Medical Imaging: state of the art and future development. Inverse Problems, 1992,

8(5): 709~738

73 罗兴钧, 陈仲英. 近似已知函数的求导方法. 高校计算数学学报, 待发表

74 栾文贵. 地球物理中的反问题. 北京: 科学出版社, 1989

75 Mathe P, Pereverzev S V. Optimal discretization of inverse problems in Hilbert scales: Regularization and self-regularization of projection methods. SIAM J. Numer. Anal., 2001, 38(6): 1999~2021

76 Miller K. Stablized quasi-reversibility and other nearly-best-possible methods for non-well-posed pro-blems. Symp. on Non-well-posed Problems and Logarithmic Convexity, Springer Lecture Note, 1973, 316: 161~176

77 Morozov V A. Methods for Solving Incorrectly Posed Problems. New York: Springer, 1984

78 Murio D A. The Mollification Method and the Numerical Solution of Ill-posed Problems. New York: John Wiley & Sons Inc., 1993

79 Nakamura G. Inverse Problems and Related Topics. London: Chapman & Hall, 2000

80 Natterer F. The Mathematics of Computerized Tomography. New York: Wiley, 1986

81 Natterer F. Regularization schlecht gestellter probleme durch projections verfahren. Numer. Math., 1977, 28: 329~341

82 倪明. 声波散射问题从远场模式到近场的数值重构. 南京: 东南大学硕士学位论文, 2004

83 Payne L E. Improperly Posed Problems in Partial Differential Equations. Philadelphia: SIAM, Reginal Conference Series in Applied Mathematics, 1975

84 Pereverzev S V, Proessdor S. On the characterization of self-regularization properties of a fully discrete projection methods for Symm's integral equation. J. Integral Eqns. Appl., 2000, 12: 113~130

85 Plato R, Vainikko G. On the regularization of projection methods for solving ill-posed problems. Numer. Math., 1990, 57: 63~79

86 Potthast R. Stability estimates and the reconstructions in inverse acoustic scattering using singular sources. J. Comput. Appl. Maths, 2000, 114(2): 247~274

87 Potthast R. A point-source method for inverse acoustic and electromagnetic obstacle scattering problems. IMA J. Appl. Maths., 1998, 61: 119~140

88 Potthast R. Point sources and multipoles in inverse scattering theory. London: Chapman & Hall/CRC Research Notes in Mathematics Series, 427, 2001

89 Prilepko A I, Solovev V V. Solvability of the inverse boundary-value problem of finding a coefficient of a lower derivative in a parabolic equation. Diff. Eqns., 1987, 23: 101~107

90 Prilepko A I, Orlovsky D G, Vasin I A. Methods for Solving Inverse Problems in Mathematical Physics. New York: Marcel Dekker Inc., 1999

91 Ramlau R. A modified Landweber method for inverse problems. Numer. Funct. Anal. Optimiz, 1999, 20(1/2), 79~98

92 Ramn A G, Smirnova A B. On stable numerical differentiation. Mathematics of Computations, 2001, 70: 1131~1153

93 Roach G F. Inverse Problems and Imaging. England: Longman Group UK Limited, 1991

94 Romamnov V G. Inverse Problems of Mathematical Physics. Utrecht: VNU Science Press BV, 1987

95 Saitoh S, Yamamoto M. Stability of Lipschitz type in determination of initial heat distribution. J. Inequalities and Appl., 1997, 1(1): 73~83

96 Schumker L L, Spline Functions: Basic Theory. New York: Wiley, 1981

97 Seidman T I, Vogel C R. Well posedness and convergence of some regularization methods for

non-linear ill-posed problems. Inverse Problems, 1989, 5(2): 227~238
98 Showalter R E. The final value problem for evolution equations. J. Math. Anal. Appl., 1974, 47: 563~572
99 Strang G, Fix G J. An Analysis of the Finite Element Method. Englewood Cliffs: Prentice-Hall, 1973
100 孙志忠, 袁慰平, 闻震初. 数值分析. 南京: 东南大学出版社, 2002
101 Tanana V P. Methods for Solution of Nonlinear Operator Equations. Utrecht: VSP, 1997
102 Tikhonov A N, Leonov A S, Yagola A G. Nonlinear Ill-posed Problems. London: Chapman & Hall, 1998
103 吉洪诺夫 A, 阿尔先宁 B(王秉忱译). 不适定问题的解法. 北京: 地质出版社, 1979
104 Varah J M. Pitfalls in the numerical solution of linear ill-posed problems. SIAM J. Sci. Stat. Comput., 1983, 4: 164~176
105 Wang Y B, Jia X Z, Cheng J. A numerical differentiation method and its application to reconstruction of discontinuity. Inverse Problems, 2002, 18(6): 1461~1476
106 王元明. 数学是什么. 南京: 东南大学出版社, 2003
107 吴新谋. 数学物理方程讲义. 北京: 高等教育出版社, 1956
108 Xie J, Zou J. An improved model function method for choosing regularization parameters in linear inverse problems. Inverse Problems, 2002, 18(3): 631~643
109 肖庭延, 于慎根, 王颜飞. 反问题的数值解法. 北京: 科学出版社, 2003
110 杨宏奇, 李岳生. 近似已知函数微商的稳定逼近方法. 自然科学进展, 2000, 10(12): 1088~1093
111 Yu W. On the existence of an inverse problem. J. Math. Anal. Appl., 1991, 157: 63~74

《信息与计算科学丛书 · 典藏版》书目

30 反问题的数值解法 2003.9 肖庭延等 著
31 有理函数逼近及其应用 2004.1 王仁宏等 著
32 小波分析·应用算法 2004.5 徐 晨等 著
33 非线性微分方程多解计算的搜索延拓法 2005.7 陈传淼 谢资清 著
34 边值问题的 Galerkin 有限元法 2005.8 李荣华 著
35 Numerical Linear Algebra and Its Applications 2005.8 Xiao-qing Jin, Yi-min Wei
36 不适定问题的正则化方法及应用 2005.9 刘继军 著
37 Developments and Applications of Block Toeplitz Iterative Solvers 2006.3 Xiao-qing Jin
38 非线性分歧：理论和计算 2007.1 杨忠华 著
39 科学计算概论 2007.3 陈传淼 著
40 Superconvergence Analysis and a Posteriori Error Estimation in Finite Element Methods 2008.3 Ningning Yan
41 Adaptive Finite Element Methods for Optimal Control Governed by PDEs 2008.6 Wenbin Liu Ningning Yan
42 计算几何中的几何偏微分方程方法 2008.10 徐国良 著
43 矩阵计算 2008.10 蒋尔雄 著
44 边界元分析 2009.10 祝家麟 袁政强 著
45 大气海洋中的偏微分方程组与波动学引论 2009.10 〔美〕Andrew Majda 著 陈 南 王晓明 程 晋 江 渝 译
46 有限元方法 2010.1 石钟慈 王 鸣 著
47 现代数值计算方法 2010.3 刘继军 编著
48 Selected Topics in Finite Elements Method 2011.2 Zhiming Chen Haijun Wu
49 交点间断 Galerkin 方法：算法、分析和应用 〔美〕Jan S. Hesthaven T. Warburton 著 李继春 汤涛 译
50 Computational Fluid Dynamics Based on the Unified Coordinates 2012.1 Wai-How Hui Kun Xu
51 间断有限元理论与方法(修订版) 2014.10 张 铁 著
52 三维油气资源盆地数值模拟的理论和实际应用 2013.1 袁益让 韩玉笈 著
53 偏微分方程外问题——理论和数值方法 2013.1 应隆安 著
54 Geometric Partial Differential Equation Methods in Computational Geometry 2013.3 Guoliang Xu Qin Zhang
55 Effective Condition Number for Numerical Partial Differential Equations 2013.3 Zi-Cai Li Hung-Tsai Huang Yimin Wei Alexander H.-D. Cheng
56 积分方程的高精度算法 2013.3 吕 涛 黄 晋 著
57 能源数值模拟方法的理论和应用 2013.6 袁益让 著

58 Finite Element Methods 2013.6 Shi Zhongci　Wang Ming　著
59 支持向量机的算法设计与分析 2013.6　杨晓伟　郝志峰　著
60 后小波与变分理论及其在图像修复中的应用　2013.9　徐　晨　李　敏　张维强　孙晓丽　宋宜美　著
61 统计微分回归方程——微分方程的回归方程观点与解法　2013.9　陈乃辉　著